涡轮电动力气动热力学

张扬军 钱煜平 谢翌 彭杰 郑俊超 江泓升◎著

Aerothermodynamics
of Turboelectric Power Systems

清华大学出版社

北京

内容简介

涡轮电动力简称涡电动力,主要由涡轮发电、电动推进和电池储能三大系统组成,其性能研究的理论基础为涡轮电动力气动热力学,涉及热机气动热力学与电机电磁热力学、电池电化学热力学等学科的交叉融合。本书系统阐述了涡轮电动力气动热力学的基础理论与关键技术,包括电机/叶轮机、动力电池、燃料电池等涡电动力核心系统部件高功率密度发展的多场耦合与流动控制,以及分布式涡轮电推进、燃料电池涡轮发电等涡电动力高效化发展的涡轮复合循环多能流耦合与总能优化。本书汇聚了作者在涡轮电动力气动热力学方面研究的最新成果。

本书可供飞行汽车和电动航空领域的科研人员和相关专业的研究生参考,也可供从事新能源航空、新能源汽车和新能源电力研究的相关专业人员参考。

版权所有,侵权必究。举报: 010-62782989, beiqinquan@tup.tsinghua.edu.cn。

图书在版编目(CIP)数据

涡轮电动力气动热力学 / 张扬军等著. -- 北京:清华大学出版社,2025.3.
ISBN 978-7-302-68490-9

Ⅰ. TM31

中国国家版本馆 CIP 数据核字第 20250ZE731 号

责任编辑:冯 昕 龚文方
封面设计:李召霞
责任校对:赵丽敏
责任印制:刘 菲

出版发行:清华大学出版社
网　　址:https://www.tup.com.cn, https://www.wqxuetang.com
地　　址:北京清华大学学研大厦 A 座　　邮　编:100084
社 总 机:010-83470000　　邮　购:010-62786544
投稿与读者服务:010-62776969, c-service@tup.tsinghua.edu.cn
质量反馈:010-62772015, zhiliang@tup.tsinghua.edu.cn
印 装 者:河北鹏润印刷有限公司
经　　销:全国新华书店
开　　本:185mm×260mm　　印 张:17.75　　字　数:431 千字
版　　次:2025 年 3 月第 1 版　　印　次:2025 年 3 月第 1 次印刷
定　　价:78.00 元

产品编号:106040-01

序
FOREWORD

　　每次能源革命都始于动力装置和交通工具的发明,而动力装置和交通工具的发展则带动对能源的开发利用,并引发工业革命。第一次能源革命,动力装置是蒸汽机,能源是煤炭,交通工具是火车和轮船。第二次能源革命,动力装置是内燃机,能源是石油,能源载体是汽油和柴油,交通工具是汽车和飞机。现在正处于第三次能源革命时期,动力装置是电动力,能源主体是可再生能源,能源载体是电和氢,交通工具是电动汽车和电动飞机。

　　动力电动化革命促进了电动汽车的普及,电动汽车的发展为电动飞机的发展奠定了较好的技术和产业链基础,飞行汽车则是电动汽车和电动飞机跨界融合发展的结合点。飞行汽车正在开启电动航空新时代。相对于大型电动飞机,飞行汽车具有技术难度小、需求规模大、与电动汽车产业融合度高等优势,将成为航空电动化的突破口和引领者。

　　航空电动化的核心是涡轴、涡桨和涡扇等涡轮动力部件,通过与电机、电池等电动力交叉融合,电动化为涡轮电动力。涡轮电动力是飞行汽车和电动飞机等的主导动力,同时也将广泛应用于特种车和空天飞行器等运载领域。

　　涡轮电动力性能研究的理论基础,由研究热能-机械能转换的涡轮动力气动热力学即发动机气动热力学1.0,拓展为研究热能-机械能-电能-化学能转换的涡轮电动力气动热力学即发动机气动热力学2.0。涡轮电动力气动热力学是新一轮科技革命和产业变革背景下发动机气动热力学新的学科生长点。

　　本书作者在航空涡轮动力与车辆电动力研究的基础上,自2015年起跨界融合开展涡轮电动力气动热力学理论与技术研究。聚焦电机/叶轮机、动力电池和燃料电池等涡轮电动力核心系统部件高功率密度发展的多场耦合与流动控制,以及分布式涡轮电推进和燃料电池涡轮发电等涡轮电动力高效化发展的多能流耦合与总能优化,取得了系统的创新性成果,为我国飞行汽车和电动飞机等新型运载工具的涡轮电动力创新发展奠定了重要理论与技术基础。相关研究获2019年度国际自动机工程师学会莱特兄弟奖章、2021年度亚洲流体机械青年工程师奖和2023年度亚洲流体机械杰出工程师奖,在国际上产生了重要影响。

  本书汇聚了作者在涡轮电动力气动热力学方面研究的最新成果。期望本书的出版能促进我国涡轮电动力理论与技术的自主创新发展。

中国科学院院士、清华大学教授

2024 年 9 月

前 言
PREFACE

　　汽车电动化促进了航空电动化发展，飞行汽车是航空与汽车电动化技术跨界融合发展的结合点。飞行汽车作为面向低空的新型交通工具，正在开启电动航空新时代，成为航空电动化的突破口和引领者。航空电动化被称为继实现有动力飞行和喷气飞行之后的第三次航空科技革命，其核心是航空涡轮动力电动化为涡轮电动力。涡轮电动力将是飞行汽车和电动飞机等的主导动力，同时也将广泛应用于特种车和空天飞行器等运载领域。

　　涡轮电动力简称涡电动力，主要由涡轮发电、电动推进和电池储能三大系统组成。涡轮电动力的能量转换，从传统涡轮动力的热能-机械能转换拓展为热能-机械能-电能-化学能转换，其性能研究的理论基础为涡轮电动力气动热力学，涉及热机气动热力学、电机电磁热力学和电池电化学热力学等学科的交叉融合。

　　电机和电池等导致的涡轮电动力系统的功率密度低，是涡轮电动力发展首先需要突破的核心瓶颈。涡轮电动力的电机主要包括涡轮发电系统的起发电机和电动推进系统的驱动电机，电池主要包括用于系统储能的动力电池和用于提高系统发电效率的燃料电池。电机、动力电池和燃料电池等涡轮电动力核心部件系统的高功率密度发展，是涡轮电动力气动热力学研究的重点和主要学术前沿。通过分布式涡轮电推进和燃料电池涡轮发电等涡轮复合循环技术，提高电动推进系统和涡轮发电系统效率，实现涡轮电动力高效化发展，是涡轮电动力气动热力学的重要发展方向。

　　电机为涡轮发电系统和电动推进系统的核心部件系统，高功率密度是涡轮发电系统和电动推进系统对电机的基本要求，热管理是发展高功率密度电机面临的主要瓶颈。除车用电驱动电机外，电机/叶轮机直联结构是涡轮发电和电动推进的电机系统通用构型。电机/叶轮机电磁-传热-气动多场耦合与流动控制，对电机热管理及电磁性能具有重要影响。

　　动力电池为具有复杂产热与传热过程的电化学动力源，温度是影响动力电池性能的关键因素。随着涡轮电动力对动力电池能量密度和功率密度要求的提高，动力电池电化学产热-传热-冷却多场耦合与流动控制，对动力电池热管理的重要性日益凸显。

　　燃料电池为涡轮复合循环发电系统的核心部件系统，高功率密度是涡轮复合发电对燃料电池的基本要求。无论是质子交换膜燃料电池还是固体氧化物燃料电池，燃料电池的电化学反应-传热-传质多场耦合与流动控制，对燃料电池的功率密度及性能都起着关键作用。

分布式涡轮电推进是提高涡轮电动力推进效率的有效途径。涡轮电动力为涡轮发电和电动推进通过电能耦合的涡轮复合循环，电动推进系统采用分布式电动推进，可实现高的展向涵道比，大幅提高电动推进系统效率。由于电机和动力电池的引入，分布式电动推进系统的推进器均由多股能量耦合驱动，分布式涡轮电推进的涡轮发电、电池储能与多个电动推进系统的多能流耦合与总能优化，是涡轮电动力高效化发展的重要研究内容。

燃料电池涡轮发电是提高涡轮电动力发电效率的有效途径。燃料电池涡轮发电为涡轮发电与燃料电池耦合的涡轮复合循环，涉及燃气涡轮循环过程与燃料电池电化学过程的复杂耦合与相互作用。燃气涡轮发电与燃料电池发电系统的多能流耦合与总能优化，是涡轮电动力高效化发展的创新研究领域。

本书围绕上述几个方面的研究工作逐章展开，重点讨论了多场耦合、多能流耦合工质流动过程对电机、动力电池、燃料电池和涡轮电动力系统能量转换过程及性能的影响，主要包括涡轮电动力系统部件高功率密度发展的电机/叶轮机多场耦合与流动控制、动力电池热管理多场耦合与流动控制、燃料电池多场耦合与流动控制，以及涡轮电动力高效化发展的分布式涡轮电推进多能流耦合与总能优化、燃料电池涡轮发电多能流耦合与总能优化等五部分内容。

本书是清华大学特种动力团队从事涡轮电动力气动热力学研究工作的系统总结。第1章由钱煜平完成，第2章由谢翌完成，第3章由彭杰、曾泽智完成，第4章由郑俊超完成，第5章由江泓升、诸葛伟林、余万完成，绪论及全书统稿由张扬军完成，书中的一些绘图工作由赵露协调完成。鉴于涡轮电动力气动热力学所涉及系统及学科的内在复杂性，本书仅从一个角度诠释了团队的研究进展。由于研究水平有限，书中难免有错误和不妥之处，恳请读者批评指正。

作　者

2024 年 9 月于清华大学

主要符号
LIST OF SYMBOLS

拉 丁 字 母

符号	含义	符号	含义
A	面积	k	导热系数(热导率),湍流动能,损耗系数,平衡常数
a	水的活度		
a_0	当地声速	k_{sf}	绕组槽满率
$\boldsymbol{B}$	磁通密度	L	长度
B	涵道比	M	摩尔质量
B_m	磁密幅值	Ma	马赫数
C	绝对速度	m	质量
C_{df}	微分电容	N	数量,转速
c	叶片弦长	N_A	阿伏伽德罗常数
c_p	定压比热容	Nu	努塞尔数
c_V	定容比热容	n	数量,电子转移数,转速
D	扩散系数,直径	P	功率,损耗
E	反电动势,活化能	Pr	普朗特数
F	力,法拉第常数	p	压强
f	频率,油气比	Q	热量,热流量,定子槽数
G	吉布斯自由能	q	热流密度
g	重力加速度	R	摩尔气体常数,电阻,半径
H	焓,高度	Re	雷诺数
H_u	燃油热值	r	半径
h	对流换热系数,比焓	S	熵,源项
h_{fg}	相变焓	T	热力学温度
I	电流,转动惯量	t	时间
i	电流密度	U	电压,内能
J	电机电流密度,形核率	V	体积,相对速度
K	渗透率	W	功
		x	摩尔分数
		y	质量分数

希腊字母

α	计算极弧系数,绝对气流角	π	增压比
β	相对气流角	τ	曲折度
δ	厚度,气隙长度	μ	动力黏度系数
ε	孔隙率,辐射率,介电常数	σ	斯蒂芬-玻耳兹曼常数,表面张力系数,总压恢复系数,电导率
η	效率		
λ	膜态水含量	ζ	相变速率
ρ	密度	θ	接触角
ω	角速度,离子聚合物体积分数	χ	开关函数
Δ	差值	φ	速度系数
κ	电导率		

下 标

air	空气	in	进口(入口)
an	阳极	is	等熵过程
am	环境	l	液相
bat	电池	m	机械
blade	叶片	n	气体组分
ca	阴极	OCV	开路电压
con	冷凝过程	ohm	欧姆
e	电解质相关	out	出口
eff	等效	PM	永磁体
f	燃料	r	反应
g	气相,发电机	s	固相相关
gas	燃气	sat	饱和状态
i	固相(冰)	th	热

上 标

*	滞止参数	ref	参考

缩略语

BMS	电池管理系统	CTM	"电芯-模组"集成
CTB	"电芯-机身"集成	CTP	"电芯-电池包"集成

EE	元效应	NCM	镍钴锰三元锂电池
LCO	钴酸锂电池	NTU	传热单元数
LFP	磷酸铁锂电池	P2D	伪二维模型
LMO	锰酸锂电池	PEMFC	质子交换膜燃料电池
LSM	锰酸镧	SOFC	固体氧化物燃料电池
MPL	微孔层	SFC	耗油率
MSR	甲烷重整反应	WGSR	水煤气变换反应
NASA	美国国家航空航天局	YSZ	氧化钇稳定的氧化锆
NCA	镍钴铝三元锂电池		

目 录
CONTENTS

第 0 章 绪论 ……………………………………………………… 1

  0.1 涡轮动力电动化的发展 ……………………………………… 1
    0.1.1 飞行汽车发展促进航空电动化 ……………………… 1
    0.1.2 航空电动化：第三次航空科技革命 ………………… 1
    0.1.3 航空电动化的核心：涡轮动力电动化 ……………… 2
  0.2 涡轮电动力的类型及特点 …………………………………… 2
    0.2.1 涡轮电动力的主要类型 ……………………………… 2
    0.2.2 涡轮电动力系统的组成与构型 ……………………… 6
    0.2.3 涡轮电动力高功率密度高效化发展 ………………… 9
  0.3 涡轮电动力气动热力学概述 ………………………………… 10
    0.3.1 涡轮电动力性能评价指标 …………………………… 10
    0.3.2 涡轮电动力性能研究的理论基础 …………………… 12
    0.3.3 涡轮电动力气动热力学发展趋势 …………………… 13

第 1 章 电机/叶轮机多场耦合与流动控制 ……………………… 15

  1.1 涡轮电动力的电机及其发展趋势 …………………………… 15
    1.1.1 涡轮发电的电机/叶轮机系统 ……………………… 15
    1.1.2 电动推进的电机/叶轮机系统 ……………………… 16
    1.1.3 电机/叶轮机设计与热管理流动控制 ……………… 17
  1.2 电机/叶轮机多场耦合建模 ………………………………… 20
    1.2.1 电机电磁热力学基础 ………………………………… 20
    1.2.2 叶轮机气动热力学基础 ……………………………… 23
    1.2.3 电机/叶轮机多场耦合建模 ………………………… 25
  1.3 电机/叶轮机一体化设计与热管理 ………………………… 35
    1.3.1 设计转速对叶轮机气动/电机电磁-传热特性的
         影响 …………………………………………………… 37
    1.3.2 风扇轮毂比对叶轮机气动/电机电磁-传热特性的
         影响 …………………………………………………… 45
    1.3.3 电机/叶轮机一体化与热管理流动控制 …………… 56
  1.4 嵌入式导叶电机新技术 ……………………………………… 60

1.4.1 涡轮发电的嵌入式导叶电机设计 ⋯⋯⋯⋯⋯⋯⋯⋯⋯⋯⋯⋯⋯⋯⋯⋯⋯⋯ 60
1.4.2 电动推进的嵌入式导叶电机设计 ⋯⋯⋯⋯⋯⋯⋯⋯⋯⋯⋯⋯⋯⋯⋯⋯⋯ 63
本章参考文献 ⋯⋯⋯⋯⋯⋯⋯⋯⋯⋯⋯⋯⋯⋯⋯⋯⋯⋯⋯⋯⋯⋯⋯⋯⋯⋯⋯⋯⋯⋯ 65

第 2 章 动力电池热管理多场耦合与流动控制 ⋯⋯⋯⋯⋯⋯⋯⋯⋯⋯⋯⋯⋯⋯ 67

2.1 涡轮电动力电池储能系统与热管理 ⋯⋯⋯⋯⋯⋯⋯⋯⋯⋯⋯⋯⋯⋯⋯⋯⋯⋯ 67
    2.1.1 涡轮电动力储能系统动力电池 ⋯⋯⋯⋯⋯⋯⋯⋯⋯⋯⋯⋯⋯⋯⋯⋯⋯ 67
    2.1.2 涡轮电动力动力电池的发展趋势 ⋯⋯⋯⋯⋯⋯⋯⋯⋯⋯⋯⋯⋯⋯⋯⋯ 70
    2.1.3 动力电池热管理 ⋯⋯⋯⋯⋯⋯⋯⋯⋯⋯⋯⋯⋯⋯⋯⋯⋯⋯⋯⋯⋯⋯⋯ 74
2.2 动力电池热管理多场耦合建模 ⋯⋯⋯⋯⋯⋯⋯⋯⋯⋯⋯⋯⋯⋯⋯⋯⋯⋯⋯⋯ 78
    2.2.1 动力电池电化学热力学基础 ⋯⋯⋯⋯⋯⋯⋯⋯⋯⋯⋯⋯⋯⋯⋯⋯⋯⋯ 78
    2.2.2 动力电池热管理多场耦合流动与传热建模 ⋯⋯⋯⋯⋯⋯⋯⋯⋯⋯⋯⋯ 82
    2.2.3 动力电池热管理多场耦合参数化建模 ⋯⋯⋯⋯⋯⋯⋯⋯⋯⋯⋯⋯⋯⋯ 86
2.3 动力电池热管理多场耦合流动控制 ⋯⋯⋯⋯⋯⋯⋯⋯⋯⋯⋯⋯⋯⋯⋯⋯⋯⋯ 90
    2.3.1 动力电池传热强化与水冷板流动控制 ⋯⋯⋯⋯⋯⋯⋯⋯⋯⋯⋯⋯⋯⋯ 90
    2.3.2 动力电池微通道波纹板型水冷板强化传热 ⋯⋯⋯⋯⋯⋯⋯⋯⋯⋯⋯⋯ 91
    2.3.3 微通道波纹板型水冷板动力电池热特性及性能 ⋯⋯⋯⋯⋯⋯⋯⋯⋯⋯ 95
2.4 热管板动力电池新技术 ⋯⋯⋯⋯⋯⋯⋯⋯⋯⋯⋯⋯⋯⋯⋯⋯⋯⋯⋯⋯⋯⋯⋯ 103
    2.4.1 热管板动力电池结构组成及特点 ⋯⋯⋯⋯⋯⋯⋯⋯⋯⋯⋯⋯⋯⋯⋯⋯ 103
    2.4.2 热管板动力电池设计 ⋯⋯⋯⋯⋯⋯⋯⋯⋯⋯⋯⋯⋯⋯⋯⋯⋯⋯⋯⋯⋯ 105
    2.4.3 基于平板热管的动力电池热特性 ⋯⋯⋯⋯⋯⋯⋯⋯⋯⋯⋯⋯⋯⋯⋯⋯ 110
本章参考文献 ⋯⋯⋯⋯⋯⋯⋯⋯⋯⋯⋯⋯⋯⋯⋯⋯⋯⋯⋯⋯⋯⋯⋯⋯⋯⋯⋯⋯⋯ 114

第 3 章 燃料电池多场耦合与流动控制 ⋯⋯⋯⋯⋯⋯⋯⋯⋯⋯⋯⋯⋯⋯⋯⋯⋯⋯ 116

3.1 涡轮电动力高效化发展与燃料电池 ⋯⋯⋯⋯⋯⋯⋯⋯⋯⋯⋯⋯⋯⋯⋯⋯⋯⋯ 116
    3.1.1 燃料电池涡轮发电 ⋯⋯⋯⋯⋯⋯⋯⋯⋯⋯⋯⋯⋯⋯⋯⋯⋯⋯⋯⋯⋯⋯ 116
    3.1.2 质子交换膜燃料电池 ⋯⋯⋯⋯⋯⋯⋯⋯⋯⋯⋯⋯⋯⋯⋯⋯⋯⋯⋯⋯⋯ 117
    3.1.3 固体氧化物燃料电池 ⋯⋯⋯⋯⋯⋯⋯⋯⋯⋯⋯⋯⋯⋯⋯⋯⋯⋯⋯⋯⋯ 119
3.2 质子交换膜燃料电池多场耦合与流动控制 ⋯⋯⋯⋯⋯⋯⋯⋯⋯⋯⋯⋯⋯⋯⋯ 121
    3.2.1 质子交换膜燃料电池电化学热力学基础 ⋯⋯⋯⋯⋯⋯⋯⋯⋯⋯⋯⋯⋯ 122
    3.2.2 质子交换膜燃料电池多场耦合流动与传热建模 ⋯⋯⋯⋯⋯⋯⋯⋯⋯⋯ 124
    3.2.3 质子交换膜燃料电池气、水、热管理 ⋯⋯⋯⋯⋯⋯⋯⋯⋯⋯⋯⋯⋯⋯ 138
    3.2.4 质子交换膜燃料电池热管双极板技术 ⋯⋯⋯⋯⋯⋯⋯⋯⋯⋯⋯⋯⋯⋯ 142
3.3 高排温质子交换膜燃料电池新技术 ⋯⋯⋯⋯⋯⋯⋯⋯⋯⋯⋯⋯⋯⋯⋯⋯⋯⋯ 143
3.4 固体氧化物燃料电池多场耦合与流动控制 ⋯⋯⋯⋯⋯⋯⋯⋯⋯⋯⋯⋯⋯⋯⋯ 146
    3.4.1 固体氧化物燃料电池电化学热力学基础 ⋯⋯⋯⋯⋯⋯⋯⋯⋯⋯⋯⋯⋯ 147
    3.4.2 固体氧化物燃料电池多场耦合流动与传热传质建模 ⋯⋯⋯⋯⋯⋯⋯⋯ 148
    3.4.3 固体氧化物燃料电池多场耦合流动控制 ⋯⋯⋯⋯⋯⋯⋯⋯⋯⋯⋯⋯⋯ 152
3.5 管翅式固体氧化物燃料电池新技术 ⋯⋯⋯⋯⋯⋯⋯⋯⋯⋯⋯⋯⋯⋯⋯⋯⋯⋯ 155

3.5.1 管式固体氧化物燃料电池传热传质强化 ··· 155
3.5.2 管翅式固体氧化物燃料电池结构组成及特点 ··· 158
3.5.3 管翅式固体氧化物燃料电池设计 ··· 162
本章参考文献 ··· 172

第4章 分布式涡轮电推进多能流耦合与总能优化 ··· 174

4.1 分布式涡轮电推进系统及性能 ··· 174
    4.1.1 系统组成与核心部件 ·· 174
    4.1.2 分布式涡轮电推进系统循环匹配 ·· 175
    4.1.3 分布式涡轮电推进多能流耦合及总能优化 ·· 178
4.2 分布式涡轮电推进仿真系统建模 ··· 182
    4.2.1 分布式涡轮电推进系统性能仿真建模方法 ·· 182
    4.2.2 涡轮发电系统 ··· 187
    4.2.3 分布式电动推进系统 ·· 190
    4.2.4 系统总体建模与总能优化 ··· 194
4.3 分布式涡轮电推进系统特性与总能优化 ··· 203
    4.3.1 涡轮发电系统特性与总能优化 ··· 203
    4.3.2 分布式电动推进系统特性与总能优化 ··· 210
本章参考文献 ··· 218

第5章 燃料电池涡轮发电多能流耦合与总能优化 ··· 220

5.1 燃料电池涡轮发电 ·· 220
    5.1.1 燃料电池涡轮发电系统的组成 ··· 220
    5.1.2 氢燃气涡轮的特征及发展 ··· 221
    5.1.3 燃料电池的特征及其与涡轮发电系统的耦合 ··· 222
5.2 质子交换膜燃料电池涡轮发电 ··· 224
    5.2.1 质子交换膜燃料电池涡轮发电多能流耦合 ·· 224
    5.2.2 质子交换膜燃料电池涡轮发电系统建模 ·· 228
    5.2.3 质子交换膜燃料电池涡轮发电系统特性与总能优化 ································· 231
5.3 固体氧化物燃料电池涡轮发电 ··· 245
    5.3.1 固体氧化物燃料电池涡轮发电多能流耦合 ·· 245
    5.3.2 固体氧化物燃料电池涡轮发电系统建模 ·· 248
    5.3.3 固体氧化物燃料电池涡轮发电系统特性与总能优化 ································· 251
本章参考文献 ··· 269

第 0 章

绪　论

0.1　涡轮动力电动化的发展

0.1.1　飞行汽车发展促进航空电动化

航空与汽车技术的跨界融合,成为新一轮科技革命和产业变革的大趋势。20 世纪初,航空和汽车两个领域几乎同时诞生,各自成为当时工业革命的代表。从最初的燃油动力时代到电动化、智能化的新时代,航空与汽车领域在技术层面的互动不断推动着彼此的进步,成为推动全球交通变革的引擎。

活塞式发动机不仅是燃油汽车的动力,在 1903—1945 年也是飞机的主导动力装置。其后随着涡轮喷气、涡轮螺桨和涡轮风扇发动机等涡轮动力的发展,活塞式发动机逐渐退出了大中型飞机领域。但因活塞式发动机具有效率高、油耗低和价格低等优点,仍被小型低速飞机和无人机广泛采用。航空涡轮动力技术促进了涡轮增压技术的发展,涡轮增压技术在汽车和飞机活塞式发动机上得到了广泛应用,大幅提高了活塞式发动机的动力性能。

20 世纪末至 21 世纪初,无人机和电动汽车的崛起成为航空与汽车技术相互促进发展的新篇章。无人机技术在军用、民用领域都取得了巨大进展,其先进的传感器和导航技术在智能汽车中也得以广泛应用。电动汽车的普及推动了电机和动力电池技术的发展,为电动飞机的兴起创造了条件。如今航空与汽车领域的电动化技术不断融合发展,使这两个领域在新一轮科技革命和产业变革中发挥着举足轻重的作用。

飞行汽车是航空与汽车电动化技术跨界融合发展的结合点。飞行汽车作为面向低空的新型交通工具,正在开启从低空、中空到高空的电动航空新时代,成为航空电动化的突破口和引领者。电动航空发展将经历低空区域运输、支线运输和干线运输的发展阶段,飞行汽车相对于中大型电动飞机,具有技术难度小、需求规模大、产业融合度高的优势,是电动航空的突破口和重要抓手。飞行汽车的百千瓦级至兆瓦级航空电动化发展,将为十兆瓦级乃至更大功率等级航空电动化发展奠定重要的技术、产业和人才基础。

0.1.2　航空电动化:第三次航空科技革命

航空电动化被称为继有动力飞行和喷气飞行之后的第三次航空科技革命。航空动力的发展历史是航空科技进步的见证,经历了从活塞动力到涡喷动力再到涡扇动力的演变。电动航空标志着对传统航空动力模式的颠覆,引领着航空产业走向更加高效、环保和可持续的未来。

电动化将为飞机设计提供更大的灵活性和稳定性,有效提升飞机的整体性能。电动化可简化飞机推进系统结构，使飞机更加简单可控，增大飞机能量控制的灵活性和容错性。推进系统可根据飞机的用途灵活布置，空间设计变得更为自由。电动飞机通常更为轻巧，噪声小且成本低，为城市空中交通、地区短程运输等提供了创新解决方案，推动着航空领域的业务模式和服务范式的变革。

电动化是航空业实现低碳化发展和"碳中和"的主要途径。电动化对飞机推进系统的最佳实践体现在分布式推进上，电动分布式推进系统与机翼集成设计或翼身融合设计，可优化飞行空气流场，降低气动阻力，提高整个飞行过程的效率。

航空电动化是新能源航空的主要发展方向，是航空新能源科技竞争的制高点。中轻型飞行汽车等小型新能源飞机的动力系统主要为以动力电池为核心的纯电推进动力系统，通过涡电动力增程提高载荷航程，是小型新能源飞机的研究前沿和重要发展方向。中重型飞行汽车等中型新能源飞机的动力系统主要为新能源涡电动力，大型新能源飞机的动力系统主要为新能源涡轮动力。随着航空电动化技术的发展，新能源涡轮动力也将向涡电动力发展，以实现大型飞机的分布式电动推进。涡电动力涉及涡轮动力与电动力的交叉融合，是航空领域实现绿色化发展、应对全球环境挑战的重要方向。

0.1.3 航空电动化的核心：涡轮动力电动化

航空发动机起初为活塞式发动机，发展至今，其绝对主流是燃气涡轮发动机。活塞式发动机具有油耗低、成本低、工作可靠等特点，在涡喷发动机发明之前的近半个世纪，是唯一可用的航空飞行器动力来源。随着飞机飞行速度的不断提升，要求的发动机功率大大增加，导致活塞式发动机的质量和体积迅速增加，同时在接近声速时螺旋桨效率会急剧下降，活塞式发动机/螺旋桨的组合制约了飞机速度的提升。涡喷发动机推重比大，自20世纪40年代出现后，首先用于战斗机，随后用于轰炸机、运输机和民航客机。而活塞式发动机则逐渐退出了航空业的主战场，目前主要用于初级教练机、超轻型飞机、小型直升机、中低速中低空无人机及农林用小型飞机。

航空涡轮动力是飞机的主导动力，航空电动化的核心是涡轮动力电动化。涡轮电动力是电动航空器的主要动力。涡轮电动力是中大型电动飞机的主导动力，通过涡轮电动力增程是突破小型电动飞机载荷航程瓶颈的有效途径。涡轮电动力技术决定了电动飞机技术的发展，是电动飞机发展的关键。

航空涡轮动力改为中小型燃气涡轮发动机即"航改燃"，具有体积小、质量轻、效率高等特点，广泛应用于特种车辆等运载领域。航空涡轮电动力技术的发展，将促进中小型燃气涡轮发动机的电动化发展和技术创新，引领特种车辆等运载领域涡轮电动力技术的高质量发展。

0.2 涡轮电动力的类型及特点

0.2.1 涡轮电动力的主要类型

涡轮电动力主要指航空涡轮动力电动化，车用燃气轮机电动化和纯电动力增程化也是涡轮电动力的重要组成部分。航空涡轮风扇发动机、涡轮轴发动机、涡轮螺旋桨发动机的电动化，将分别发展为涡轮电动风扇推进动力、涡轮电动旋翼推进动力、涡轮电动螺旋桨推进动力；车用燃气轮机的电动化，将发展为车用涡轮电动车轮推进动力；航空和车用纯电推进动力采用涡轮发电进行增程化，将分别发展为相应的增程涡轮电推进动力。

1. 航空涡轮动力电动化

航空发动机是一种高度复杂和精密的热力机械，作为飞机的心脏，不仅是飞机飞行的动力，也是促进航空事业发展的重要推动力。人类航空史上的每一次重要变革都与航空发动机的技术进步密不可分。经过百余年的发展，航空发动机已经发展成为可靠性极高的成熟产品，正在使用的航空发动机包括涡轮发动机、冲压式发动机和活塞式发动机等多种类型。涡轮动力是航空装备的主导动力，目前航空涡轮动力研发的重点主要包括涡轮风扇发动机、涡轮轴发动机和涡轮螺旋桨发动机三种，它们的总体架构和工作场景有所差别，但工作原理相似，均由涡轮喷气发动机这一基本构型发展而来。

涡轮喷气发动机简称涡喷发动机，由进气道、压气机、燃烧室、涡轮、尾喷管、附件传动装置与附属系统等构成，从原理角度可简化为由压气机、燃烧室和涡轮这三大组件构成，如图0-1所示。来流空气经压气机增压，在燃烧室内燃烧燃料使气体温度大大升高，从燃烧室内流出的具有很高能量的高温高压燃气驱动涡轮高速旋转并产生较大的功率，由涡轮轴输出机械功并驱动压气机，从涡轮流出的燃气在尾喷管中膨胀加速，以较大的速度排出发动机从而产生推力。

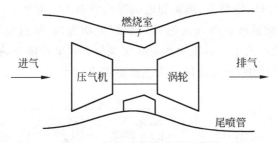

图0-1 涡轮喷气发动机示意图

涡轮风扇发动机简称涡扇发动机，由风扇、压气机、燃烧室和涡轮等构成。来流空气在风扇中增压后，分成两股向后流动，一股流入压气机并最终从尾喷管流出，称为内涵气流；一股从发动机机匣和外涵机匣间的环形流道中流出，称为外涵气流。内、外涵两股气流产生的推力之和就是涡扇发动机的推力。外涵与内涵空气流量之比称为涵道比，是影响涡扇发动机性能好坏的一个重要循环参数。涡扇发动机循环为内外涵流动耦合的涡轮复合循环，涡扇发动机内涵气流所产生的循环推力要比涡喷发动机低，但尾喷管排气能量损失会小很多，同时风扇压缩外涵气流喷出，也产生一定的循环推力，内外涵气流的总推力比涡喷发动机大，且排气能量损失小，经济性优于涡喷发动机。

涡扇发动机通过引入电机和电池，电动化为涡轮电动风扇推进动力，简称涡电风扇动力，如图0-2所示。压气机、燃烧室、涡轮和电机等构成涡轮发电系统，风扇和电机构成电动推进系统，电池构成储能系统。燃气通过涡轮膨胀做功发电，通过电功率输出驱动电动风扇，结构简单，能量传递效率高。涡轮电动风扇推进动力将涡扇发动机内、外涵流动耦合的涡轮复合循环拓展为涡轮发电与电动风扇通过电能耦合的新型涡轮复合循环,电动推进与产生动力的部件共享机械动力源或机械传动轴,可采用电机驱动风扇实现分布式电动推进,将涵道比由径向变为展向,从而有效提高涵道比,大幅提高经济性。

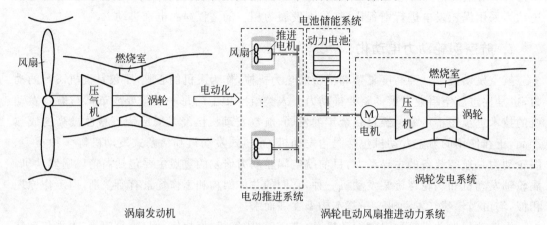

图 0-2　涡轮风扇发动机与涡轮电动风扇推进动力系统示意图

涡轮轴发动机简称涡轴发动机,主要用于直升机带动旋翼产生升力及推力,由压气机、燃烧室和涡轮等构成。来流空气经压气机增压和燃烧室燃烧加热后通过涡轮膨胀输出机械功。涡轮输出的机械功驱动压气机,并通过传动减速装置(减速器)驱动直升机旋翼。

涡轴发动机通过引入电机和电池,电动化为涡轮电动旋翼推进动力,简称涡电旋翼动力,如图 0-3 所示。压气机、燃烧室、涡轮和电机等构成涡轮发电系统,旋翼和电机构成电动推进系统,电池构成储能系统。燃气通过涡轮膨胀做功发电,通过电功率输出驱动电动旋翼。涡轮电动旋翼推进动力采用电机驱动旋翼实现分布式电动推进,有效提高安全冗余度,同时分布式电动旋翼尺寸小,可通过倾转大幅提高推进效率。

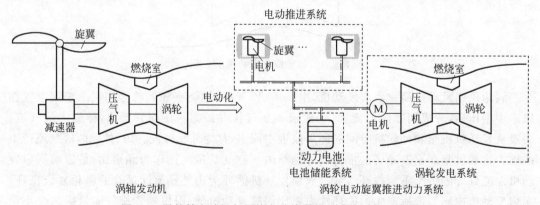

图 0-3　涡轮轴发动机与涡轮电动旋翼推进动力系统示意图

涡轮螺旋桨发动机简称涡桨发动机,由压气机、燃烧室、涡轮及螺旋桨等构成。来流空气经压气机增压和燃烧室燃烧加热后通过涡轮膨胀输出机械功。涡轮输出的机械功驱动压气机,并通过传动减速装置(减速器)驱动螺旋桨,产生向前的推力。

涡桨发动机通过引入电机和电池,电动化为涡轮电动螺旋桨推进动力,简称涡电螺旋桨动力,如图 0-4 所示。压气机、燃烧室、涡轮和电机等构成涡轮发电系统,螺旋桨和电机构成电动推进系统,电池构成储能系统。燃气通过涡轮膨胀做功发电,通过电功率输出驱动螺旋桨。涡轮电动螺旋桨推进动力中的螺旋桨也可以通过分布式电动推进实现翼身融合设计,有效提高推进效率。

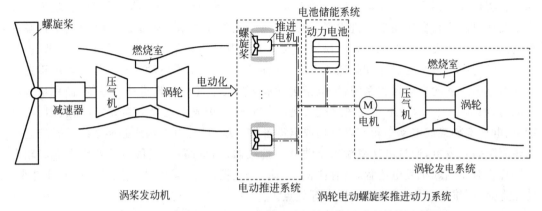

图 0-4 涡轮螺旋桨发动机与涡轮电动螺旋桨推进动力系统示意图

2. 车用燃气轮机电动化

车用燃气轮机是指用于地面车辆的涡轮轴发动机。作为航空用的涡轮轴发动机与车用燃气轮机在技术原理上具有高度通用性,因此航空涡轮轴发动机可以用于车用燃气轮机。涡轮轴发动机在航空领域使用中所显现的优异性能和取得的重大成就,也促进了燃气轮机在车辆领域特别是坦克等特种车辆领域的研究和应用。

车用燃气轮机简称车用燃机,由压气机、燃烧室和涡轮等构成。来流空气经压气机增压和燃烧室燃烧加热后通过涡轮膨胀输出机械功。涡轮输出的机械功驱动压气机,并通过传动减速装置(减速器)驱动车轮。

车用燃机通过引入电机和电池,电动化为车用涡轮电动车轮推进动力,简称车用涡电动力,如图 0-5 所示。压气机、燃烧室、涡轮和电机等构成涡轮发电系统,车轮和电机构成电动行驶即电动推进系统,电池构成储能系统。燃气通过涡轮膨胀做功发电,通过电功率输出驱动电动车轮,结构简单,能量传递效率高。

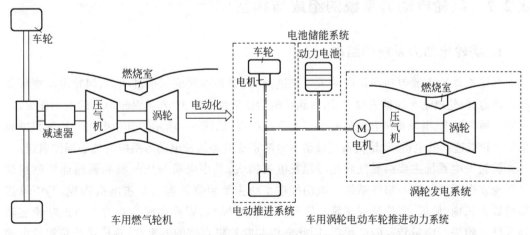

图 0-5 车用燃气轮机与车用涡轮电动车轮推进动力系统示意图

3. 纯电推进动力增程化

纯电推进是指仅通过充电电池提供动力源，驱动电动风扇、电动旋翼、电动螺旋桨或电动车轮实现飞行器飞行或车辆行驶的动力系统。由于动力电池能量密度的限制，航程短成为限制纯电动飞行器应用的关键因素，动力电池系统重和成本高则是影响电动汽车普及的重要因素。采用发动机发电增程不仅被视为突破纯电动飞行器航程瓶颈的核心技术，也被认为是实现电动汽车轻量化和降低成本的有效途径之一。增程电动汽车近年来发展迅速。

通过引入涡轮发电增程系统，纯电推进发展为增程涡轮电动推进动力系统，简称增程涡电动力，如图 0-6 所示。压气机、燃烧室、涡轮和电机等构成涡轮发电系统，电动风扇、电动旋翼、电动螺旋桨或电动车轮与电机构成电动推进系统，动力电池构成储能系统。燃气通过涡轮膨胀做功发电，通过电功率输出驱动电动推进器，结构简单，能量传递效率高。涡轮发电增程相对于内燃机发电增程，具有体积小、质量轻、振动小、噪声低、起动快、运动部件少、使用寿命长、维护简单、燃料适应性广等优点。

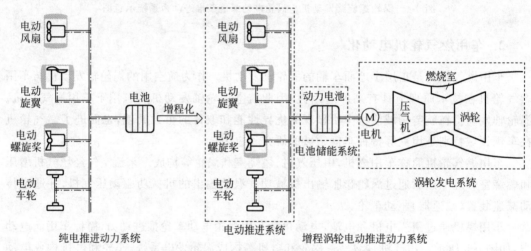

图 0-6　纯电推进与增程涡轮电动推进动力系统示意图

0.2.2　涡轮电动力系统的组成与构型

1. 涡轮电动力系统的组成

涡轮电动力主要包括涡轮电动风扇推进动力、涡轮电动旋翼推进动力、涡轮电动螺旋桨推进动力、涡轮电动车轮推进动力、增程涡轮电动推进动力等类型，是涡轮动力的电动化发展，主要由涡轮发电、电动推进和电池储能三大系统构成，如图 0-7 所示。其中电机与压气机或风扇等叶轮机连接的电机/叶轮机系统及动力电池系统等是涡轮电动力系统的核心部件系统。

涡轮发电系统主要由燃气涡轮与起发电机构成，其中电机与压气机和涡轮连接的组件是涡轮发电系统的核心部件系统。电动推进系统主要由推进器与推进电机构成，其中推进器可以为风扇、旋翼、螺旋桨或车轮。压气机、涡轮、风扇、旋翼和螺旋桨均为通过叶轮旋转与气体工质进行能量转换的叶轮机，因此电机与叶轮机直连的电机/叶轮机系统是涡轮电动

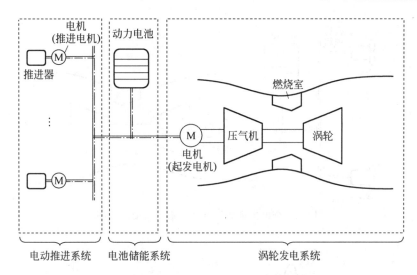

(推进器：风扇、旋翼、螺旋桨或车轮)

图 0-7 涡轮电动力系统组成

力系统的核心部件系统。

电池储能系统是涡轮电动力能量管理的核心系统，主要由动力电池及其电热管理系统等构成。当前动力电池的技术和产品发展主要来自电动汽车发展的需求牵引。高能量密度、高放电倍率、高安全性是涡轮电动力电池储能系统动力电池的重要发展方向。

涡轮电动力系统除了涡轮发电、电动推进和电池储能三大主要系统以外，还包括综合能量管理等相关子系统。

2. 航空涡轮电动力系统构型

航空涡轮电动力为航空涡轮动力的电动化，主要包括涡轮电动风扇推进动力、涡轮电动旋翼推进动力和涡轮电动螺旋桨推进动力等类型。

航空涡轮电动力系统构型，根据推进系统可分为全电推进、机电复合推进或综合推进等。下面具体以涡轮电动风扇推进动力系统为例来介绍涡轮电动力系统的构型。

全电推进涡轮电动力是指涡轮发动机功率全部通过电机转换为电功率即涡轮全部发电，通过电能驱动电动风扇推进系统，燃气涡轮系统完全与电动推进系统分离。全电推进涡轮电动力系统构型如图 0-8 所示。分布式推进是航空全电推进涡轮电动力的重要发展方向。分布式推进使用多个电机驱动风扇或螺旋桨，这些推进系统不与产生动力的部件共享机械动力源或机械传动轴。

机电复合推进涡轮电动力是将燃气涡轮系统的输出功率分为两部分，一部分功率用于机械驱动风扇推进系统，一部分功率通过电机转换为电功率即涡轮部分发电，通过电池电能驱动电动风扇推进系统。机械驱动风扇推进与电池电能驱动风扇推进形成机电复合的两个风扇推进系统。机电复合推进涡轮电动力系统构型如图 0-9 所示。

综合推进涡轮电动力是机电复合推进和全电推进的综合配置，燃气涡轮系统功率可部分或全部转换为电能，实现全电推进、机电复合推进或机械推进，使得电机和燃气涡轮系统在最佳状态运行。综合推进涡轮电动力系统结构需要复杂的传动装置或离合器机构和能源管理。综合推进涡轮电动力系统构型如图 0-10 所示。

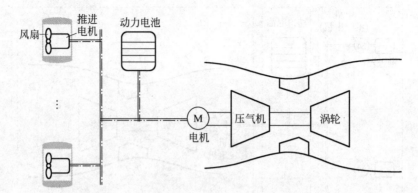

图 0-8 全电推进涡轮电动力系统构型示意图

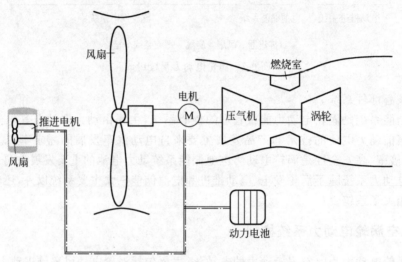

图 0-9 机电复合推进涡轮电动力系统构型示意图

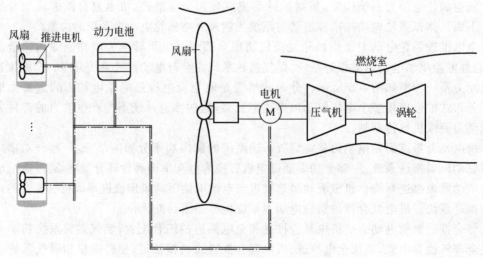

图 0-10 综合推进涡轮电动力系统构型示意图

全电推进涡轮电动力系统构型是中小型航空涡轮电动力的主导构型,机电复合推进和综合推进是中大型航空涡轮电动力构型探索的研究内容。本书探讨的涡轮电动力系统构型,若不作特别说明,指的是全电推进涡轮电动力系统构型。

0.2.3 涡轮电动力高功率密度高效化发展

涡轮电动力主要由涡轮发电、电动推进和电池储能三大系统组成,涡轮发电系统和电动推进系统的电机、电池储能系统的动力电池等部件功率密度低,导致涡轮电动力系统功率密度低,是发展涡轮电动力系统首先需要突破的瓶颈。通过提高电动推进系统和涡轮发电系统效率实现涡轮电动力高效化发展,是涡轮电动力的重要发展方向。

1. 涡轮电动力高功率密度发展

涡电动力相对于传统涡轮动力,引入了电机、动力电池等关键部件,导致涡电动力系统的功率密度低。对于高功重比的涡轴发动机,与电机耦合成为涡轮发电系统,电机将导致涡轮发电系统功重比大幅度降低,如图 0-11 所示。对于高推重比的推进风扇,与电机耦合成为电动风扇推进系统,电机也将导致电动风扇推进系统推重比大幅度降低,如图 0-12 所示。

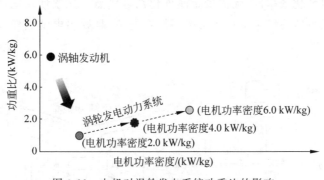

图 0-11 电机对涡轮发电系统功重比的影响

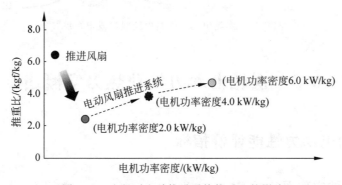

图 0-12 电机对电动推进系统推重比的影响

注:kgf,千克力,推力单位,1 kgf=9.8 N。

动力电池是电池储能系统的核心部件,动力电池功率密度亦是决定涡轮电动力系统功率密度的关键因素。提高电机和动力电池等涡轮电动力系统部件的功率密度,是实现涡轮电动力高功率密度发展的关键。

2. 涡轮电动力高效化发展

涡轮电动力的效率主要取决于电动推进系统效率和涡轮发电系统效率。涡轮电动力高效化发展的核心在于电动推进系统高效化发展和涡轮发电系统高效化发展。

（1）分布式涡轮电推进技术。涵道比是决定航空涡轮电动力推进效率的关键，如传统涡扇动力受风扇叶尖速度和离地空间的限制，其涵道比难以进一步有效增大，而分布式电动推进将径向涵道比变为展向涵道比，高的展向涵道比可大幅提高推进效率。以分布式电动推进为核心的分布式涡轮电推进技术，是涡轮电动力高效化的重要发展方向。

（2）燃料电池涡轮发电技术。燃气涡轮发电效率相对不高，但通常具有较高的功率密度。与之相反，质子交换膜燃料电池（PEMFC）热电转化效率较高，但功率密度低。燃气涡轮与燃料电池的优缺点正好互补，二者结合形成燃料电池涡轮发电系统可有效提高涡轮发电系统的效率和燃料电池系统的功率密度。如图0-13所示，气体工质经过压气机、PEMFC燃料电池堆、燃烧室和涡轮构成的燃料电池涡轮发电系统，通过燃料电池发电和涡轮驱动电机实现双输出发电。压气机气流不经过燃料电池堆、全部直接进入燃烧室燃烧驱动涡轮发电时，即为简单的燃气涡轮发电布雷顿循环。固体氧化物燃料电池（SOFC）具有燃料适应性好、温度高、热电转化效率高、无需贵金属催化剂等优点。探索使用固体氧化物燃料电池代替燃料电池涡轮发电系统中的质子交换膜燃料电池，是燃料电池涡轮发电的研究热点和前沿发展方向。

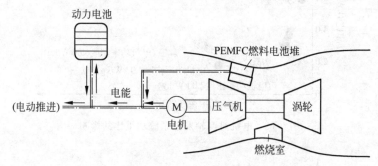

图 0-13　涡轮电动力燃料电池涡轮发电系统

0.3　涡轮电动力气动热力学概述

0.3.1　涡轮电动力性能评价指标

1. 涡轮电动力效率

涡轮电动力主要包括涡轮发电、电动推进和电池储能三大系统，相应的效率为涡轮发电效率、电动推进效率和总能效率。

涡轮发电系统将燃料的化学能转变为机械能，再由发电机转变为电能。涡轮发电效率为燃气涡轮发动机效率和发电机效率的乘积。

电动推进系统通过电机驱动风扇、旋翼、螺旋桨或车轮,将电能转变为机械功实现飞行器推进或驱动车辆行驶。航空涡轮电动力的电动推进效率为驱动电机效率与风扇、旋翼或螺旋桨推进效率的乘积。车用电推进系统一般指的是车轮的电驱动系统,即车轮的驱动电机。车用电推进系统效率即驱动电机效率,为驱动电机输入电能与输出机械功之间的转换率。

总能效率指的是涡轮电动力系统发电、储能及推进过程的能量转换与综合利用效率。综合考虑燃气涡轮发电过程中热能-机械能-电能的转换,动力电池充放电和电机驱动推进器等转换、储存和输出环节的能量损耗,评估整个涡轮电动力系统的能量转换与利用效能。

2. 涡轮电动力功率与推力

功率和推力表示涡轮电动力的工作能力。涡轮电动力的功率可分为发电功率、储能功率和总功率。

发电功率是指涡轮电动力发电系统的输出电功率,是衡量涡轮电动力性能的重要指标之一,它决定了涡轮电动力系统长时间工作时能够提供多大的电功率。

储能功率是指涡轮电动力电池储能系统能够处理的最大电功率,是衡量电池储能系统性能的重要指标之一,它决定了电池储能系统能够在多长时间内提供或吸收多大的电功率。储能功率直接影响涡轮电动力系统的稳定性和可靠性,对涡轮电动力系统在实际应用中的效用至关重要。

总功率是指涡轮发电系统与电池储能系统联合输出的总电功率,为发电功率与储能功率之和,反映了涡轮电动力系统的最大工作能力。

推力是指航空涡轮电动力系统产生的推动飞行器运动的力,推力直接决定了航空器的主要性能,是航空涡轮电动力最主要的性能指标。对于分布式电动推进系统,涡轮电动力的推力为各个推进单元的推力之和。

3. 涡轮电动力功率密度

涡轮电动力的功率密度可分为涡轮发电系统功重比、电动推进系统推重比以及电池储能系统功率密度。

涡轮发电系统功重比是指涡轮发电系统输出功率与自身质量的比值,即系统输出电功率与涡轮发动机及电机总质量之比。涡轮发动机一般具有较高的功重比,电机则成为影响涡轮发电系统功重比的关键因素。

电动推进系统推重比是指电动推进系统推力与自身质量的比值,即系统推力与推进电机及推进器总质量之比。在工程上推力单位常用 kgf,1 kgf=9.8 N,推重比单位则常用 kgf/kg。推进器一般具有较高的推重比,电机成为影响推进系统推重比的关键因素。

电池储能系统功率密度是指动力电池系统在一定条件下所能输出的功率与电池质量或体积之比,又称为质量功率密度或体积功率密度。此外,动力电池能量密度也是涡轮电动力电池储能系统极其重要的性能指标,指的是储能系统电量与整个电池系统质量或体积的比值。

涡轮电动力的涡轮发电系统功重比、电动推进系统推重比和电池储能系统功率密度直接影响航空器的质量和有效载荷。

0.3.2 涡轮电动力性能研究的理论基础

涡轮动力是一种进行热能-机械能转换的热机动力,涡轮动力性能研究主要以叶轮机压缩和膨胀过程工质流动及能量转化为核心,涡轮动力气动热力学即热机气动热力学,是涡轮动力性能研究的理论基础。涡轮动力通过引入电机、电池(动力电池和燃料电池),电动化为涡轮电动力。涡轮电动力性能研究涉及热机气动热力学、电机电磁热力学、电池电化学热力学,涡轮电动力气动热力学是涡轮电动力性能研究的理论基础。

传统涡轮动力性能研究的理论基础为热机气动热力学,主要研究热能-机械能转换,属于热工学科范畴,即气动热力学1.0。涡轮电动力性能研究的理论基础为涡轮电动力气动热力学,研究从热能-机械能转换拓展到热能-机械能-电能-化学能转换,反映了热工、电工及化工的学科交叉融合发展,开启了气动热力学发展的新阶段,即气动热力学2.0。气动热力学2.0是新一轮科技革命和产业变革背景下气动热力学新的学科生长点。

涡轮电动力气动热力学是一门涉及热机气动热力学、电机电磁热力学、电池电化学热力学的交叉学科,并把重点放在讨论工质流动过程对电机、电池和涡轮电动力系统能量转换过程及性能的影响。主要包括涡轮电动力系统部件高功率密度发展的电机/叶轮机多场耦合与流动控制、动力电池热管理多场耦合与流动控制、燃料电池多场耦合与流动控制,以及涡轮电动力高效化发展的分布式涡轮电推进多能流耦合与总能优化、燃料电池涡轮发电多能流耦合与总能优化等5部分内容。

1. 电机/叶轮机多场耦合与流动控制

电机是涡轮电动力系统的关键部件,主要包括涡轮发电系统的起发电机和电动推进系统的推进电机,高功率密度是涡电动力系统电机的主要发展趋势,热管理是发展高功率密度电机面临的主要瓶颈。除车用电驱动电机外,电机与叶轮机直连结构是涡电动力的电机系统通用构型。电机/叶轮机电磁-传热-气动多场耦合与流动控制,对电机热管理及电磁性能具有重要影响。通过建立电机/叶轮机多场耦合模型,发展电机/叶轮机一体化设计与热管理的多场耦合流动控制方法,探索电机/叶轮机一体化设计与热管理的新原理、新结构,对于涡轮电动力的高功率密度电机研发具有重要意义。

2. 动力电池热管理多场耦合与流动控制

电池储能系统为涡轮电动力的功率和能量调节系统,动力电池是其核心部件。动力电池为具有复杂产热与传热过程的电化学动力源,温度是影响其性能的关键因素。随着涡轮电动力对动力电池能量密度和功率密度要求的提高,建立动力电池的电化学-传热-散热多场耦合模型,发展动力电池热管理多场耦合流动控制方法,探索动力电池热管理的新原理、新结构,对动力电池热管理的重要性日益凸显。

3. 燃料电池多场耦合与流动控制

燃料电池与涡轮发电耦合形成的燃料电池涡轮复合循环发电系统,是涡轮电动力高效化的重要发展方向,高功率密度是涡轮复合发电对燃料电池的基本要求。无论是质子交换膜燃料电池还是固体氧化物燃料电池,建立燃料电池电化学-流动-传热传质多场耦合模型,发展燃料电池多场耦合流动控制方法,探索与涡轮发电耦合的燃料电池新原理、新结构,对提高燃料电池功率密度及性能具有重要意义。

4. 分布式涡轮电推进多能流耦合与总能优化

分布式电动推进是提高涡轮电动力推进效率的有效途径,是涡轮电动力高效化发展的研究热点和重点。以分布式电动推进为核心的分布式涡轮电推进动力系统,由于电机和动力电池的引入,分布式电动推进系统的推进器均由多股能量耦合驱动,涡轮电动力的燃气涡轮发电、动力电池与多个电动推进系统的涡轮复合循环多能流耦合与总能优化,是分布式涡轮电推进动力系统总体性能研究的重要内容。

5. 燃料电池涡轮发电多能流耦合与总能优化

燃料电池涡轮发电为涡轮发电与燃料电池耦合的涡轮复合循环,是提高涡轮电动力发电效率的有效途径。燃料电池涡轮发电系统在涡轮发电系统的基础上进一步引入了燃料电池,涉及燃气涡轮循环过程与燃料电池电化学过程的复杂耦合与相互作用。燃气涡轮发电与燃料电池发电系统耦合的涡轮复合多能流耦合与总能优化,是涡轮电动力高效化发展的创新研究领域。

0.3.3 涡轮电动力气动热力学发展趋势

智能化是涡轮电动力的重要发展趋势。智能化又称为人工智能化,是指使机器具备"思考能力",能呈现出与人类类似的智能行为。智能动力是指采用了人工智能技术的动力系统。智能动力最早可追溯至 21 世纪初美国实施的"通用经济可承受先进涡轮发动机(VAATE)研究计划",当时主要关注航空动力控制领域的智能化。2008 年美国国家航空航天局(NASA)开始支持智能发动机系统研究。2018 年罗尔斯-罗伊斯公司发布研发智能航空动力的愿景,希望建立航空动力系统的互联性,使其具备情景感知和理解能力。随后该愿景不断被丰富和完善,并逐步将大数据分析、机器学习、智能机器人、物联网、虚拟现实等技术与航空动力技术进行融合,动力的智能化日益受到重视。

电动化是动力智能化的基础和前提,涡轮智能动力是涡轮电动力的智能化发展,通过整合先进的传感器、控制系统和数据分析,使得涡轮电动力能够自主地对各种感知到的外界信息和内部信息进行处理,对外界环境、目标任务及其自身状态的变化进行理解、认知、判断和推理,具有一定的思维能力和联想能力,从而能作出最佳的决策和反应。涡轮智能动力是涡轮动力的电动化、智能化发展,其性能研究的理论基础为涡轮智能动力气动热力学,研究从能量转换拓展到智能控制,反映了热工、电工、化工与人工智能的学科交叉融合发展,将引领气动热力学的创新发展,即气动热力学 3.0。

涡轮动力的电动化、智能化发展,导致气动热力学发展呈现出气动热力学1.0、气动热力学2.0和气动热力学3.0这三个特征阶段,如图0-14所示。电动化是当前涡轮动力发展的重点和核心,本书重点阐述气动热力学2.0,即涡轮电动力气动热力学的基础理论与关键技术,以及作者团队在涡轮电动力气动热力学方面的研究进展。

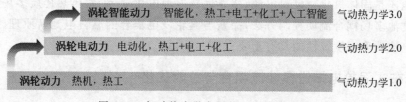

图0-14 气动热力学发展的三个特征阶段

第1章

电机/叶轮机多场耦合与流动控制

涡轮电动力作为能量转换与利用的动力装置,其能量转换与利用功能分别由涡轮发电系统和电动推进系统实现。电机是涡轮发电系统和电动推进系统的关键部件,高功率密度是涡轮发电系统和电动推进系统对电机的基本要求,热管理是发展高功率密度电机面临的主要瓶颈。除车用电驱动电机外,电机与叶轮机直连结构是涡轮发电和电动推进的电机系统通用构型。电机/叶轮机电磁-传热-气动多场耦合与流动控制,对电机热管理及电磁性能具有重要影响。建立电机/叶轮机多场耦合模型,发展电机/叶轮机一体化设计与热管理的多场耦合流动控制方法,探索电机/叶轮机一体化设计与热管理的新原理、新结构,对于涡轮电动力的高功率密度电机研发具有重要意义。

1.1 涡轮电动力的电机及其发展趋势

典型的涡轮电动力系统如绪论部分图0-7所示,主要包括涡轮发电、电动推进和电池储能三大系统。涡电动力系统的电机/叶轮机系统主要包括涡轮发电系统与电动推进系统。与之对应,电机主要包括涡轮发动机驱动的一体式起动发电机(简称起发电机)和驱动风扇/螺旋桨/旋翼/车轮的推进电机。图1-1给出了涡电风扇推进动力系统的组成。

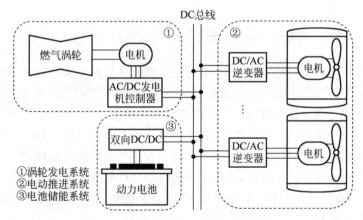

图1-1 涡电风扇推进动力系统的组成

1.1.1 涡轮发电的电机/叶轮机系统

涡轮发电系统主要利用燃气涡轮发动机进行热功转换以实现机械能输出并驱动起发电机发电,为涡电动力系统提供电能。涡轮发电的电机/叶轮机系统主要由燃气涡轮发动机及其直连的高速起发电机组成,起发电机与燃气涡轮发动机内部的压气机、涡轮同轴旋转工作。

涡轮发电的电机/叶轮机系统需要在长时间持续工作状态下实现高功率密度。在设计层面,为实现高功率密度,电机/叶轮机系统需要实现高紧凑结构集成与全工况高效匹配。高紧凑结构集成主要通过直连方式省去齿轮箱带来的重量、散热及功率损耗等影响,简化系统并提高效率;通过电机与叶轮机的结构、传热、流动一体化功能集成,进一步简化电机/叶轮机系统结构并提高电机散热能力,实现电机高功率密度设计。全工况高效匹配主要是起发电机需要与叶轮机在驱动和发电两个工作模式下满足常用工况的转速-扭矩-效率匹配,实现电机/叶轮机系统在任务剖面下的性能最优运行以及高功率密度起发电机在全任务剖面下的高效热管理。

针对涡轮发电的起发电机高速旋转特性要求,径向磁通内转子电机因其在高速工况下的优异性能更适用于涡轮发电,如图1-2所示。

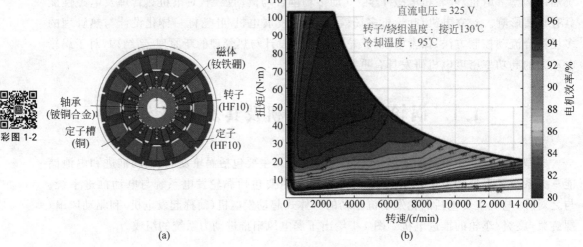

图 1-2 径向磁通内转子电机
(a) 内转子电机结构图;(b) 内转子电机 MAP 图

径向磁通内转子电机的转子位于定子的内侧,高速运行具有较低的转动惯量,转子受到的离心力较小,更容易维持其结构完整性和运行平衡,拥有更好的机械稳定性和抗振动能力。同时较小的转动惯量也使得电机能够更快地响应速度变化,在控制上更为灵活准确,适合需要频繁启停或快速加减速的高速应用,从内转子电机 MAP 图(图 1-2(b))上也可看出其在高速工况下高效运行的能力。此外,定子绕组直接与电机外壳接触,有助于热量通过电机外壳散发到外界。在高速运行时,电机产生的热量可以更有效地传导出去,减少过热的风险。综合而言,内转子电机因其低转动惯量、易散热的优势,是更合适的用于涡轮发电的高速高功率密度起发电机。

1.1.2 电动推进的电机/叶轮机系统

电动推进的电机/叶轮机系统由电机、涵道风扇或螺旋桨组成,主要利用电机驱动涵道风扇或螺旋桨对空气做功产生推力。电动推进的电机/叶轮机系统同样需要实现高功率密度。对于飞行汽车、多旋翼无人机等低速飞行器,电动推进的电机/叶轮机系统需要在低空悬停工况下实现高功率密度;对于通勤飞机或民航支/干线飞机,电动推进的电机/叶轮机系统需要在高空高速巡航工况下实现高功率密度。为实现高功率密度,电动推进的电机/叶轮机系统需要实现高紧凑结构集成与全工况高效匹配。

鉴于电动推进的涵道风扇或螺旋桨的低速工作特性,推进电机需要在低速、大扭矩工况下实现高功率密度与高效率,采用直驱的方式去除齿轮箱带来的重量与功率损耗等影响,提高系统功率密度与效率。需要注意的是,推进电机的扭矩和功率指标是要满足长时间连续运行的性能指标,而不是仅满足短时间运行的性能指标。

针对推进电机低速、高功率密度特性要求,轴向磁通电机与径向磁通电机均可用于电动推进,如图1-3和图1-4所示。

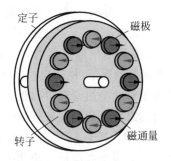 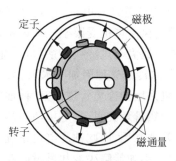

图1-3 轴向磁通电机　　　　图1-4 径向磁通电机

轴向磁通电机的磁通与电机轴线平行,使得其设计更为紧凑,适用于空间受限且对重量敏感的应用;径向磁通电机的磁通垂直于轴线,从轴心向电机外壳径向扩散,稳定性和可靠性更高。在电磁性能方面,轴向磁通电机因其短路径的磁通循环和优化的绕组铜损,通常在部分负载下展现出更优的性能。在热设计方面,轴向磁通电机盘状结构带来了热管理挑战。径向磁通电机的圆柱形设计在某些场景下显得较为笨重,但其较大的表面积更有利于散热,运行维护也更便捷。结合推进电机低速、大扭矩的工作特性,大扭矩导致的电机散热量大是高功率密度推进电机面临的主要设计瓶颈。

1.1.3 电机/叶轮机设计与热管理流动控制

涡电动力系统的电机/叶轮机系统设计是实现涡电动力系统高功率密度的关键,主要包括2个层面:

(1) 针对涡电动力系统全任务剖面高效率运行的电机与叶轮机性能匹配,在设计时需要保证电机与叶轮机各自的转速-扭矩-效率特性在不同运行工况下的性能匹配。电机与叶轮机性能匹配的提升可以减小系统功率进而减少电机产热量,更有利于实现电机高功率密度。

(2) 针对涡电动力系统高功率密度发展的电机与叶轮机结构匹配,在设计时需要在转速-扭矩-效率等性能匹配的基础上开展电机与叶轮机结构集成匹配,保证电机/叶轮机系统结构的高紧凑性与轻量化。

在部件层面,电机的功率密度是影响涡电动力系统功率密度的主要因素。对于永磁同步电机,其功率密度的进一步提升主要受到电磁设计、热管理和材料性能的限制。良好的电磁设计可以降低磁阻、提高磁通密度和磁场均匀性,从而提高电机的效率和功率密度。热管理性能决定了能否将电机的产热快速有效地排出,保证电机内部转子与定子的温度一直稳定在材料许用范围内;一旦发生过热,电机功率、效率和寿命都将降低甚至发生绝缘失效或失火。材料性能同样直接影响电机功率密度与可靠性,例如永磁材料的性能影响着电机的磁场强度和稳定性,线圈材料决定电阻及产热量,绝缘材料影响电机传热量及寿命等。高磁能密度、高热导率和高强度的各型材料对提高电机功率密度同样重要。电磁设计与材料性能决定了电机理论功率极限、效率、产热量与质量,热管理设计则决定了电机实际功率、效率与寿命。但热管理部件质量会额外增加电机系统质量,通常热管理性能提升会导致其附加质量增大、电机系统功率密度降低。

表 1-1 所示为热管理对电机功率密度的影响。电机采用风冷热管理方案时,附加质量可以忽略,但传统风冷电机受限于冷却风量,不适用于大功率场景。电机采用水冷热管理方案时,水冷换热系数大于风冷换热系数,冷却水套可以提高电机散热能力,电机本体功率密度得到提高;但水冷热管理附加了水泵、水管和换热器等的质量,使得电机系统功率密度大幅降低。而电机采用油冷热管理方案时,油的绝缘性使得油冷热管理可以深入电机内部,散热能力优于水冷热管理方案,且电机油冷热管理中的油泵和换热器通常可以与发动机燃/滑油的油泵和换热器共用,因此油冷电机系统功率密度高于水冷电机系统功率密度。综合可见,风冷热管理方案如能解决冷却风量问题将有助于进一步提高电机系统功率密度,且热管理系统最为精简,工程应用价值较高。

表 1-1 热管理对电机功率密度的影响 单位: kW/kg

热管理方式	风冷	水冷	油冷
电机本体功率密度	2.74	3.4	4.25
电机系统功率密度	2.74	2.37	2.96

当前高功率密度电机在磁路、结构设计、高性能材料使用方面均已处于较高水准,电机热管理系统散热能力无法匹配更高电磁负载工况所产生的电磁损耗,是目前限制常温常导电机功率密度进一步提升的主要原因。电机热管理目前重点关注在定子铁心、绕组、永磁体等热问题严重的部位进行精准直接冷却。定子绕组由于存在着产热密度高、导热性能差、热可靠性差等问题,成为电机中热问题的重点关注区域。针对定子绕组部位进行强化对流换热的散热构型主要包括基于液冷流道的定子绕组间接散热构型与定子绕组直接液冷散热构型。与机壳水套液冷构型相比,喷油冷却散热构型可将端部绕组温升降低 40% 以上,而浸油散热构型则可使定子铁心和定子绕组的峰值温度均下降 55℃ 左右。为进一步提升热管理性能,基于相变换热高散热的热管构型在电机的机壳、定子铁心、定子绕组和转子等部位进行了探索尝试,在不过多引入附加部件质量的情况下提高了电机散热能力。

针对涡电动力系统实际应用,电机与叶轮机布置对电机/叶轮机系统设计匹配与热管理具有重要影响。

1. 电动推进的电机与叶轮机布置方案

电动推进的电机/叶轮机系统中,电机前置集成方案如图 1-5 所示,此结构应用于飞机机身尾部边界层抽吸风扇中。这种布置方式的特点是风扇主气流先流经电机外壳再流入风扇。电机壳体的散热结构影响了风扇轮毂区流动,造成风扇进气径向不均匀从而影响风扇流量和气动效率。在热管理方面,电机可利用风扇进口高速、低温主气流实现风冷散热。

电机后置集成方案如图 1-6 所示,该结构可应用于 30 kW 等级的航空电动风扇推进系统。这种布置方式的特点是主气流先流经风扇再流过电机外壳。电机放置在风扇下游位置可以减少电机壳体对风扇流动及性能的负面影响,且电机仍可以利用风扇主气流进行高效散热,但经过风扇压缩后的主气流温度会上升,风扇增压比越高,气流温升越高。在电机后置集成方案中,风扇增压比会对电机散热性能产生重要影响。对于高增压比、大推力电动风扇推进系统,若采用电机后置集成方案,需要在风冷散热基础上进一步考虑液冷集成设计。

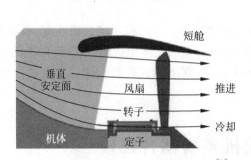

图 1-5 电动推进的电机前置集成方案[1]

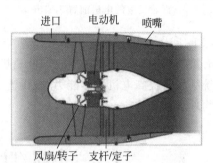

图 1-6 电动推进的电机后置集成方案[2]

2. 涡轮发电的电机与叶轮机布置方案

涡轮发电的电机/叶轮机系统中,电机前置集成方案如图 1-7 所示,常用于微小型燃气轮机发电系统,利于电机与叶轮机部件独立设计和模块化集成。在电机前置集成方案中,电机位于压气机上游,由于电机直径大于离心压气机叶轮进口直径,气流需先流经电机壳体再向中心汇入离心压气机,离心压气机进口压力、速度会产生径向畸变,同时主气流与电机壳体换热后又会在离心压气机进口形成径向温度畸变。进口压力、速度与温度等畸变流场会导致离心压气机增压比、效率和稳定工作范围降低。在电机热管理方面,前置电机位于压气机上游,可利用压气机低温主气流散热。在提高电机功率密度方面,通过缩小电机直径与长度,可以减小前置电机直径与压气机进口直径的比值,使得电机至压气机进口的流道面积收缩比减小,改善压气机进口的流动均匀性,有效减小电机前置结构流动/传热特性对压气机性能的负面影响。

电机中置集成方案如图 1-8 所示,常用于内燃机的电辅助增压系统以提升内燃机低负荷时的响应和全工况运行效率。在电机中置集成方案中,电机布置于压气机与涡轮之间,电机与叶轮机共用转子,转子长度相对较短,有利于涡轮发电系统转子动力学设计。在电机热管理方面,中置集成后的电机位于压气机与涡轮之间,面临涡轮侧高温气流热传导及热辐射影响,工作环境温度高,需要隔热;中置电机难以便捷利用压气机主气流进行散热,需要额外引气散热或者采用液冷散热,散热结构回路布置困难。对于电机中置集成方案,电机不会影响压气机与涡轮的气动性能,且由于转子长度相对较短,涡轮发电系统转子动力学性能最优,但还面临工作环境温度高、散热难等技术难点。

彩图 1-8

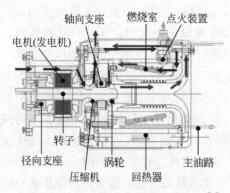

图 1-7 涡轮发电的电机前置集成方案[3]

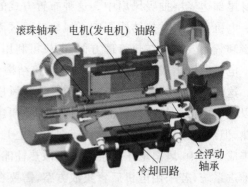

图 1-8 涡轮发电的电机中置集成方案[4]

综上所述,电机与叶轮机相对位置与集成结构对电机/叶轮机系统性能匹配、电机热管理具有重要影响。如何实现电机与叶轮机结构、传热、流动一体化功能集成,简化电机/叶轮机系统结构并提高电机散热能力、减少流动损失,需要深入研究叶轮机流动与电机传热、电磁多物理场耦合效应。

1.2 电机/叶轮机多场耦合建模

1.2.1 电机电磁热力学基础

1. 电机电磁学基础

1) 控制方程

电磁现象的所有场方程均可以写成麦克斯韦方程组的形式,所涉及的基本物理量包括 5 个矢量和 1 个标量。5 个矢量分别为电场强度 $\boldsymbol{E}$(V/m)、磁场强度 $\boldsymbol{H}$(A/m)、电位移 $\boldsymbol{D}$(C/m^2)、磁通密度 $\boldsymbol{B}$(T)和电流密度 $\boldsymbol{J}$(A/m^2);1 个标量为电荷密度 $\mathrm{d}Q/\mathrm{d}V$ 或 ρ(C/m^3)。

电场和磁场的存在可以通过一个带电物体或一个载流导体在场中所受到的力进行分析,这种力可以通过洛伦兹力,即一个无穷小电荷 $\mathrm{d}Q$ 以速度 $\boldsymbol{v}$ 移动而产生的力来计算:

$$\mathrm{d}\boldsymbol{F} = \mathrm{d}Q(\boldsymbol{E} + \boldsymbol{v} \times \boldsymbol{B}) = \mathrm{d}Q\boldsymbol{E} + \frac{\mathrm{d}Q}{\mathrm{d}t}\mathrm{d}\boldsymbol{l} \times \boldsymbol{B} = \mathrm{d}Q\boldsymbol{E} + I\mathrm{d}\boldsymbol{l} \times \boldsymbol{B} \tag{1-1}$$

式中:$\mathrm{d}\boldsymbol{l}$ 表示一段任意方向的单元长度;I 为电流。

式(1-1)是计算电机转矩的基本方程。方程中包含长度为 $|\mathrm{d}\boldsymbol{l}|$ 的载流导体部分是电机转矩产生的根本原因。

电荷守恒定律用散度方程表示为

$$\nabla \cdot \boldsymbol{J} = -\frac{\partial \rho}{\partial t} \tag{1-2}$$

该式被称为电流的连续性方程。

实际的麦克斯韦方程组用微分形式表示为

$$\nabla \times \boldsymbol{E} = -\frac{\partial \boldsymbol{B}}{\partial t} \tag{1-3}$$

$$\nabla \times \boldsymbol{H} = \boldsymbol{J} + \frac{\partial \boldsymbol{D}}{\partial t} \tag{1-4}$$

$$\nabla \cdot \boldsymbol{D} = \rho \tag{1-5}$$

$$\nabla \cdot \boldsymbol{B} = 0 \tag{1-6}$$

电场的散度关系式(1-3)即为法拉第电磁感应定律,它描述了变化的磁通是如何在其周围激发出电场的；磁场强度的旋度关系式(1-4)描述了变化的电通量和电流在空间激发磁场的情况,即安培定律。由于旋度的散度恒为零,则安培定律可由式(1-4)的散度方程变为式(1-2)的电荷守恒定律。

电通量总是从正电荷流向负电荷,可以用电通量的散度方程式(1-5)进行数学表示,即电场的高斯定律。然而,磁通是循环的通量,没有起点和终点,这一特性可以由磁通密度的散度方程式(1-6)进行数学表示,即磁场的高斯定律。

法拉第电磁感应定律和安培定律在电机设计中极为重要,可以用来确定电机绕组中感应出的电压,在确定磁路中由涡流引起的损耗和铜条的集肤效应时也必不可少。

材料的介电常数 ε、磁导率 μ 和电导率 σ 确定了电场强度中的电位移 $\boldsymbol{D}$、磁通密度 $\boldsymbol{B}$ 和电流密度 $\boldsymbol{J}$。可以通过以下方程对材料进行描述：

$$\boldsymbol{D} = \varepsilon \boldsymbol{E} \tag{1-7}$$

$$\boldsymbol{B} = \mu \boldsymbol{H} \tag{1-8}$$

$$\boldsymbol{J} = \sigma \boldsymbol{E} \tag{1-9}$$

但描述材料的量并不总是简单的常量。例如,铁磁材料的磁导率 μ 具有很强的非线性特性,在各向异性的材料中,磁通密度的方向将偏离磁场强度,因而 ε 和 μ 可能为张量。在真空中 ε 和 μ 的值为

$$\varepsilon_0 = 8.854 \times 10^{-12} \text{ F/m}$$

$$\mu_0 = 4\pi \times 10^{-7} \text{ H/m}$$

2) 电机损耗

电机的电磁场与热力学特性对电机的效率和性能具有重要影响。温升是电机发热部位与周围环境温度的差值,通常指定子铁心和绕组温升。在电机运行时,铁心处于交变磁场中,会产生磁滞和涡流损耗,电流流过绕组产生铜耗,还有风摩损耗、机械损耗、杂散损耗等,最终都会以发热的形式体现,从而使电机温度升高。电机损耗决定了电机效率、产热量、温度分布和高温区位置,对电机损耗的定量分析是电机热管理的设计基础。

(1) 电机铜耗。电机三相绕组通入电流时,由于导线存在电阻,导线产热导致的电能损失即铜耗：

$$P_{\text{Cu}} = 3I^2 R \tag{1-10}$$

式中：I 为相电流有效值；R 为相电阻。

(2) 电机铁耗。电机铁耗主要发生在电机铁心中,包括定子铁心和转子铁心。铁耗与磁场频率 f 有关,而永磁同步电机中转子和磁场同步旋转,转子铁耗很小,基本可以忽略不计。电机铁耗主要包括磁滞损耗、涡流损耗和杂散损耗,其表达式为：

$$P_{\text{Fe}} = P_{\text{h}} + P_{\text{c}} + P_{\text{e}} = k_{\text{h}} f B_{\text{m}}^x + k_{\text{c}} (f B_{\text{m}})^2 + k_{\text{e}} (f B_{\text{m}})^{1.5} \tag{1-11}$$

① 磁滞损耗

铁磁材料处于交变磁场之中，其内部磁畴会根据磁场方向不断反转，与放置在交变磁场中的微型指南针类似，多个磁畴在翻转的过程中必然会产生相互摩擦，这种由摩擦导致的能量损耗称为磁滞损耗。

$$P_h = k_h f B_m^x \tag{1-12}$$

式中：k_h 为磁滞损耗系数；f 为磁场频率；B_m 为磁密幅值，表示磁场的强弱；x 为斯坦梅茨系数，通常取 1.6～2.2。

② 涡流损耗

根据法拉第电磁感应定律可知，铁磁材料在变化的磁场中产生电动势，当路径闭合时，便会产生感应电流，电流流过导体产热便会产生电能损耗，即涡流损耗。

$$P_c = k_c (f B_m)^2 \tag{1-13}$$

式中：k_c 为涡流损耗系数；f 为磁场频率；B_m 为磁密幅值。

具体来说，在变化的磁场中，铁磁材料越厚、电导率越大，其在交变磁场中产生的涡流损耗也越大。为了降低电机铁心中的涡流损耗，往往不用整块硅钢来制造电机铁心，而是用相互之间绝缘的硅钢薄片冲压而成，以降低涡流的数值。硅钢片越薄，越有利于降低电机铁心中的涡流，但制造成本更高。

③ 杂散损耗

当铁磁材料被磁化时，磁畴会产生跳跃性的曲线运动，会在磁畴壁内生成很微小的涡流，也会造成电能损耗，这些损耗便是杂散损耗。

$$P_e = k_e (f B_m)^{1.5} \tag{1-14}$$

式中：k_e 为杂散损耗系数；f 为磁场频率；B_m 为磁密幅值。

2. 电机传热学基础

电机产生的绝大部分热量可通过热传导的方式传递到电机壳体散热结构或者冷却水套。电机壳体散热结构或冷却水套再利用对流换热将电机热量向冷却工质进行传递。电机传热可以分为电机内部热传导与热对流两种主要形式，热辐射的影响基本可以忽略不计。

1) 热传导

在电机内部，热传导是最主要的热量传递方式。热传导是指热量由高温区域传递到低温区域的过程，其速率取决于材料的热导率和温度梯度。在电机热管理方案设计中，需要考虑电机内部各部件间的热传导来减少电机内部局部高温区。傅里叶定律阐述了热传导的规律，即单位时间内通过截面的热量正比于截面温度梯度和截面积。

对于一维热传导

$$Q = -\lambda A \frac{dT}{dx} \tag{1-15}$$

式中：Q 为热流量，即单位时间内通过截面的热量，W；λ 为导热系数，W/(m·K)；A 为截面积，m²；$\frac{dT}{dx}$ 为截面温度梯度，K/m。

对于三维热传导

$$q = -\lambda \,\mathrm{grad}\, T \tag{1-16}$$

式中：q 为热流密度，在直角坐标系中

$$q = -\lambda \left(\frac{\partial T}{\partial x} \boldsymbol{i} + \frac{\partial T}{\partial y} \boldsymbol{j} + \frac{\partial T}{\partial z} \boldsymbol{k} \right) \tag{1-17}$$

式中：$\boldsymbol{i}$、$\boldsymbol{j}$、$\boldsymbol{k}$ 分别为 x、y、z 轴上的单位矢量。

热传导微分方程表示为

$$\rho c_V \frac{\partial T}{\partial \tau} = \lambda \left(\frac{\partial^2 T}{\partial x^2} + \frac{\partial^2 T}{\partial y^2} + \frac{\partial^2 T}{\partial z^2} \right) + q_V \tag{1-18}$$

式中：ρ 为物体的密度；c_V 为物体的定容比热容。

对于稳态热传导过程，温度不随时间变化，热传导微分方程为泊松方程，表示为

$$\lambda \left(\frac{\partial^2 T}{\partial x^2} + \frac{\partial^2 T}{\partial y^2} + \frac{\partial^2 T}{\partial z^2} \right) + q_V = 0 \tag{1-19}$$

如果物体内没有热源，热传导微分方程为拉普拉斯方程，表示为

$$\frac{\partial^2 T}{\partial x^2} + \frac{\partial^2 T}{\partial y^2} + \frac{\partial^2 T}{\partial z^2} = 0 \tag{1-20}$$

2）热对流

热对流是流体运动引起的热量交换，其速率取决于流体的速度、热对流系数和换热温差。在电机运行过程中，外部冷却工质流过电机后被加热，形成热对流。在电机热管理方案设计中，对流换热决定了电机所产生的热量向环境的耗散量，通过高效的对流换热方案设计可以有效控制电机温升。热对流分为自然对流和强制对流。在自然状态下，温度不同引起的对流换热现象称为自然对流；外界对流体施加压力等让流体运动产生的热对流现象称为强制对流，如采用冷却风扇对电机进行散热。在电机热分析中，主要考虑电机转子、定子气隙中流体流过电机转子和定子表面产生的热传递过程。

图1-9所示为流体流过固体表面产生的热对流现象，图中的热对流现象遵循牛顿冷却公式：

$$Q = hA \,|\, T_s - T_f \,| \tag{1-21}$$

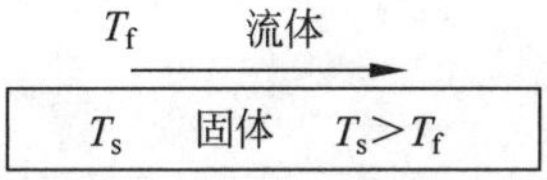

图 1-9 热对流

式中，Q 为热流量，W；h 为对流换热系数，W/($m^2 \cdot$ K)；A 为流体和固体表面接触面积，m^2；T_s 为固体表面温度，K；T_f 为流体温度，K。

1.2.2 叶轮机气动热力学基础

连续性方程和运动微分方程是描述叶轮机内部运动流体质量守恒与动量守恒的一般表述。在运动微分方程中，流体被假设为牛顿流体，其应力与应变关系采用本构方程进行表述；同时，本文所述流体主要为空气，还需采用气体热力学参数来对其状态进行描述。

1. 连续性方程

连续性方程是叶轮机内部运动流体质量守恒的表述，其一般形式为

$$\frac{\partial \rho}{\partial t} + \nabla \cdot (\rho \boldsymbol{v}) = 0 \tag{1-22}$$

2. 流体运动微分方程

流体运动微分方程,即纳维-斯托克斯方程(Navier-Stokes equations)是叶轮机内部运动流体动量守恒的表述,简称 N-S 方程,其一般形式为

$$\frac{\partial \boldsymbol{v}}{\partial t} + (\boldsymbol{v} \cdot \nabla)\boldsymbol{v} = \boldsymbol{f} - \frac{1}{\rho}\nabla p + \frac{\mu}{\rho}\nabla^2 \boldsymbol{v} \tag{1-23}$$

N-S 方程的物理意义即广义牛顿第二定律 $\boldsymbol{F}=m\boldsymbol{a}$。此处 m 即单位体积流体的质量 ρ,$\boldsymbol{a}$ 是流体质点加速度(式(1-23)中的左边各项),$\boldsymbol{F}$ 是作用于单位体积流体的力(包括质量力 $\rho\boldsymbol{f}$、压差 ∇p 和黏性力 $\mu\nabla^2\boldsymbol{v}$)。

3. 牛顿流体的本构方程

牛顿流体的本构方程表征叶轮机内部运动流体的应力与应变速率关系,可视为广义的牛顿剪切定律。本构方程既是联系应力与速度的物理方程,也可用于根据速度分布计算应力,其一般形式为

$$\begin{cases}
\sigma_{xx} = -p + 2\mu\dfrac{\partial v_x}{\partial x} - \dfrac{2}{3}\mu(\nabla \cdot \boldsymbol{v}) \\[4pt]
\sigma_{yy} = -p + 2\mu\dfrac{\partial v_y}{\partial y} - \dfrac{2}{3}\mu(\nabla \cdot \boldsymbol{v}) \\[4pt]
\sigma_{zz} = -p + 2\mu\dfrac{\partial v_z}{\partial z} - \dfrac{2}{3}\mu(\nabla \cdot \boldsymbol{v}) \\[4pt]
\tau_{xy} = \tau_{yx} = \mu\left(\dfrac{\partial v_x}{\partial y} + \dfrac{\partial v_y}{\partial x}\right) \\[4pt]
\tau_{yz} = \tau_{zy} = \mu\left(\dfrac{\partial v_y}{\partial z} + \dfrac{\partial v_z}{\partial y}\right) \\[4pt]
\tau_{zx} = \tau_{xz} = \mu\left(\dfrac{\partial v_z}{\partial x} + \dfrac{\partial v_x}{\partial z}\right)
\end{cases} \tag{1-24}$$

4. 气体热力学性质

气体状态可以用压强 p、温度 T、密度 ρ 等参数来描述。在这些基本参数之间存在着一定的关系,这个关系可表示为

$$f(p,\rho,T) = 0 \tag{1-25}$$

式(1-25)称为状态方程。在工程上,一般可以把气体作为理想气体来简化处理,即可忽略分子本身的体积和分子之间的相互作用力。理想气体的状态方程可以写成

$$p = \rho RT \tag{1-26}$$

式中:R 为特定气体的气体常数,对于空气,$R = 287.06 \text{ J/(kg·K)}$。

气体的另一个重要性质是它的比热,通常采用定压比热容 c_p 和定容比热容 c_V 来表示。对于理想气体,它们之间存在下列关系:

$$c_p - c_V = R \tag{1-27}$$

在热力学中,气体 c_p 和 c_V 的比值称为比热比,以符号 k 表示,即

$$k = \frac{c_p}{c_V} \tag{1-28}$$

对于理想气体来说,比热和比热比只是温度的函数。在进行理论分析及近似计算时,常常假设气体的比热和比热比是常数,称为定比热假设。

在气体流动过程中,与功和热相关联的能量项是焓。对于化学成分恒定的单相体系气体来说,焓可以表示为温度和压强的函数:

$$h = f(p, T) \tag{1-29}$$

式中:h 为比焓,J/kg。

理想气体的焓差可以表示为

$$\Delta h = \int_{T_1}^{T_2} c_p \, dT \tag{1-30}$$

定压比热容 c_p 通常可以采用经验公式计算得到,此处不再详述。

1.2.3 电机/叶轮机多场耦合建模

涡电动力的电机/叶轮机系统内部电磁-传热-气动多物理场耦合对高功率密度电机热管理及电磁性能具有重要影响,具体如下:

(1) 叶轮机内部流场决定了电机电磁场;
(2) 电机的电磁损耗是系统的主要热源;
(3) 叶轮机与电机之间、电机内部的流固表面对流换热是电机的主要散热方式。

热源和对流边界决定了各个固体域的温度,温度改变了气体和材料性能,性能又反过来引起了电磁损耗即热源的变化。

由 1.1.3 节论述可知,电磁设计与材料性能决定了电机理论功率极限、效率、产热量与质量;热管理设计则决定了电机实际功率、效率与寿命。通过电机/叶轮机系统电磁-传热-气动多物理场耦合设计提高电机热管理性能,使电机实际性能趋近于理论极限,可有效提高电机功率密度。

电机/叶轮机系统电磁-传热-气动多物理场耦合设计需要以电机/叶轮机多场耦合建模为基础,实现对电机/叶轮机多物理场耦合仿真,获得更准确的电机/叶轮机性能。电机/叶轮机磁场-温度场-流场之间的耦合仿真关系如图 1-10 所示。

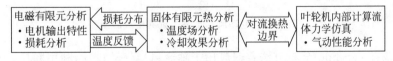

图 1-10 电机/叶轮机多场耦合仿真关系

1. 电机/叶轮机多场耦合三维建模

电机/叶轮机多场耦合三维建模与仿真主要是对电机与叶轮机进行三维耦合迭代求解。通过三维建模软件分别建立电机与叶轮机的固体域和流体域模型,然后分别进行固体域面向电磁场求解的网格剖分、固体域面向温度场求解的网格剖分、流体域用于流场求解的网格剖分。

第一步,电磁场通过有限元方法进行瞬态求解,将电机损耗分布在时域取平均场后导出作为温度场求解的边界条件;

第二步,流固耦合的流体和传热求解将电机损耗分布场作为热源,并给定叶轮机内部气体物性、进出口压力、环境温度、转速等边界条件进行稳态计算,得到叶轮机流场和电机温度场;

第三步,用第二步得到的温度场计算电机内部材料物性,然后重复第一步求解电磁场。通过上述三步耦合迭代计算直至流场、温度场和电磁场收敛。

电机/叶轮机多场耦合三维建模与仿真计算精度高,但耗时长、计算效率低,适用于电机/叶轮机性能匹配验证,而无法应用于电机/叶轮机多场耦合设计。电机/叶轮机一维参数化耦合建模是解决电机/叶轮机电磁-传热-气动多物理场耦合设计的有效途径。

2. 电机/叶轮机一维参数化耦合建模

在设计阶段,电机/叶轮机一维参数化耦合建模需要建立叶轮机流动与电机传热、电磁之间的参数化耦合模型,实现电机/叶轮机系统功率、效率、温度等性能的快速匹配计算。通过一维参数化耦合建模分析,在电机热管理性能需求的约束下,得到电机与叶轮机系统性能的最优解。

本节以清华大学研制的电动风扇为例,详细介绍电机/风扇电磁-传热-气动一维参数化耦合建模过程[5],实现电机与风扇两个部件在设计中的实参数耦合与迭代优化。

1) 电动风扇气动特性参数化模型

为了便于分析电动风扇推进系统的气动特性,首先对电动风扇推进系统的典型截面图进行划分,如图 1-11 所示。其中,下标 ∞ 代表风扇的自由来流,数字 1、2、3、4 分别代表风扇动叶前缘截面、动叶尾缘截面、导叶前缘截面、导叶尾缘截面。下标 in 代表风扇进口截面、e 代表风扇出口截面。

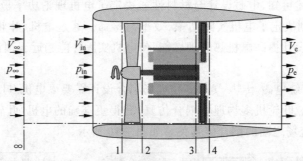

图 1-11 电动风扇推进系统典型截面图

平均流线(mean line)分析方法普遍应用于轴流风扇气动设计,利用欧拉方程来分析叶栅中流体与物体之间的作用力。为简化分析,假设电动风扇推进系统的风扇满足以下条件:

(1) 风扇在标准大气海平面静态自由流条件下稳态运行;
(2) 入口环境温度为 288 K;
(3) 空气密度 ρ_{air} 为 1.225 kg/m³;
(4) 大气环境压力为 101 325 Pa;
(5) 风扇内部气体不可压缩;
(6) 风扇动叶进口到导叶出口的轮毂半径与机匣半径不变,即入口和出口的切线速度相等(即 $U_1=U_2$)、风扇进/出口气流绝对速度的轴向分量 C_a 保持常值不变。

风扇包括动叶转子与导叶静子,基元级速度三角形如图 1-12 所示。基元级速度三角形主要参数有轴向速度 C_a、扭速 C_ω 和切线速度 U 等。在图 1-11 所示的电动风扇推进系统中,风扇动叶进气方向是轴向;在基元级速度三角形中,主要对扭速 C_ω 及切线速度 U 进行设计。

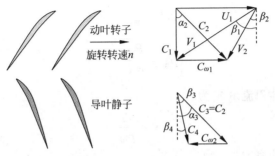

图 1-12 风扇速度三角形

对于风扇气动设计,首先计算风扇中径处的直径 D_m,进而根据中径直径及转速确定中径处的切线速度 U,分别表示为

$$D_m = \frac{D_{shroud} + D_{hub}}{2} \tag{1-31}$$

$$D_{hub} = D_{shroud} h \tag{1-32}$$

$$U = \frac{\pi D_m n}{60} \tag{1-33}$$

式中:D_{shroud}、D_{hub}、h 分别为风扇直径、轮毂直径、轮毂比,n 为风扇动叶转速。

地面静止起飞工况通常是电动风扇的最大推力状态。在该状态下,风扇空气质量流量 $\dot{m}$ 可以通过起飞推力、相对气流速度来确定,空气质量流量 $\dot{m}$ 可表示为

$$\dot{m} = \frac{F_{thrust}}{V_2 - V_1} \tag{1-34}$$

式中:F_{thrust} 表示起飞推力;V 表示相对气流速度;下角标 1、2 分别表示风扇动叶前缘、风扇动叶尾缘。

风扇平均直径处的扭速差 ΔC_ω 可表示为

$$\Delta C_\omega = \frac{P}{\dot{m} U} = \Delta C_{\omega 1} + \Delta C_{\omega 2} \tag{1-35}$$

式中:P 为功率;U 为风扇动叶切线速度。

风扇压比为风扇出口处的总压与入口处总压之比,表示为

$$FPR = \frac{p_{Tout}}{p_{Tin}} = \left(1 + \eta_{is} \frac{U \Delta C_\omega}{c_p T_0}\right)^{[\gamma/(\gamma-1)]} \tag{1-36}$$

式中:p_{Tout} 为风扇出口总压;p_{Tin} 为风扇入口总压;T_0 为风扇入口总温;η_{is} 为风扇等熵效率;γ 为空气的比热比,在常温常压下,其值约为 1.4。等熵效率为风扇用于给空气增压、增速消耗的理想功率与实际消耗功率之比。根据设计经验,风扇等熵效率一般预设为 0.85。在风扇压比确定后,即可确定由风扇产生的实际压力差 Δp_{Total} 及比功 Y,分别表示为

$$\Delta p_{\text{Total}} = (\text{FPR} \times p_{\text{Tin}}) - p_{\text{Tin}} \tag{1-37}$$

$$Y = \frac{\Delta p_{\text{Total}}}{\rho_1} \tag{1-38}$$

流过风扇两端空气的压力升高伴随着空气的温升及空气密度变化,空气的温升 ΔT_{Actual} 及密度 ρ_{m} 可以通过以下两式计算,分别为

$$\Delta T_{\text{Actual}} = \frac{Y}{c_p} \tag{1-39}$$

$$\rho_{\text{m}} = \frac{P_{\text{m}}}{RT} \tag{1-40}$$

流过风扇的平均体积流量 $\dot{V}$ 为

$$\dot{V} = \frac{\dot{m}}{\rho_{\text{m}}} \tag{1-41}$$

风扇动叶消耗的功率 P_{blade} 为

$$P_{\text{blade}} = \dot{m} \times U \times \Delta C_{\omega 1} \tag{1-42}$$

风扇消耗的总功率 P_{fan} 为

$$P_{\text{fan}} = P_{\text{blade}} = \dot{m} \times U \times \Delta C_{\omega} = \dot{m} \times U \times (\Delta C_{\omega 1} + \Delta C_{\omega 2}) \tag{1-43}$$

轴向加速空气以获得推力所需的功率 P_{a} 为

$$P_{\text{a}} = \frac{1}{2} \dot{m} C_{\text{a}}^2 \tag{1-44}$$

进一步根据风扇设计工况参数计算风扇直径数 δ 与风扇速度数 σ,并利用科迪尔(Cordier)图(图 1-13)来确定风扇转子形式。参数的理论推导与 Cordier 图可在 Epple 等的研究[6]中查阅。

风扇速度数 σ 为

$$\sigma = 0.016 N \frac{\sqrt{\dot{V}}}{(2Y_t)^{3/4}} 2\sqrt{\pi} \tag{1-45}$$

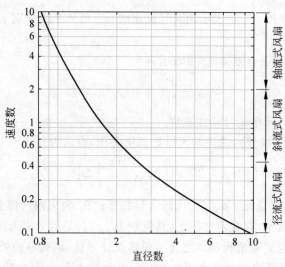

图 1-13 Cordier 图[6]

风扇直径数 δ 为

$$\delta = D\sqrt[4]{\frac{2Y_t}{\dot{V}^2}} \times \frac{\sqrt{\pi}}{2} \quad (1\text{-}46)$$

动叶相对速度 V_1 的入口角为 β_1，可表示为

$$\tan\beta_1 = \frac{U_1}{C_{1a}} \quad (1\text{-}47)$$

动叶相对速度 V_2 的出口角为 β_2，可表示为

$$\tan\beta_2 = \frac{U_2 - C_{\omega 2}}{C_{2a}} = \frac{U_1 - C_{\omega 1}}{C_{1a}} \quad (1\text{-}48)$$

导叶相对速度 V_3 的入口角为 β_3，可表示为

$$\sin\beta_3 = C_{\omega 2}/C_3 = C_{\omega 2}/C_2 \quad (1\text{-}49)$$

导叶相对速度 V_4 的出口角为 β_4，风扇出口通常为轴向排气，因此 $\beta_4 = 0$。

综上所述，电动风扇推进系统动叶及导叶速度三角形的标量说明如表1-2所示。

表1-2 电动风扇推进系统动叶及导叶速度三角形

叶片参数	参数关系
动叶入口气流角 β_1	$\tan\beta_1 = U_1/C_1 = U_1/C_{1a}$
动叶出口气流角 β_2	$\tan\beta_2 = (U_2 - C_{\omega 2})/C_{2a} = (U_1 - C_{\omega 1})/C_{1a}$
动叶出口绝对速度 C_2 与导叶入口绝对速度 C_3	$C_2 = C_3 = \sqrt{C_1^2 + C_{\omega 1}^2}$
导叶入口气流角 β_3	$\sin\beta_3 = C_{\omega 2}/C_3 = C_{\omega 2}/C_2$
导叶出口气流角 β_4	$\beta_4 = 0$
导叶出口相对速度 V_4 与绝对速度 C_4	$V_4 = C_4 = \sqrt{C_3^2 - C_{\omega 2}^2}$

根据图1-14可进一步计算得到风扇叶片的最佳稠度与叶片数量。由气流转折角与出口气流角共同确定了叶片的栅距/弦长比(s/c)。根据工程经验及测试结果，确定叶片的展弦比不大于2.5。对于风扇动叶及导叶叶片，平均半径处的叶片高度 h_m 表示为

$$h_m = \frac{D_{tip} - D_{hub}}{2} \quad (1\text{-}50)$$

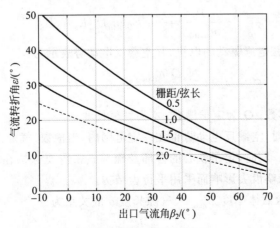

图1-14 平面叶栅额定特性

式中：D_{tip} 为风扇动叶叶尖直径；D_{hub} 为风扇轮毂直径。

弦长 c 的计算式为

$$c_m = h_m/2.5 \tag{1-51}$$

查图 1-14 得到最佳叶片栅距 s 为

$$s_m = c_m \times 1.6 \tag{1-52}$$

最佳叶片数量 N 根据栅距与叶片平均半径处的圆周周长计算得到：

$$N = 2\pi R_m/s_m \tag{1-53}$$

2) 电机电磁-传热特性参数化模型

设电机定子外径 D_{motor} 与风扇轮毂直径 D_{hub} 相等，电机定子内径为 D_{si}，电机轴向长度为 L_{motor}，电机转速 n_{motor} 与风扇转速 n 相等，定子槽数为 Q，电机转子永磁体极对数为 p，永磁体剩磁强度为 B_r，矫顽力为 H_c。由于风扇负载特性不需要弱磁扩速，电机可采用较常用的表贴式永磁转子结构。为了提高定子铁心材料的利用率，定子采用平行齿平底槽结构。电机定转子的截面形状如图 1-15 所示。

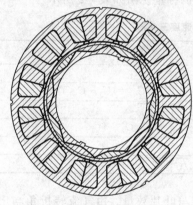

图 1-15　电机定转子截面形状

在建立电机的参数化模型前，作如下假设：

(1) 定子铁心及转子铁心内的磁场密度处于材料饱和磁密之下，忽略铁心饱和的影响；

(2) 直流母线电压 U_{DC} 保持为常值；

(3) 电机转速 n_{motor} 保持不变；

(4) 永磁体产生的空载气隙磁密波形优化设计为理想正弦分布。

电机设计通常采用式(1-54)来表示电机主要尺寸与电机电磁功率间的关系。

$$P = \frac{\pi^2}{60}\alpha_i k_B k_{dp} D_{si}^2 L_a n_{motor} A_1 B_\delta \tag{1-54}$$

式中：P 为电机电磁功率；α_i 为计算极弧系数；k_B 为气隙磁场波形系数；k_{dp} 为绕组系数；L_a 为铁心轴向长度；A_1 为定子电负荷；B_δ 为气隙磁密。

电机扭矩表示为

$$T = \frac{P}{n_{motor}} = \frac{\pi^2}{60}\alpha_i k_B k_{dp} D_{si}^2 L_a A_1 B_\delta \tag{1-55}$$

对于采用理想正弦电流驱动的电机，其空载反电动势表示为

$$E_0 = 4.44 \frac{N_s Q}{6} \frac{n_{motar}}{60} k_{dp} B_\delta D_{si}(L_a + 2\delta) \tag{1-56}$$

式中：N_s 为每槽导体数；Q 为定子槽数；δ 为气隙长度。

当母线电压恒定时，空载反电动势也在一定范围内，当槽数、气隙磁密等因素变化时，每槽导体数也受到限制。同时，定子铁心的齿部及轭部磁密需要保持在饱和磁密值以下。为简化计算模型，本文忽略齿尖影响而采用平行齿结构。

气隙磁密 B_δ 与永磁体厚度 L_{mag} 及气隙长度 δ 的关系为

$$B_\delta \approx \frac{L_{mag}}{L_{mag}+\delta}B_r \tag{1-57}$$

气隙总磁通表示为

$$\psi_{PM} = B_\delta \pi D_{si}(L_a + 2\delta) \tag{1-58}$$

定子齿部及轭部磁密可表示为

$$B_t = \frac{\psi_{PM}}{b_t k_{Fe} L_a Q} = \frac{\pi B_\delta (L_a + 2\delta)}{b_t k_{Fe} L_a} \frac{D_{si}}{Q} \tag{1-59}$$

$$B_y = \frac{\psi_{PM}}{2 p b_y k_{Fe} L_a} = \frac{B_\delta (L_a + 2\delta) D_{si}}{2 p b_y k_{Fe} L_a} \tag{1-60}$$

式中：B_t、B_y 为定子齿部及轭部磁密；b_t、b_y 为定子齿部及轭部宽度；k_{Fe} 为定子铁心叠压系数；p 为转子极对数。当定子齿部及轭部宽度确定后，槽面积相应确定。定子槽面积可表示为

$$A_s = \frac{\pi}{4Q}(D_{so}^2 - D_{si}^2) - \frac{\pi}{4Q}[D_{so}^2 - (D_{so} - 2b_y)^2] - (D_{so} - 2b_y - D_{si})\frac{b_t}{2} \tag{1-61}$$

由匝数、定子槽面积、槽满率等参数可确定定子绕组线圈的截面积、长度及电阻。定子绕组线圈总长度为槽内绕组总长度与端部绕组总长度的和，表示为

$$l_{winding} = l_{sl\text{-}wind} + l_{end\text{-}wind} \tag{1-62}$$

槽内绕组总长度表示为

$$l_{sl\text{-}wind} = \frac{N_s Q L_a}{3} \tag{1-63}$$

端部绕组总长度表示为

$$l_{end\text{-}wind} = \frac{\pi N_s Q}{3}\left(\frac{D_{so} - 2b_y + D_{si}}{4}\sin\frac{\pi}{N_s} + \frac{b_t}{2}\right) \tag{1-64}$$

双层定子绕组线圈的单相直流电阻表示为

$$R_{Cu} = \rho \frac{l_{winding}}{S_{Cu}} = \rho \frac{l_{winding}}{A_s k_{sf}/N_s/2} \tag{1-65}$$

式中：ρ 为绕组铜导线的电阻率；k_{sf} 为槽满率。

直流铜耗可表示为

$$P_{Cu} = 3I^2 R \tag{1-66}$$

对定子铁耗的计算采用分区域计算方法，定子铁耗表示为

$$P_{Fe} = K_a\left[M_t p_{1.0/50} B_t^2 \left(\frac{f}{500}\right)^{1.3} + M_y p_{1.0/50} B_y^2 \left(\frac{f}{500}\right)^{1.3}\right] \tag{1-67}$$

式中：K_a 为经验系数；M_t 为定子铁心齿部质量；M_y 为定子铁心轭部质量；$p_{1.0/50}$ 表示磁场频率 $f=50$ Hz，磁密幅值 $B=1.0$ T 时，铁心叠片单位质量内的铁耗，其值可按铁心叠片牌号查表得到。

定子铁心齿部质量为

$$M_t = \rho_{Fe} \frac{D_{so} - b_y - D_{si}}{2} b_t L_a Q \tag{1-68}$$

定子铁心轭部质量为

$$M_y = \rho_{Fe} \frac{\pi}{4}[D_{so}^2 - (D_{so} - b_y)^2] L_a \tag{1-69}$$

定子绕组线圈的质量可依据长度和槽满率计算得到：

$$M_{\text{wir}} = \rho_{\text{Cu}} l_{\text{winding}} S_{\text{Cu}} = 2\rho_{\text{Cu}} l_{\text{winding}} \frac{A_s k_{\text{sf}}}{N_s} \tag{1-70}$$

式中：S_{Cu} 为定子绕组铜截面积；A_s 为定子槽面积。

根据定子内径、气隙长度、磁钢厚度、定子铁心长度等参数可计算得到磁钢的质量为

$$M_{\text{PM}} = \rho_{\text{PM}} A_p \frac{\pi}{4} \left[(D_{\text{si}} - 2\delta)^2 - (D_{\text{si}} - 2\delta - 2L_{\text{PM}})^2 \right] L_a \tag{1-71}$$

式中：A_p 为磁钢极弧系数。

电机的功率密度可表示为

$$\text{PD}_{\text{motor}} = \frac{P_{\text{rotor}} + P_{\text{Cu}} + P_{\text{Fe}}}{M_t + M_y + M_{\text{wir}} + M_{\text{mag}}} \tag{1-72}$$

电机的效率可表示为

$$\eta_{\text{motor}} = \frac{P_{\text{rotor}}}{P_{\text{rotor}} + P_{\text{Cu}} + P_{\text{Fe}}} \tag{1-73}$$

电机稳定运行的最大功率受到电磁材料温度的制约，需要精确的温度计算。与计算流体动力学（CFD）方法相比，采用集总参数热网络（LPTN）计算电机内部绕组和磁钢的温度分布，具有占用计算资源少、计算速度快的优点。根据电机的结构，简化的热网络模型采用文献[7]中所提模型，如图1-16所示。R 表示电机定子不同部位的热阻、转子不同部位的热阻、气隙换热热阻以及风扇导叶对流换热热阻。

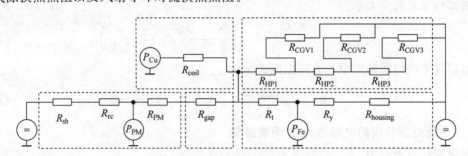

图 1-16　简化的电机热阻网络模型

对于图1-16中所示的任何节点及其相邻节点，遵循下式所示的热守恒方程：

$$q_i + \sum_{i \neq j}^{n} \frac{T_i - T_j}{R_{ij}} = 0 \tag{1-74}$$

式中：节点 j 为热阻网络中节点 i 的相邻节点；q_i 为节点 i 中的损耗；T_i 和 T_j 分别是节点 i 和节点 j 的温度；R_{ij} 为节点 i 与节点 j 间的热阻。

热阻网络模型中的损耗主要有铜耗 P_{Cu}，定子铁心损耗 P_{Fe}，永磁体损耗 P_{PM}。所有损耗均假设在电机的相应部件中均匀产生并作为热源添加到节点中。其中铜耗、定子铁心损耗均由1.2.1节电机电磁热力学基础中的电机电磁学基础部分相关公式计算得到。

以下部分围绕对电机传热特性有较大影响的导叶对流换热热阻、电机内部导热热阻等部分的计算进行阐述。

定子壳体与环境空气、导叶与环境空气间的对流换热热阻分别表示为

$$R_{\text{housing}} = \frac{1}{A_{\text{housing}} h_{\text{housing}}} \tag{1-75}$$

$$R_{\text{CGV}} = \frac{1}{A_{\text{CGV}} h_{\text{CGV}}} \tag{1-76}$$

式中：下标 housing、CGV 分别表示定子壳体和导叶。

根据图 1-11 所示的电动风扇构型，电机的对流换热面积为电机壳体面积与导叶面积，可分别表示为

$$A_{\text{housing}} = \pi \times D_{\text{hub}} \times L_{\text{motor}} \tag{1-77}$$

$$A_{\text{CGV}} = N_{\text{CGV}} \times c_{\text{CGV}} \times h_{\text{CGV}} \tag{1-78}$$

式中：A_{CGV}、N_{CGV}、c_{CGV}、h_{CGV} 分别表示导叶面积、数量、弦长和叶高。

导叶换热为强制对流换热，其平均传热系数根据经验公式计算可得

$$h_{\text{CGV}} = Nu \frac{k_{\text{air}}}{L_{\text{CGV}}} \tag{1-79}$$

式中：Nu 为努塞尔数，可表示为

$$Nu = \left[\frac{1}{(0.5RePr)^3} + \frac{1}{(0.664\sqrt{Re}\,Pr^{0.33}\sqrt{1+3.65/\sqrt{Re}}\,)^3} \right]^{-0.33} \tag{1-80}$$

式中：Re 为雷诺数，受到流体的速度、流体密度、黏度及流道长度的影响；Pr 为普朗特数，反映了流体中能量和动量迁移过程的相互影响，是表征流体流动中动量交换与热交换相对重要性的一个无量纲参数。

参照图 1-12 中的风扇速度三角形，将导叶的气流速度简化为风扇气动设计中导叶入口相对速度 V_3 与出口相对速度 V_4 的平均值，流道长度为导叶弦长 L_c。

雷诺数 Re 可表示为

$$Re = \frac{\rho_{\text{air}}}{\mu} L_c \times V = \frac{\rho_{\text{air}}}{\mu} C \times (V_3 + V_4)/2 \tag{1-81}$$

根据风扇的压比公式及速度三角形，可计算得到风扇导叶入口相对速度 V_3 及扭速 ΔC_ω，分别表示为

$$V_3 = C_2 = \sqrt{C_1^2 + \Delta C_\omega^2} \tag{1-82}$$

$$\Delta C_\omega = \frac{(\text{FPR}^{\frac{\gamma-1}{\gamma}} - 1) \cdot c_p T_0}{\eta_{\text{is}} U} \tag{1-83}$$

普朗特数 Pr 表示为

$$Pr = \mu \frac{C_{\text{air}}}{k_{\text{air}}} \tag{1-84}$$

至此，建立了导叶对流换热与风扇压比、切线速度之间的关联关系式。

从绕组到定子齿部及轭部的导热热阻可表示为

$$R_{\text{coil}} = \frac{1}{QL_a} \left(\frac{t_{\text{iso}}}{k_{\text{iso}} l_{\text{slot}}} \right) \tag{1-85}$$

式中：Q 为定子槽数；L_a 为定子铁心线圈轴向长度；t_{iso} 为绝缘纸厚度；k_{iso} 为绝缘纸导热系数；l_{slot} 为定子槽的轴向长度。绝缘纸厚度一般根据工程实践取为 0.2 mm，绝缘纸热导

系数为 0.2 W/(m·K)。

定子组件中其余结构的导热过程可近似为空心圆柱体的导热,其导热热阻表示为

$$R_{\text{th-cond}} = \frac{1}{2\pi k L} \ln\left(\frac{R_{\text{out}}}{R_{\text{in}}}\right) \tag{1-86}$$

式中:R_{out} 是空心圆柱体的外半径;R_{in} 是内半径;k 是材料导热系数;L 是圆柱体长度。

对于定子齿部到定子轭部的导热热阻 R_t,按定子齿部体积占定子齿槽总体积的百分比估计为

$$R_t = \frac{d_Z d_S}{\frac{2\pi^2 k L}{Q}[(R_S + d_S)^2 - R_S^2]} \ln\left(\frac{R_S + d_S}{R_S}\right) \tag{1-87}$$

式中:Q 为定子齿数量;R_S 为定子内圆半径;d_S 为定子齿高度;d_Z 为定子齿宽度。对于气隙热阻,采用文献[8]中给出的模型。气隙内对流表面积为

$$A_{\text{airgap}} = 2\pi R_{\text{PM}} L_{\text{PM}} \tag{1-88}$$

式中:R_{PM} 为永磁体的半径;L_{PM} 为永磁体的轴向长度。

气隙平均对流换热系数为

$$h_{\text{airgap}} = \frac{k_{\text{air}}}{2g} 0.03 \left(\frac{2g\omega R_{\text{PM}}}{\mu_{\text{air}}}\right)^{0.8} \tag{1-89}$$

式中:ω 为转子角速度;k_{air} 为空气的导热系数;μ_{air} 为空气黏度。

至此,电机内部传热及对流换热热阻可由上述公式计算得到。

3) 电机/叶轮机一维参数化耦合模型求解方法

根据上文中的风扇气动模型与电机电磁-传热模型的推导,耦合设计由设计输入层、计算层和结果层组成。风扇性能指标及轮毂比参数作为已知输入变量,在计算层中通过风扇气动-电机磁热参数化耦合模型,建立风扇设计参数与电机设计参数的传递关系,如图 1-17 所示。在计算层中,风扇气动模型根据输入的来流速度、转速、风扇直径、轮毂比等参数,计算风扇流量、压比、功率等性能参数;电机磁热模型包括电磁模型和热阻网络模型,主要是计算电磁损耗和电机温度;风扇直径和轮毂比对电机传热性能具有重要影响。综合上述,电动风扇推进系统中风扇气动-电机磁热耦合特性分析逻辑如图 1-18 所示。

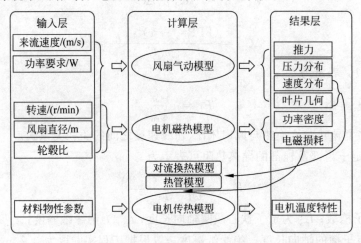

图 1-17 电机/叶轮机一维参数化耦合模型输入层、计算层与结果层的计算关系

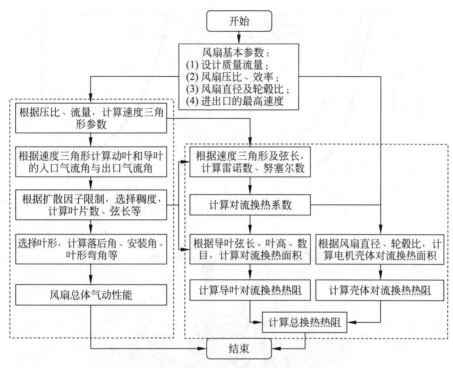

图 1-18 电机/风扇一维多场耦合特性分析逻辑图

1.3 电机/叶轮机一体化设计与热管理

本节将主要以清华大学研制的 150 N 推力电动风扇推进单元为例开展论述,介绍电机/叶轮机一体化设计中关键设计参数对风扇气动性能及电机电磁-传热性能的综合影响。

风扇设计参数见表 1-3,风扇动叶的进出口气流角、稠度径向分布如图 1-19 所示。

表 1-3 风扇设计参数

参　　数	数　　值
推力	150 N
转速	12 000 r/min
风扇直径	0.3 m
轮毂比	0.3
风扇效率	≥85%

电机采用了表面贴装式永磁转子结构及 10 极 12 槽集中式双层绕组结构,具有槽满率高、端部绕组短的优点。电机绕组、电机壳体及风扇导叶进行了一体化设计集成,如图 1-20 所示。并形成了电机绕组—电机壳体—风扇导叶的传热路径。电机在转速为 12 000 r/min、电磁转矩为 14.3 N·m 工况下的主要损耗为定子铜耗,此时电机效率为 95.58%,见表 1-4。

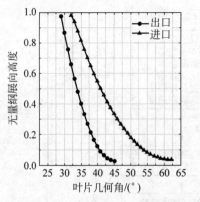 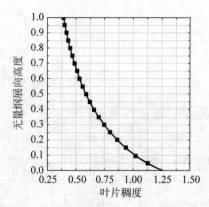

图 1-19　风扇动叶几何角与叶片稠度径向分布

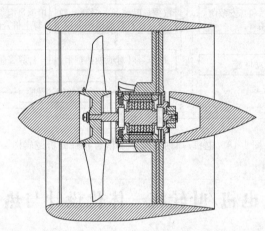

图 1-20　电动风扇推进系统中电机绕组、电机壳体、风扇导叶一体化设计集成结构

表 1-4　电机设计参数

参　数	数　值	参　数	数　值
电磁转矩	14.3 N·m	定子铁耗	116 W
转速	12 000 r/min	定子铜耗	691 W
相电流	60 A_{rms}	涡流损耗	24 W
相电压	118 V_{rms}	电机效率	95.58%

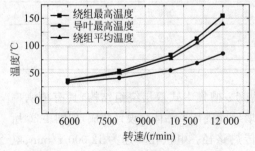

图 1-21　不同设计转速下的电机温升

设计转速与风扇轮毂比对电动涵道风扇的电机功率密度具有决定性影响。在推力与风扇直径不变的设计约束下,设计转速决定了风扇最佳轮毂比与电机扭矩。其中,风扇轮毂比决定了风扇的通流面积进而决定了风扇功率;而考虑到电机与风扇直连结构,风扇轮毂比又进一步决定了电机直径与对流换热面积;电机扭矩则决定了电机电流密度与产热量。不同设计转速下的电机温升如图 1-21 所示。本节利用

1.2.3节建立的电机/叶轮机流动-传热-电磁多场耦合参数化模型,重点分析电动风扇推进系统的设计转速与轮毂比两个关键设计参数对一体化设计后风扇气动性能、电机电磁-传热性能的影响规律。表1-5列出了热管导叶参数及变化范围。

表1-5 参数化变量分析范围

设计参数	数 值	单 位
设计转速	6500~12 500,步长 1000	r/min
轮毂比	0.15~0.50,步长 0.05	—

1.3.1 设计转速对叶轮机气动/电机电磁-传热特性的影响

在固定风扇直径(0.3 m)、轮毂比(0.3)和推力(150 N)不变的情况下,本节分析了设计转速对电动风扇推进系统性能的影响。研究发现:在系统总体性能层面,若设计转速提高一倍,电机长径比减小约一半,电机质量随之减少一半,150 N 电动风扇推进系统的电机功率密度从 2.43 kW/kg 增加到 4.59 kW/kg;在风扇/电机一体化设计的热管理性能上,若设计转速提高一倍,电机扭矩减小导致电机铜耗降低约30%,而长径比减小一半导致电机传热面积减小一半,电机热流密度提高了 16.2%。综合而言,设计转速的提高可以显著提高电机功率密度,但电机长径比随设计转速增加而减小,导致电机传热面积减小,因此过高的设计转速不利于电机散热。

1. 设计转速对风扇气动性能的影响规律

根据风扇轮缘功公式可知,设计转速和扭速共同决定了风扇动叶对气体的加功量,进而决定了风扇的增压比。

$$L_u = u(w_{1u} - w_{2u}) = u\Delta w_u \tag{1-90}$$

图1-22展示了不同设计转速下的风扇动叶叶根、叶中及叶尖扭速的变化趋势。在分析中,风扇直径0.3 m,轮毂比0.3,推力150 N三个参数保持不变。对于风扇动叶,叶片切线速度随着转速的增加而增大,在风扇压比确定的情况下,不同叶高位置的扭速随着转速及切线速度的增加而减小。扭速的下降使得气流转折角也随之减小,动叶气流转折角与导叶气流转折角沿径向的变化如图1-23所示。

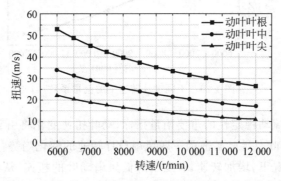

图1-22 风扇动叶不同叶高位置的扭速随转速的变化趋势

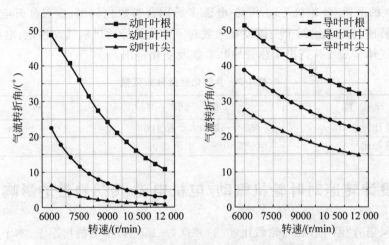

图1-23　不同设计转速下的风扇动叶及导叶气流转折角

同时,提高设计转速可以减小风扇动叶负荷系数,如图1-24所示。根据设计经验,风扇动叶负荷系数控制在0.4以内时,风扇气动效率相对较高。流量系数随设计转速的变化趋势与动叶负荷系数相同,均随着设计转速的增加而减小,如图1-25所示。

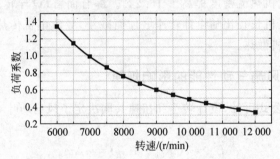

图1-24　不同设计转速下的动叶负荷系数

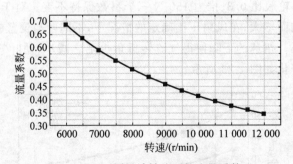

图1-25　不同设计转速下的流量系数

扩散因子是风扇流动稳定性的重要衡量指标,动叶扭速变化将引起扩散因子随之变化。图1-26展示了风扇动叶及导叶扩散因子随风扇设计转速的变化趋势。在固定风扇直径、轮毂比与风扇推力的情况下,增加转速,有助于降低风扇动叶的扭速,从而降低风扇动叶扩散因子。当设计转速在9000 r/min以下时,由于动叶气动负荷过高,叶根气流折转角过大,超过了经验取值范围,设计时主要通过增加叶中和叶尖的气流折转角来保证整体气动负荷要求。因此,图1-26中动叶叶根扩散因子随设计转速呈先增后减的趋势。根据工程实践经验,扩散因子需要控制在0.6以内。

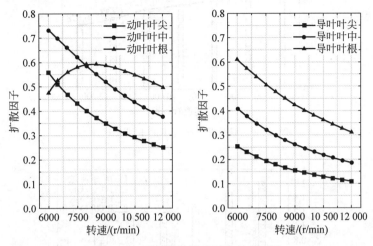

图1-26 不同设计转速下的扩散因子

设计转速对风扇气动性能的影响途径如图1-27所示。在风扇直径、轮毂比、风扇推力等主要参数保持不变时,风扇通流面积、入口速度及压比将维持不变;选取不同的风扇设计转速将主要影响风扇速度三角形,通过流量系数、负荷系数和扩散因子的约束,可以在风扇侧实现设计转速的最优选取。

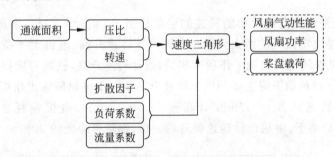

图1-27 设计转速对风扇气动性能的影响途径

2. 设计转速对电机电磁性能的影响规律

对于相同功率的电机,转速提高可以降低输出扭矩,减小电机尺寸。然而高转速电机面临着转子动力学复杂及损耗密度大等问题,而转子动力学、损耗密度等与电机长径比、损耗等参数高度相关。

设计转速对电机长径比的影响如图1-28所示。在维持电机直径为90 mm不变的情况下,电机长径比随设计转速的增加呈现近似线性下降的趋势,从0.933减小至0.578;同时电机长度从84 mm减小至52 mm,转子长度减少约40%,有利于转子动力学。随着电机长径比的变化,电机总质量也呈线性变化趋势,如图1-29所示。当设计转速为6500 r/min时,电机总质量为1.64 kg;当设计转速上升至12 500 r/min时,电机总质量仅为0.826 kg,减小了约一半。

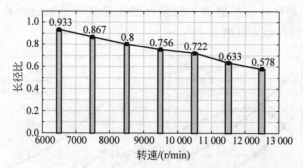

图 1-28　不同设计转速下的电机长径比

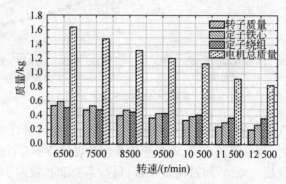

图 1-29　不同设计转速下的电机质量分布

电机的铁耗、铜耗及电机效率随转速的变化如图 1-30 所示。对于电机铁耗，定子铁心质量与工作频率是决定铁耗的两大因素。电机设计转速升高，电机定子铁心及绕组的质量均出现下降；电机铁耗还与电机工作频率相关，设计转速升高，铁耗有所提高。铜耗是电机的主要损失来源。铜耗的下降主要归因于转速升高情况下电机所输出扭矩减小以及电流幅值降低。当设计转速从 6500 r/min 升高至 12 500 r/min，电机铜耗从 147 W 降低至 104 W，即在相同功率下，电机设计转速提升约一倍，铜耗可降低约 30%。

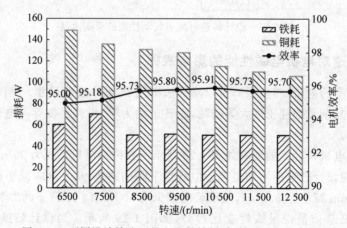

图 1-30　不同设计转速下的电机的铁耗、铜耗及电机效率分布

在永磁同步电机中旋转磁场的频率与转速的关系为

$$f = \frac{n_{\text{motor}} p}{60} \tag{1-91}$$

反电动势的计算公式可表示为

$$E = 4.44 \frac{N_s Q}{6} \frac{f}{p} k_{\text{dp}} B_\delta D_{\text{si}} (L_a + 2\delta) \propto \frac{f}{p} \tag{1-92}$$

反电动势与电流频率、极对数相关。为了实现在相同的电流频率下的电机反电动势及功率对比,在低速及高速下选择了不同的极槽配合。图 1-31 展示了不同设计转速下的电机极槽配合,转速在 6500 r/min、7500 r/min 时电机采用了 16 极 18 槽结构,电流频率为 866.6 Hz;转速高于 8500 r/min 后电机采用 10 极 12 槽结构,10 500 r/min 时电流频率为 875 Hz。由于设计转速较低时的极对数更高,低设计转速电机具有更高的铁耗。

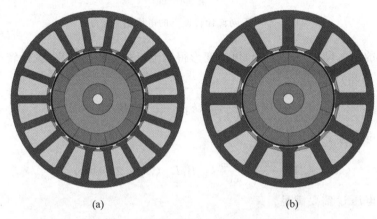

彩图 1-31

图 1-31 不同设计转速下的电机极槽配合

(a) 6500 r/min,16 极 18 槽,$f=866.6$ Hz;(b) 10 500 r/min,10 极 12 槽,$f=875$ Hz

在不考虑热影响的条件下,电机的功率密度和扭矩密度随设计转速的变化如图 1-32 所示。电机功率密度与设计转速呈线性关系,当转速从 6500 r/min 升高至 12 500 r/min,电机功率密度从 2.43 kW/kg 增加到 4.59 kW/kg,扭矩密度则在 3.4~3.6 N·m/kg 之间波动。选择较高的设计转速,可以降低电机长径比,提高电机功率密度。

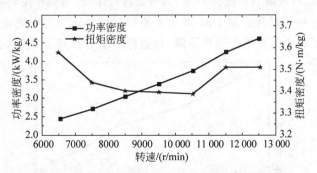

图 1-32 不同设计转速下电机的功率密度及扭矩密度

电机热流密度随设计转速的变化情况如图 1-33 所示。电机效率及总损耗随设计转速的变化较小,而电机长径比随转速的提高而逐渐减小,电机壳体换热面积随之减少。在总损耗与换热面积两方面的共同影响下,电机热流密度随转速增加呈上升趋势。当设计转速为 6500 r/min 时,热流密度仅为 8.72 kW/m²;而当设计转速为 12 500 r/min 时,热流密度增大到 10.13 kW/m²。当电机选择高转速设计时,电机长径比、体积、质量减小,但总损耗不变,电机热流密度显著增加。

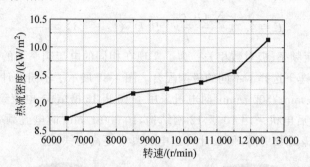

图 1-33　不同设计转速下的电机热流密度

通过电机的基本尺寸公式(1-54)可以变形得到电机的体积与功率、设计转速的关系式:

$$\mathrm{Vol} = D_{si}^2 L_a = \frac{P}{\frac{\pi^2}{60} \alpha_i k_B k_{dp} n_{motor} A_1 B_\delta} \propto \frac{P}{n_{motor}} \tag{1-93}$$

电机的反电动势 E 为

$$E = 4.44 \frac{N_s Q}{6} \frac{n_{motor}}{60} k_{dp} B_\delta D_{si} (L_a + 2\delta) \propto n_{motor} \tag{1-94}$$

电机的端电压 U 需要满足:

$$U = E + RI + L \frac{dI}{dt} \tag{1-95}$$

电机功率 P 为

$$P = 3UI \times 功率因数 \tag{1-96}$$

在电机槽数、匝数、气隙磁通密度、定子叠长等参数确定的条件下,电机的反电动势与设计转速为线性正相关关系。在相同功率下,提升设计转速后,反电动势相应升高,电机扭矩减小;若风扇轮毂比与风扇直径维持不变,则电机直径不变,电机长度将随扭矩减小而同步减小,电机功率密度得到提升。图 1-34 展示了不同设计转速下的电机定子铁心长度变化。随着转速升高,定子铁心长度近似线性下降,此趋势与图 1-28 电机长径比的变化趋势一致。

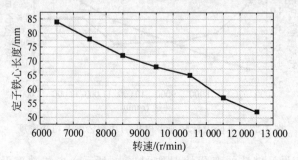

图 1-34　不同设计转速下的定子铁心长度

3. 设计转速对电机传热性能的影响规律

在风扇推力、轮毂比及直径固定的条件下,叶片切线速度随风扇转速的增加而变大,扭速随之减小。根据速度三角形可知,动叶扭速与导叶进口速度及传热之间存在强相关性。当固定风扇直径为 0.3 m、轮毂比为 0.3 时,导叶及电机壳体的对流换热系数随风扇转速的变化如图 1-35 所示。导叶叶根与电机壳体的对流换热系数变化幅度相比导叶叶中、叶尖的变化幅度更为显著。

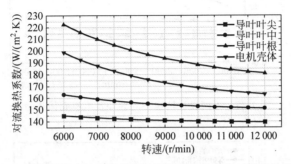

图 1-35 不同设计转速下的导叶及电机壳体平均对流换热系数

通过对流换热系数变化趋势分析可知,对流换热系数的变化幅度受转速影响程度的高低可以排序为:轮毂区电机壳体＞导叶叶根＞导叶叶中＞导叶叶尖。对于采用高转速设计的电动风扇推进系统,轮毂区比导叶叶中、叶尖区域具有更大的对流换热系数,但其受转速影响较大,因此仍然需要关注轮毂区的对流换热设计,以满足高速电机的散热需求。

在电机直径 90 mm 保持不变的情况下,随着转速增大,电机壳体表面积(即壳体对流换热面积)下降,如图 1-36 所示。在设计转速为 6000 r/min 时,电机壳体表面积为 0.0488 m^2,当设计转速提高至 12 000 r/min 时,壳体表面积仅为 0.0244 m^2。

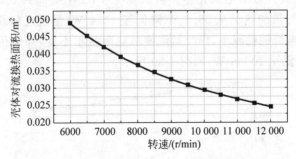

图 1-36 不同设计转速下的电机壳体表面积

结合图 1-35 中对流换热系数随转速的变化,电机壳体和导叶的对流换热热阻随转速的变化如图 1-37 所示。当电机设计转速从 6000 r/min 提高至 12 000 r/min 时,电机壳体面积减小,电机壳体的对流换热热阻呈线性增长,换热热阻的增幅达到了 100%,从 0.153 K/W 增长到 0.306 K/W,导叶叶根处则由 0.109 K/W 小幅增长至 0.126 K/W。

不同设计转速下的电机温升情况如图 1-38 所示。随着设计转速的提高,壳体热阻显著增加导致电机绕组的最高温度从 95℃增长到 137℃,增长超过 40℃;壳体平均温度从 40℃

快速增加到108℃;导叶热阻呈现小幅增加的趋势,导叶平均温度同步升高,从32℃增加到85℃。转速增加导致壳体热阻增大、温升升高。从电机传热设计的角度不宜采用高转速设计。

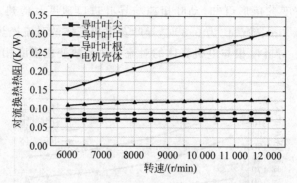

图1-37　不同设计转速下的导叶及电机壳体热阻

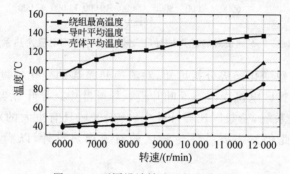

图1-38　不同设计转速下的电机温升

在功率不变的情况下,设计转速提升,电机扭矩降低,导致电机铜耗大幅降低而铁耗几乎无变化。设计转速提升后的电机壳体热阻从0.153 K/W提高到0.306 K/W,电机壳体散热能力下降,壳体耗散的热量从86.2 W降低至43.4 W,呈现近似线性下降的趋势。随着设计转速的提升,电机铜耗减小,导叶对流换热热阻基本不变,导叶传热功率随着铜耗下降,从最高126 W降低至105.6 W,如图1-39所示。

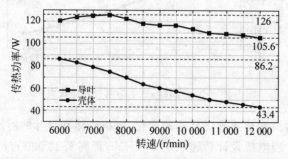

图1-39　不同设计转速下电机壳体与风扇导叶的传热功率

导叶对流换热系数及动叶扭速随设计转速的变化趋势如图1-40所示。设计转速变化对对流换热系数、动叶扭速的影响基本一致。

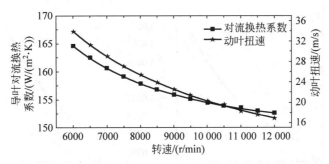

图 1-40　不同设计转速下的导叶对流换热系数与动叶扭速

1.3.2　风扇轮毂比对叶轮机气动/电机电磁-传热特性的影响

在固定风扇直径(0.3 m)、设计转速(8000 r/min)和推力(150 N)不变的情况下,本节分析了风扇轮毂比对电动风扇推进系统性能的影响。研究发现:在系统总体性能层面,若风扇轮毂比从 0.15 增加至 0.50,风扇功率将增加近 10%,电机质量呈现先下降后上升的趋势,150 N 电动风扇推进系统的电机功率密度则呈现先增加后减小的趋势,在风扇轮毂比为 0.35 时电机功率密度最高,达到 4.0 kW/kg;在风扇/电机一体化设计的热管理性能上,若风扇轮毂比从 0.15 增加至 0.50,电机损耗呈现先减小后增加的趋势,在风扇轮毂比为 0.30 时电机损耗最低,此时电机效率达到 95.6%。综合而言,风扇轮毂比与电机功率密度、效率均存在先增后减的关联关系,在电动风扇推进系统设计中可以通过多场耦合一体化设计确定最佳风扇轮毂比,实现电机功率密度指标最大化设计。

1. 风扇轮毂比对风扇气动性能的影响规律

轮毂比对于风扇气动性能的影响体现在,在固定风扇直径及质量流量的条件下,轮毂比决定了风扇的负荷系数、流量系数与风扇通流面积,进而影响了导叶位置散热风速的大小。下面通过对负荷系数、流量系数、扩散因子等气动参数的分析来进一步定量分析轮毂比对风扇气动性能的影响。

为了分析负荷系数、流量系数和扩散因子随轮毂比的变化,首先对不同轮毂比下的风扇出口速度变化进行计算。图 1-41 显示的是不同轮毂比下的风扇出口速度及压比的变化。在分析中,风扇直径为 0.3 m,风扇转速为 8000 r/min,通过将轮毂比从 0.15 增加至 0.50,计算得到风扇出口速度变化。计算结果表明,随着轮毂比的增大,风扇出口速度从 41 m/s 增加到 47 m/s,这主要是由轮毂比增加引起的风扇通流面积减小所致。风扇出口速度的提升对电机的对流换热有益。在固定推力需求下,随着轮毂比的增加,风扇平均半径增大,风扇压比从 1.0204 提高到 1.0266。

在压比及设计转速固定不变的条件下,图 1-42 显示了风扇不同叶高的扭速随轮毂比的变化趋势。相比导叶叶中及叶尖,导叶叶根的扭速变化更加显著。随着轮毂比从 0.15 增加至 0.50,导叶叶根扭速从 49.7 m/s 降低至 30.7 m/s,主要原因是轮毂比增加导致叶根切线速度明显提高,在加功量变化不大的情况下,导叶叶根扭速降低明显。在轮毂比较低时,导叶叶根部位的扭速大,对应更大的气流转折角,如图 1-43 所示。

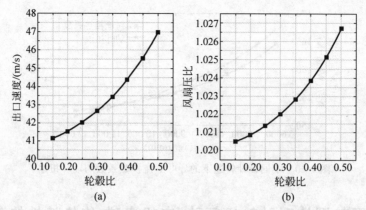

图 1-41 不同轮毂比下的风扇出口速度及压比
(a) 出口速度;(b) 压比

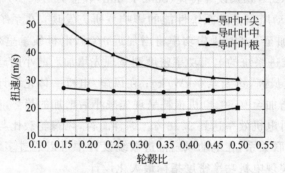

图 1-42 风扇不同叶高的扭速随轮毂比的变化趋势

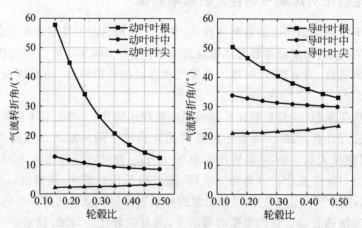

图 1-43 不同轮毂比下的气流转折角

图 1-44 显示了风扇不同叶高的负荷系数随轮毂比的变化趋势。当轮毂比为 0.15 时,导叶叶根扭速达到 49.7 m/s,而叶根切线速度仅为 36.5 m/s,使得叶根负荷系数超过了 1.47,超出了设计边界。若增加轮毂比,导叶叶根的切线速度随之快速增加,叶根扭速降低,使得叶根的负荷系数快速下降。当轮毂比为 0.50 时,叶根负荷系数减小至 0.478。在电动风扇推进系统的风扇气动设计中不宜采用过小的轮毂比,以避免导叶叶根的负荷系数过大

造成的流动分离。

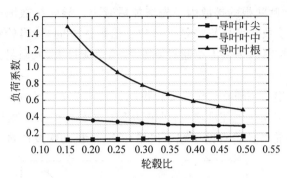

图1-44 风扇不同叶高的负荷系数随轮毂比变化趋势

风扇流量系数随轮毂比的变化趋势如图1-45所示。在固定风扇流量、转速及直径不变的条件下,轮毂比的增加将导致风扇通流面积减小、轴向速度增加,风扇平均半径也随之显著增加,且其切线速度增加量大于轴向速度增加量,最终导致流量系数随轮毂比的增大而减小。在本书案例设计中,随着轮毂比从0.15增大至0.50,风扇的流量系数从0.57降低至0.498,仍然处于风扇设计中典型的流量系数取值范围(0.4~0.8)。

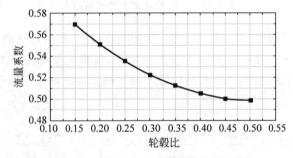

图1-45 风扇流量系数随轮毂比变化趋势

气流在导叶中主要经历减速扩压的流动过程,在导叶设计时需要避免逆压梯度过大造成边界层流动分离,以提高风扇气动性能。图1-46显示了风扇内部扩散因子随轮毂比的变化。为方便对比分析,将扩散因子分为动叶扩散因子及导叶扩散因子两部分。随着轮毂比

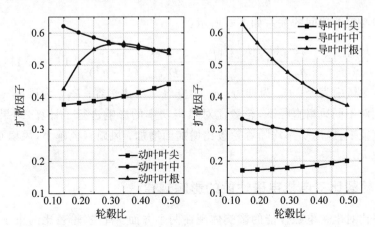

图1-46 不同轮毂比下风扇动叶及导叶扩散因子

从 0.15 增大至 0.50,动叶叶尖的扩散因子从 0.378 增大至 0.44,动叶叶中的扩散因子则从 0.62 降低至 0.546,动叶叶根的扩散因子先增加后减小。导叶扩散因子随轮毂比的变化趋势与导叶扭速及负荷系数的变化趋势趋于一致。值得注意的是,当轮毂比低于 0.20 时,导叶叶根及动叶叶中的扩散因子接近或超过 0.6,气动负荷过大,风扇易发生流动分离导致性能下降。

图 1-47 显示了风扇功率随轮毂比的变化情况。随着轮毂比从 0.15 逐步增大至 0.50,风扇通流面积逐步下降,风扇气流速度增大,风扇功率随之由 5.97 kW 逐步增加至 6.80 kW,增长约 13.9%。合理的轮毂比将有助于减小风扇功率,电机功率及产热量亦可随之减小。

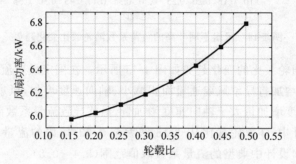

图 1-47 不同轮毂比下的风扇功率

图 1-48 显示的是轮毂比对风扇气动性能的影响路径。在风扇气动设计中,轮毂比的选择将决定风扇通流面积;在推力要求不变的情况下,风扇流量维持不变,轮毂比提高,通流面积减小,风扇流速增加,影响气动负荷以及不同叶高截面的速度三角形分布。

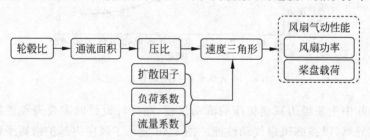

图 1-48 轮毂比对风扇气动性能的影响路径

风扇功率与轮毂比间的关系如下式所示:

$$P_{fan} = \frac{1}{2} \frac{D_{shroud}\sqrt{\pi\rho_2 F_g(1-h^2)}}{\eta_{is}} \left[\left(\frac{4F_g}{\pi p_{Tin} D_{shroud}^2 (1-h^2)} + 1 \right)^{\frac{\gamma-1}{\gamma}} - 1 \right] c_p T_0 \quad (1-97)$$

式中:D_{shroud} 为风扇直径;F_g 为推力;c_p 为空气定压比热容;P_{fan} 为风扇气动功率。

利用上式对不同风扇直径下,轮毂比对风扇功率的影响进行了计算,结果如图 1-49 所示。在不同直径下,风扇功率均随着轮毂比增加而增加;风扇直径越小,风扇功率随轮毂比的增长速率越大。

2. 风扇轮毂比对电机电磁性能的影响规律

不同轮毂比对电机电磁性能的影响体现在两个方面:首先,轮毂比约束了电机的外径,

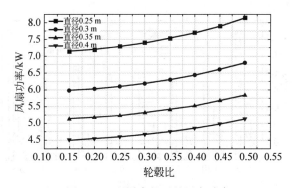

图 1-49 不同直径下的风扇功率

为了满足风扇的轴功率要求,需要对电机的轴向长度等进行设计,从而对电机的长径比、功率密度及扭矩密度产生影响;其次,不同轮毂比下电机的传热性能存在较大差异,传热性能对电磁性能产生了一定的影响。

在不考虑传热性能的影响下,保持电机设计转速为 8000 r/min 不变,分析不同轮毂比对电机电磁性能的影响。轮毂比与风扇直径的乘积即为电机直径,由电机基本尺寸公式可知,电机的功率与电机体积成正比。图 1-50 显示的是电机长径比随轮毂比的变化趋势。电机长径比的定义为电机定子长度(铁心轴向长度与端部绕组长度之和)与电机铁心外径的比值,反映了电机的基本尺寸形态,即细长型或扁平型。当轮毂比为 0.15 时,电机长径比为 4.44,此时电机的直径为 45 mm,长度达到 199.8 mm。当轮毂比增加至 0.50 时,电机的长径比减小至 0.2,此时电机的直径达到 150 mm,长度仅 30 mm。电机长径比的变化对于电机电磁性能的影响主要有:当长径比较大时,电机的铁心直径小,电机绕组的空间被压缩,从而需要极高的电流密度实现期望的扭矩及功率;当长径比缩小至 0.3 以下,电机的铁心直径占据主导,电机端部绕组长度占绕组总长度的比例增加,将导致电机效率及功率密度下降。值得注意的是,当电机长径比超过 2 时,电机轴向跨度大,转子系统的动力学问题和定子组件的轴向传热困难等情况较为突出。

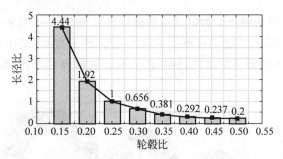

图 1-50 不同轮毂比下电机长径比

图 1-51 显示的是电机各部件的质量随轮毂比的变化。可以看到,磁钢、定子铁心的质量随着轮毂比从 0.15 增大至 0.50 呈现逐步下降的趋势,而定子绕组则逐步上升。作为结果,电机总质量表现为先下降后上升的趋势,当轮毂比为 0.35 时,电机总质量最低,为 0.973 kg。

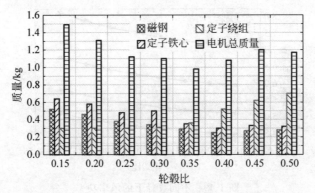

图 1-51 不同轮毂比下电机各部件质量

图 1-52 显示的是电机定子内的铜耗、铁耗及效率随轮毂比的变化情况。随着轮毂比从 0.15 增大至 0.50,电机铜耗先减小后增加。与铜耗变化趋势相反,随着轮毂比的增大,电机效率呈现先上升后下降的趋势,在轮毂比为 0.30 时,电机效率达到峰值,为 95.64%,而当轮毂比为 0.50 时,电机效率仅为 92.6%。

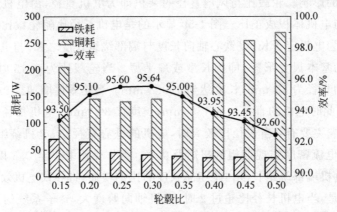

图 1-52 不同轮毂比下电机的铜耗、铁耗及效率分布

图 1-53 显示了不同轮毂比下的电机负载磁场强度分布,不同轮毂比下电机直径的差异较大,图中根据电机实际尺寸比例进行了对比。电机转子直径、裂比随轮毂比的增加而变大。转子直径变大后永磁磁链值增加,使得转子铁心内部及定子齿部出现小范围分布的磁场饱和。

彩图 1-53

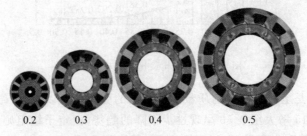

图 1-53 不同轮毂比下的电机负载磁场强度分布(按实际尺寸比例)

图 1-54 显示了电机功率密度和扭矩密度随轮毂比的变化情况。当轮毂比为 0.35 时，电机功率密度为 4.1 kW/kg，扭矩密度为 4.62 N·m/kg。功率密度及扭矩密度的变化趋势主要受到定子绕组质量变化的影响。对于电动风扇推进系统电机而言，选择合适的轮毂比及直径，使得电机长径比不致超出正常范围，从而减小端部绕组的占比，可以提高电机的功率密度及扭矩密度。

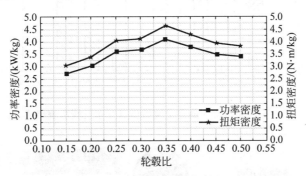

图 1-54　不同轮毂比下电机的功率密度及扭矩密度

图 1-55 显示的是不同轮毂比下热流密度的变化。从图中可以看到，当轮毂比从 0.15 增加到 0.25 时，热流密度从 12 kW/m^2 左右小幅下降到 9.6 kW/m^2；当轮毂比超过 0.25 后，热流密度逐步增加到 19 kW/m^2。对热流密度变化的分析，主要从定子损耗与接触面积两方面进行。首先，随着轮毂比的增大，电机定子损耗中的铜耗占比逐渐增大，当轮毂比超过 0.35 后，损耗中的铜耗占据更大比例，当轮毂比为 0.50 时，铜耗达到 279 W 而铁耗仅 32 W；其次，轮毂比的增大使得电机铁心的轴向长度呈平方倍数降低，接触面积随之减小。作为结果，电机的热流密度随轮毂比的增加呈现先下降后上升的趋势，也预示着从热流密度的角度，电机设计应该选择适中的轮毂比，以降低对于热管理的要求。

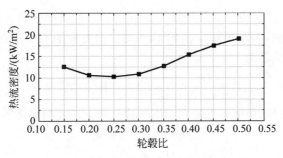

图 1-55　不同轮毂比下的热流密度

图 1-56 显示的是端部绕组与槽内绕组的质量分布及端部绕组质量占比随轮毂比的变化。当轮毂比为 0.15 时，槽内绕组的质量为 0.265 kg；当轮毂比变为 0.50 时，槽内绕组的质量为 0.103 kg。而端部绕组的质量从 0.053 kg 逐步增加到 0.54 kg，质量占比从 16% 增加到 83.92%。由于端部绕组质量增加，铜耗也相应增加。图 1-57 显示了不同轮毂比下的电机尺寸的对比。当轮毂比为 0.20 时，电机定子铁心长度为 76mm，具有较为适宜的长径比；而当轮毂比达到 0.45 时，电机定子铁心长度仅为 8.5mm，此时端部绕组长度较大。

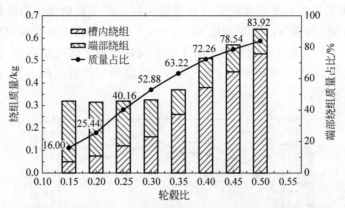

图 1-56　不同轮毂比下的定子绕组质量分布及端部绕组质量占比

彩图 1-57

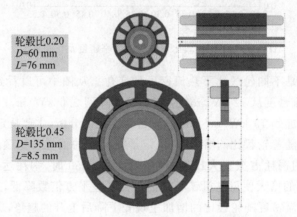

图 1-57　轮毂比 0.20 与 0.45 时的电机尺寸对比（按实际尺寸比例）

当轮毂比改变时，由于电机设计转速不变，电机的极/槽配合及拓扑可保持不变而仅改变电机的结构尺寸参数，如定子外径、定子内径等。由电机基本尺寸公式可以得到电机扭矩与主要尺寸参数间的关系为

$$T = \frac{P}{n_{\text{motor}}} = \frac{\pi^2}{60} \alpha_i k_B k_{\text{dp}} D_{\text{si}}^2 L_a A_1 B_\delta \tag{1-98}$$

式中：A_1 为定子线负荷，指电枢直径在圆周单位长度上的安培导体数，表达式为

$$A_1 = \frac{2m N_s I_{\text{wir}}}{\pi D_{\text{si}}} = \frac{2m N_s J A_{\text{cond}}}{\pi D_{\text{si}}} \tag{1-99}$$

式中：A_{cond} 为绕组线圈截面积，可表示为

$$A_{\text{cond}} = \frac{A_s k_{\text{sf}}}{N_s} \tag{1-100}$$

$$A_s = \frac{\pi}{4Q}(D_{\text{so}}^2 - D_{\text{si}}^2) - \frac{\pi}{4Q}[D_{\text{so}}^2 - (D_{\text{so}} - 2b_y)^2] - (D_{\text{so}} - 2b_y - D_{\text{si}})\frac{b_t}{2} \propto D_{\text{so}}^2 \tag{1-101}$$

将式(1-101)代入式(1-98)整理得到：

$$T = \frac{P}{n_{\text{motor}}} = \frac{\pi m}{30} \alpha_i k_B k_{\text{dp}} D_{\text{si}} L_a B_\delta J A_s k_{\text{sf}} \tag{1-102}$$

将电流密度 J 表示为温升 ΔT、定子导体的体积 V_{cond}、定子导热路径长度 l_c、定子导体电阻率 ρ_e、导热面积 A_c 及等效导热系数 k_c 的表达式,具体为

$$J = \sqrt{\frac{2\Delta T A_c k_c}{\rho_e V_{\text{cond}} l_c}} \tag{1-103}$$

当电机尺寸随着轮毂比的变化而放大缩小时,通过上式分析不同的缩放形式下电机扭矩、功率等性能指标的变化。当电机的尺寸以各向同性的方式进行缩放时,电机各个方向的尺寸均乘以一个共同的缩放系数 k。此时,电机的扭矩、功率变化情况为

$$B_\delta \approx \frac{L_{\text{mag}}(k)}{L_{\text{mag}}(k) + \delta(k)} B_r \propto k^0 \tag{1-104}$$

$$A_s \propto D_{\text{so}}^2 \propto D_{\text{so}}^2(k) \propto k^2 \tag{1-105}$$

$$J_{\text{pk}} \propto \sqrt{\frac{2\Delta T(k^0) A_c(k^2) k_c(k^0)}{\rho_e V_{\text{cond}}(k^3) l_c(k)}} \propto k^{-1} \tag{1-106}$$

$$T = \frac{P}{n_{\text{motor}}} \propto D_{\text{si}}(k) L_a(k) B_\delta J_{\text{pk}}(k^{-1}) A_s(k^2) \propto k^3 \tag{1-107}$$

当电机径向尺寸进行缩放而轴向尺寸不变时,电机扭矩、扭矩密度变化情况为

$$J_{\text{pk}} \propto \sqrt{\frac{2\Delta T(k^0) A_c(k^2) k_c(k^0)}{\rho_e V_{\text{cond}}(k^2) l_c(k^0)}} \propto k^0 \tag{1-108}$$

$$T = \frac{P}{n_{\text{motor}}} \propto D_{\text{si}}(k) L_a(k) B_\delta J_{\text{pk}}(k^0) A_s(k^2) \propto k^2 \tag{1-109}$$

$$\text{TD} = \frac{T}{\text{Vol}} \propto \frac{k^2}{k^2} \propto k^0 \tag{1-110}$$

从式(1-108)~式(1-110)可以看出,电机的径向截面积、槽面积与轮毂比是平方关系;电机电流密度与扭矩密度则与轮毂比无关,维持不变。

3. 风扇轮毂比对电机传热性能的影响规律

图 1-58 显示的是不同轮毂比下导叶及电机壳体对流换热系数的变化。由于轮毂比增大引起通流面积减小,风扇出口速度变大,导叶叶尖及叶中的对流换热系数相应地增长,导叶叶根及电机壳体的对流换热系数呈现出先降低后升高的趋势。

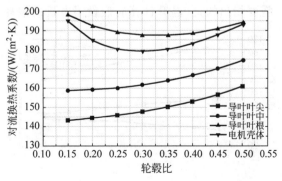

图 1-58 轮毂比对导叶及电机壳体对流换热系数的影响

在换热热阻方面,由于电机两个端盖散热量有限,电机壳体对流换热面积可视为电机圆周周长与电机长度的乘积。图 1-59 展示的是电机壳体对流换热面积随轮毂比的变化趋势。随着轮毂比从 0.15 变化到 0.50,电机直径从 45 mm 增加到 150 mm,而电机长度则呈平方关系减小。电机壳体的对流换热面积从 0.077 m^2 减小到 0.0254 m^2,减少近 67%。

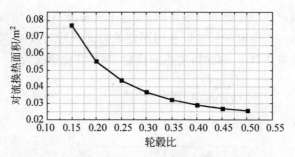

图 1-59 轮毂比对电机壳体对流换热面积的影响

在图 1-58 所示的对流换热系数与图 1-59 所示的电机壳体对流换热面积的综合作用下,电机壳体的对流换热热阻从 0.133 K/W 增长到 0.234 K/W,如图 1-60 所示,增长了 75.94%。这表明,在大轮毂比条件下,壳体换热热阻增大,大直径电机的换热更困难。同时,导叶面积由导叶叶高、弦长及叶片数目决定。随着轮毂比的增大,叶高从 127.5 mm 减小到 75 mm,导叶通流面积减小,由于流速与通流面积呈平方反比关系,换热系数及换热量增加,导叶区域的热阻减小。

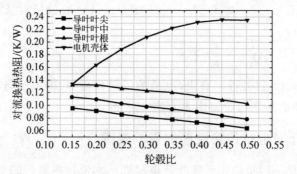

图 1-60 轮毂比对导叶及电机壳体对流换热热阻的影响

将图 1-60 中的对流换热热阻代入到电机热网络模型中,得到不同轮毂比下电机的温升情况,如图 1-61 所示。需要指出的是,温升计算时假设了电机的铜耗与铁耗的分布随轮毂

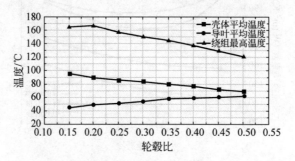

图 1-61 不同轮毂比下电机的最高温度与导叶温度

比的变化保持不变,铁耗为 65 W,铜耗为 205 W。随着轮毂比的增加,导叶热阻的降低使得更多热量可通过导叶耗散,电机绕组最高温度从 165℃ 降低至 120.6℃,导叶平均温度从 45℃ 增加至 62.4℃;导叶耗散热量的增加导致电机壳体耗散的热量减少,壳体平均温度从 93.5℃ 逐步降低至 65℃。图 1-62 和图 1-63 总结了轮毂比对电机传热功率的影响,导叶对流换热量随着轮毂比的增大而增加。

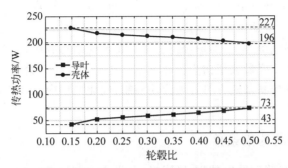

图 1-62 轮毂比对热传输界面传热功率的影响

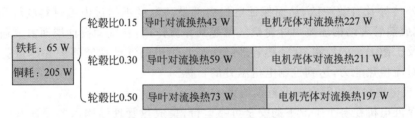

图 1-63 轮毂比对传热功率的影响

图 1-64 显示了动叶叶尖扭速与导叶对流换热系数随轮毂比的变化关系。对流换热系数与扭速间存在着较强的线性对应关系,扭速越高,对流换热系数越大。

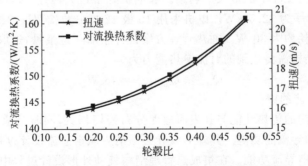

图 1-64 轮毂比对动叶叶尖扭速及导叶对流换热系数的影响

分析发现,在来流无预旋时,导叶对流换热系数 h 与轴向速度 C_1 和扭速 ΔC_ω 的相对关系可以表示为以下形式:

$$h \propto Nu \propto Re \propto V_3 \propto C_2 \propto \sqrt{C_1^2 + (\Delta C_\omega)^2} \tag{1-111}$$

上式表明对流换热系数主要受到轴向速度 C_1 和扭速 ΔC_ω 的影响,轴向速度的变化会直接影响电机对流换热系数。在流量固定不变的情况下,轴向速度与扭速主要受到轮毂比的影响。

1.3.3 电机/叶轮机一体化与热管理流动控制

通过设计转速、风扇轮毂比对风扇气动性能、电机电磁-传热性能的多场耦合影响规律研究,本书总结了电机/叶轮机一体化与热管理流动控制方法以实现电机高功率密度设计。本节以 150 N 推力的电动风扇推进系统为例,对电机/风扇一体化集成设计与热管理流动控制展开详细论述。针对电动风扇推进系统的风扇与电机,利用 1.2.3 节的电机/叶轮机多场耦合参数化模型,开展电机/风扇多场耦合建模与参数化仿真分析,确定最优设计转速、轮毂比,进而获得电机功率密度最大值初步设计方案。在初步设计方案的基础上,基于电机热管理约束,通过风扇环量控制来进行热管理流动控制,优化风扇内部气流速度分布以实现电机散热性能最大化。

1. 电机热管理的约束条件

电机与风扇集成热管理结构(即电机绕组、电机壳体与叶轮机导叶集成结构)既要满足电机最大散热需求又要实现导流功能,即:一方面,集成热管理结构需保证电机绕组最大产热量的对外传导及有效耗散,从而保证电机内部最高温度不超过电磁材料的许用范围;另一方面,集成热管理结构还要对叶轮机气流起到导流作用,在气动设计层面需要通过对叶轮机反力度及扩散因子的控制,保证热管理结构与叶轮机的气动性能匹配并尽量提高热管导叶自身的对流换热能力,达到控制电机温升的目标。

1) 电机电磁材料的额定温度范围约束

为了保证电机在各个工况下的安全可靠运行,集成热管理结构需要保证电机工作温度在电磁材料的最高温度限制以下。上述约束条件可表达为

$$T_{\max} \leqslant T_{\max,\text{limit}} = 150 ℃ \tag{1-112}$$

集成热管理结构还需要保证电机绕组最大产热量可以对外耗散,即保证对流换热极限大于电机绕组在峰值工况下的最大产热量。在电机处于最大转速 12 000 r/min 时,风扇推力为 348 N,电机功率为 12.5 kW。电机采用 10 极 12 槽分数槽双层集中绕组方案,每个线圈最高产热量即铜耗约为 30 W。在热管理方案设计中取一定余量,选取最大产热量的 1.5 倍,则集成热管理结构需要达到的对流换热能力为

$$Q_{\text{dis}} \geqslant Q_{\text{dis,limit}} = 45 \text{ W} \tag{1-113}$$

2) 风扇气动性能约束

集成热管理结构的传热性能与其表面速度分布密切相关,同时又承担对风扇动叶出口气流的减速、扩压和导流的功能。其外形设计必须纳入风扇通流设计过程,既要满足电机传热需求又要满足风扇导流功能。在集成热管理结构气动外形设计过程中,采用负荷系数、流量系数和扩散因子来对其气动性能进行约束,以满足风扇整体通流设计要求。上述约束条件可表示为

$$\text{s.t.} \begin{cases} \Psi \leqslant 0.4 \\ 0.4 \leqslant \Phi \leqslant 0.8 \\ D_{\text{root,mean,tip}} \leqslant 0.45 \end{cases} \tag{1-114}$$

以风扇动叶及导叶的环量分布为设计变量,通过风扇通流设计来控制风扇扭速分布,实现集成热管理结构的减速、扩压与导流功能,并达到强化电机对流换热性能的散热要求。针

对 150 N 推力的电动风扇推进单元，对应的设计目标函数与约束条件如下式所示：

$$\max F = Q_{dis}(\Delta C_\omega)$$

$$\text{s.t.} \begin{cases} T_{\max} \leqslant T_{\max,\text{limit}} = 150\,℃ \\ Q_{\text{dis}} \leqslant Q_{\text{dis,limit}} = 45\text{ W} \\ D_{\text{root,mean,tip}} \leqslant 0.45 \end{cases} \quad (1\text{-}115)$$

2. 基于环量控制的风扇通流强化电机热管理流程

基于设计目标与约束条件，以风扇动叶环量分布为设计变量，计算风扇扭速分布改变后的风扇气动性能及电机对流换热性能，多轮迭代计算后，可得到兼顾气动性能与传热性能的集成热管理结构最优设计方案。

基于环量控制的风扇通流强化电机热管理流程如图 1-65 所示，具体如下：

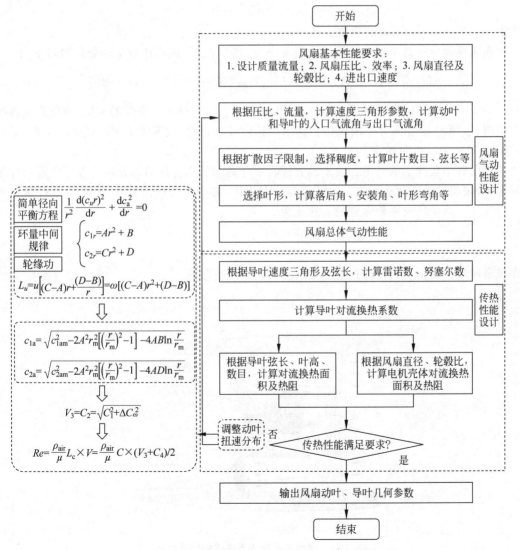

图 1-65　基于环量控制的风扇通流强化电机热管理流程

第一步，根据风扇基本性能要求，计算风扇速度三角形及气流角度，从而根据扩散因子、流量系数、负荷系数等气动参数的限制，选择稠度，计算叶片数目和弦长等叶片几何参数。在此基础上，核算风扇的气动性能参数。

第二步，根据风扇气动设计中的速度三角形参数、导叶弦长、叶高等几何参数计算热管导叶的雷诺数、努塞尔数及对流换热系数等，从而得到电机对流换热热阻。

第三步，对电机的对流换热面积及热阻进行分析，如果传热能力不满足电机热管理要求，则重新给定环量分布以改变风扇速度分布，通过迭代计算，得到满足风扇气动性能要求和电机传热性能要求的集成热管理结构设计。

第四步，输出满足性能要求的集成热管理结构中动叶、导叶的几何参数。

在上述计算过程中，风扇动叶扭速控制可以通过对风扇环量 $c_u r$ 的控制来实现。风扇环量的通用表达式为

$$\begin{cases} c_{1u}r = Ar^2 + B \\ c_{2u}r = Cr^2 + D \end{cases} \tag{1-116}$$

式中：A、B、C、D 为可选的常数。

在风扇动叶任意半径处圆周线速度 $u_1 = u_2$ 的情况下，风扇任意半径处的加功量为

$$L_u = u\left[(C-A)r + \frac{D-B}{r}\right] = \omega\left[(C-A)r^2 + (D-B)\right] \tag{1-117}$$

为了满足不同的设计要求，通过控制和改变 A、B、C、D 4 个常数的取值，可以得到各种不同的 c_u 和 c_a 沿径向分布的规律。其中，当 $A = C = 0$ 时，为等环量扭向规律；当 $A = C \neq 0$ 时，为等反力度扭向规律。

风扇等熵条件下的简单径向平衡方程将沿叶高不同半径处的基元级速度三角形参数联系起来，表明对于不同环量的 $c_u r$ 沿径向分布规律，必须按相应的轴向速度 c_a 沿径向分布进行设计。简单径向平衡方程的表达式为

$$\frac{1}{r^2}\frac{\mathrm{d}(c_u r)^2}{\mathrm{d}r} + \frac{\mathrm{d}c_a^2}{\mathrm{d}r} = 0 \tag{1-118}$$

在风扇进口平面 1（图 1-66）上应用简单径向平衡方程可得

$$\frac{\mathrm{d}c_{1a}^2}{\mathrm{d}r} + \frac{1}{r^2}\frac{\mathrm{d}(c_{1u}r)^2}{\mathrm{d}r} = 0 \tag{1-119}$$

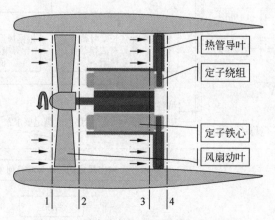

图 1-66　电动风扇推进系统截面位置说明

对上式进行化简,得到

$$\frac{\mathrm{d}c_{1a}^2}{\mathrm{d}r} = -\frac{1}{r^2}\frac{\mathrm{d}(c_{1u}r)^2}{\mathrm{d}r} = -\frac{2}{r^2}(rc_{1u})\frac{\mathrm{d}(c_{1u}r)}{\mathrm{d}r} \tag{1-120}$$

对风扇环量中间规律的表达式(式(1-116))进行变形可得

$$rc_{1u} = Ar^2 + B \tag{1-121}$$

对上式进行微分运算可得

$$\frac{\mathrm{d}(c_{1u}r)}{\mathrm{d}r} = 2Ar \tag{1-122}$$

将上式代入式(1-120)可得

$$\frac{\mathrm{d}c_{1a}^2}{\mathrm{d}r} = -\frac{2}{r^2}(Ar^2 + B) \cdot 2Ar = -4A^2r - \frac{4AB}{r} \tag{1-123}$$

对上式两边进行积分得到

$$\int_{c_{1am}}^{c_{1a}} \mathrm{d}c_{1a}^2 = \int_{r_m}^{r} \left(-4A^2r - \frac{4AB}{r}\right)\mathrm{d}r \tag{1-124}$$

得到进口平面的轴向速度沿径向分布规律为

$$c_{1a} = \sqrt{c_{1am}^2 - 2A^2r_m^2\left[\left(\frac{r}{r_m}\right)^2 - 1\right] - 4AB\ln\frac{r}{r_m}} \tag{1-125}$$

将类似方法用于出口平面2,可得

$$c_{2a} = \sqrt{c_{2am}^2 - 2A^2r_m^2\left[\left(\frac{r}{r_m}\right)^2 - 1\right] - 4AD\ln\frac{r}{r_m}} \tag{1-126}$$

给定平均半径处的半径及 A、B、D 参数就可得到任意半径上的速度图及其他参数。

3. 最优方案设计

风扇动叶扭速与电机对流换热系数之间的强耦合效应是影响电动风扇推进系统电机传热性能的关键。利用上文介绍的通流强化电机热管理方法,适当增大动叶叶根、叶中环量以提高叶根及叶中位置的扭速,可强化导叶及电机壳体表面对流换热能力,得到电动风扇推进单元最优设计方案,兼顾风扇气动性能与电机传热性能。扭速分布优化后的叶片角度分布与初始设计的对比如图1-67所示。扭速分布优化后的叶片根部及叶中具有相对更高的扭速和叶片几何角度,从而使得导叶中下部的流速及对流换热系数得到提高。

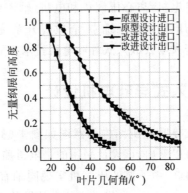

图1-67 改进前后的动叶设计对比

1.4 嵌入式导叶电机新技术

热管理是实现高功率密度电机的关键。最理想的电机与叶轮机集成方案是可以充分利用叶轮机内部的低温气流来强化电机散热,不增加额外的热管理部件,可以简化系统并有效提高功率密度。与传统电机风冷方案相比,研究发现采用高速、低温的叶轮机主气流进行电机散热,可以大幅提升风冷热管理性能,实现涡电动力高功率密度设计。根据涡电动力的电机热管理对叶轮机主气流利用量的不同,将电机与叶轮机集成风冷热管理技术进一步细分为基于叶轮机引气的电机风冷散热和基于叶轮机主流的电机风冷散热两大类,一些实例及参数对比见表 1-6。

表 1-6 电机/叶轮机一体化集成风冷热管理

研究单位	NASA[9]	MIT[10]	NASA[11]	清华大学[12]
结构示意图				
应用对象	电动推进	涡轮发电	电动推进	电动推进
电机构型	永磁同步电机	永磁同步电机	永磁同步电机	永磁同步电机
散热方式	压气机引气散热	压气机引气散热	风扇主气流散热	风扇主气流散热
功率等级	兆瓦级	兆瓦级	几十千瓦级	几十千瓦级

基于叶轮机主流的电机风冷散热在理论上具有最大的电机散热能力,但前提是电机结构与叶轮机结构需要实现部件集成与性能耦合,以保证电机产热能有效传递至叶轮机结构并利用主气流实现热耗散。NASA[11]主要提出了电机外置于叶轮机机匣的集成方案,即轮缘驱动电机技术,电机产热由机匣结构传递至风扇动叶进行热耗散。清华大学[12]则主要采用电机内置于叶轮机轮毂的集成方案,即嵌入式导叶电机技术,电机产热由轮毂结构传递至风扇导叶进行热耗散。

轮缘驱动电机技术方案仅适用于电机/轴流风扇的一体化集成与热管理,而嵌入式导叶电机技术方案则可以同时满足电机/离心压气机和电机/轴流风扇的一体化集成与热管理,可分别应用于涡轮发电系统与电动推进系统中,有效提升系统的集成度、紧凑性,提升系统功率密度。下面主要介绍清华大学在嵌入式导叶电机技术方面的创新方案与工程应用。

1.4.1 涡轮发电的嵌入式导叶电机设计

涡轮发电系统中的嵌入式导叶电机结构示意图如图 1-68 所示,电机是 50 kW 永磁同步径向磁通发电机。从图中可以看出,该设计采用的是电机前置的集成方案,发电机通过气浮轴承与连接机匣与压气机串联,由下游的压气机实现同轴直驱。电机的左端为压气机的进气口,气流经电机的外壳体空间流入,电机外壳体上的散热翅片同时也充当压气机的进口导叶,实现了发电机与叶轮机在部件结构上的集成。

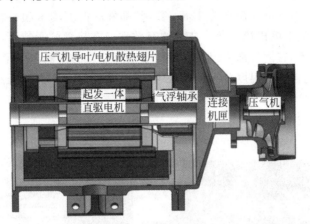

图 1-68　涡轮发电系统的嵌入式导叶电机结构示意图

由于嵌入式导叶电机定子绕组区域的热量热源位置深,电机热量难以导出,清华大学特种动力团队创新性地提出了如图 1-69 所示的热管导叶集成散热结构。利用热管将绕组线圈内部热量引出至定子端部来实现冷却,热管的相变传热极大地提升了线圈热传导速率。热管与电机壳体上的支撑结构、压气机导叶做成一体化结构。电机绕组线圈端部发热量较大,实际应用时在电机端部设置多个 L 形热管紧密贴合在散热支撑结构上,布置方案如图 1-70 所示。

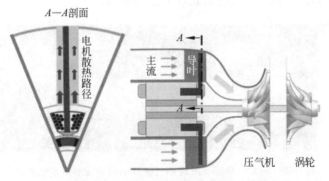

图 1-69　热管导叶集成散热结构示意图

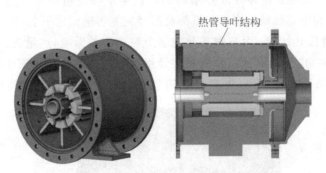

图 1-70　热管导叶结构布置方案

图 1-71 展示了最大产热工况下的电机温度场分布。电机内部高温区域集中在电机的定子铁心与绕组处,内部最大温度为 138.7℃,各部件的温度均未超过材料的极限温度,说明了基于叶轮机主流的电机风冷散热技术的有效性。在热管的影响下,电机右侧端部绕组的散热得到明显改善,右侧端部绕组温度相较于没有热管的左侧下降了 15.5℃。从表面温度分布可以看出,电机表面温度分布较为均匀,其表面温升和内部温升趋势基本一致,说明电机内部热量导出良好。含热管的端部外部的导叶壁面温度明显高于另一侧,同样证明了热管导出电机绕组内部热量的能力。

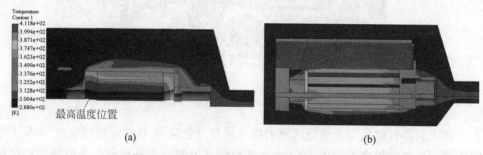

图 1-71 最大产热工况下的电机温度场分布
(a) 截面温度;(b) 表面温度

图 1-72 展示了最大产热工况下的热管导叶结构表面对流换热系数。电机壳体及热管导叶集成散热结构的对流换热系数最大可达 120 W/(m²·K),平均对流换热系数为 67.12 W/(m²·K),压气机主气流具备足够的散热能力。

图 1-72 最大产热工况下的热管导叶结构表面对流换热系数

图 1-73 展示了采用热管导叶散热结构的电机定子和绕组的传热路径,从图中可以看出,左侧端部绕组和中心区域的绕组热量都是沿径向先传递到定子上,再由定子传递给电机壳体和壳体的导叶散热结构;而右侧端部绕组受到热管的影响,热量先沿轴向传递给导热胶和导热紧固件,再由热管沿径向将热量传递给导叶散热结构。从图 1-74 所示的含热管端部的传热路径细节图中,可以更加清晰地观察到右侧含热管端部绕组的传热路径,从

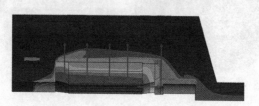

图 1-73 电机定子和绕组的传热路径

图 1-71 中导叶壁面两端温度的分布也可看出,含热管端的传热功率要明显快于无热管端的传热功率。

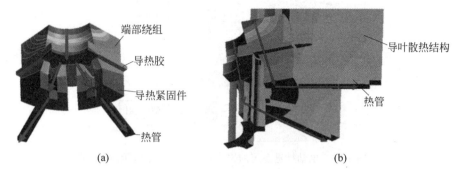

彩图 1-74

图 1-74 热管导叶散热结构传热路径
(a) 热管本体传热路径;(b) 热管导叶散热结构传热路径

实验测量的温度结果如图 1-75 所示,与仿真得到的温度分布结果一致,证明了热管导叶集成结构可以有效解决嵌入式导叶电机散热需求,将 50 kW 电机功率密度从 4.5 kW/kg 提高至 5.26 kW/kg。采用嵌入式导叶电机后,由于系统集成度的提升以及热管理附件的简化,涡轮发电系统的额定功率密度可由 3.0 kW/kg 提高至 3.3 kW/kg。

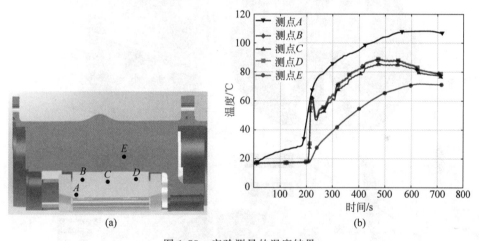

图 1-75 实验测量的温度结果
(a) 温度测点位置;(b) 实测温度结果

1.4.2 电动推进的嵌入式导叶电机设计

电动推进系统中的嵌入式导叶电机结构示意图如图 1-76 所示,电动风扇推进系统主要由风扇动叶、导叶、涵道体与电机等组成,其中电机安装在风扇轮毂区,属于电机后置的集成方案。主气流从图中左侧流入风扇,从风扇流出后,经电机的外壳体流道,与电机的壳体结构进行换热后,从右侧流出[13-14]。该结构方案同样采用了热管导叶集成散热结构。

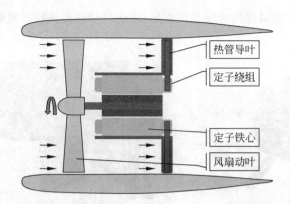

图 1-76 电动推进系统的嵌入式导叶电机结构示意图

图 1-77 展示了定子集成热管导叶结构的实现方案。电机绕组端部位置集成了热管,通过将热管的热端布置在端部绕组的间隙中,将热管冷端布置在导叶内部,实现了电机绕组-电机壳体-风扇导叶的高效传热。

彩图 1-77

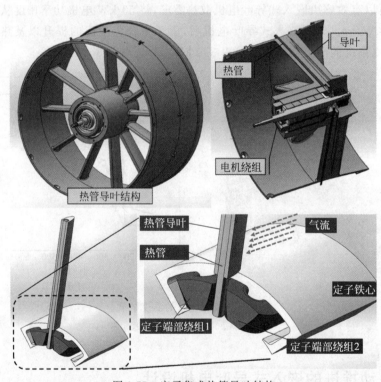

图 1-77 定子集成热管导叶结构

图 1-78 展示了额定推力工况下的热管导叶对流换热系数分布。导叶区域大部分区域的对流换热系数可以达到 300 W/(m²·K),在高流速区域可以达到 500 W/(m²·K)。由于风扇流量大、流速高,电动风扇的嵌入式导叶电机热管导叶集成散热结构的对流换热系数要显著高于 1.4.1 节中涡轮发电的嵌入式导叶电机热管导叶集成散热结构。

图 1-79 显示了不同转速下热管导叶散热结构对电机绕组温度影响的实验结果。电机绕组的最高温度随着风扇工作转速的增加而提高,当风扇运行在 10 000 r/min 时,绕组最高

温度稳定在120℃；当风扇运行在12 000 r/min时，绕组最高温度升高到143℃。由于电机采用了C级绝缘，绕组漆包线的耐温等级达到200℃以上，电机可安全运行在12 000 r/min的条件下，证实了热管理的可靠性。

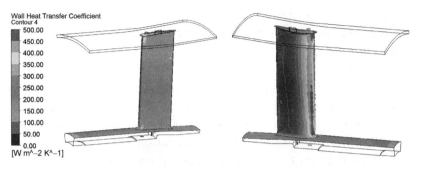

彩图1-78

图1-78 额定推力工况下的热管导叶对流换热系数分布

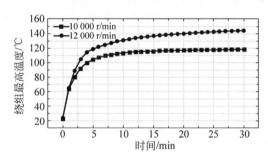

图1-79 电动风扇的嵌入式导叶电机在不同转速下的温升

电动风扇推进系统采用嵌入式导叶电机技术后，有效强化了电机的散热能力，电机功率密度从5.6 kW/kg提高至7.46 kW/kg，提升了33.2%。

本章参考文献

[1] YOON A, XIAO J Q, LOHAN D, et al. High-frequency electric machines for boundary layer ingestion fan propulsor[J]. IEEE Transactions on Energy Conversion, 2019, 34(4): 2189-2197.

[2] 刘昭威, 王俊, 彭河鑫. 30 kW级航空电驱动涵道风扇设计与试验[J]. 推进技术, 2023, 44(3): 97-103.

[3] SEO J M, LIM H S, PARK J Y, et al. Development and experimental investigation of a 500 W class ultra-micro gas turbine power generator[J]. Energy, 2017, 124: 9-18.

[4] DABBABI J, KOWALIK S, WENZELBURGER M, et al. Electrically assisted turbocharger for the 48 V board net[J]. MTZ Worldwide, 2017, 78(10): 16-21.

[5] HU X Y, QIAN Y P, DONG C F, et al. Thermal benefits of a cooling guide vane for an electrical machine in an electric ducted fan[J]. Aerospace, 2022, 9(10): 583.

[6] EPPLE P, DURST F, DELGADO A. A theoretical derivation of the Cordier diagram for turbomachines[J]. Proceedings of the Institution of Mechanical Engineers, Part C: Journal of Mechanical Engineering Science, 2011, 225(2): 354-368.

［7］ GAMMETER C,DRAPELA Y,TUYSUZ A,et al. Weight optimization of a machine for airborne wind turbines[C]//IECON 2014 - 40th Annual Conference of the IEEE Industrial Electronics Society. Dallas,TX,USA. New York：IEEE,2014.

［8］ HOWEY D A,CHILDS P R N,HOLMES A S. Air-gap convection in rotating electrical machines[J]. IEEE Transactions on Industrial Electronics,2012,59(3)：1367-1375.

［9］ WANG J,JAHNS T,MCCLUSKEY P,et al. 2 kV 1 MW 20 000 RPM integrated modular motor drive for electrified aircraft propulsion［J］. IEEE Journal of Emerging and Selected Topics in Power Electronics,2025,13(1)：1.

［10］ DOWDLE A P. Design of a high specific power electric machine for turboelectric propulsion[D]. Cambridge：Massachusetts Institute of Technology,2022.

［11］ PAPATHAKIS K V. Design and Development of Nano-electro Fuel Batteries and Rim-driven Motors for Electrified Aircraft Applications[R]. Washington：NASA,2021.

［12］ HU X Y,QIAN Y P,YANG B J,et al. Aerodynamic design of cooling guide for electrical machine in electric ducted fan[J]. Journal of Engineering for Gas Turbines and Power,2023,145(5)：051009.

［13］ 董超凡. 基于平板热管的高功率密度电机热管理研究[D]. 北京：清华大学,2023.

［14］ 胡宣洋. 热管导叶推进风扇电机多场耦合特性及设计[D]. 北京：清华大学,2024.

第 2 章

动力电池热管理多场耦合与流动控制

电池储能系统是涡轮电动力的功率和能量调节系统,其核心部件为动力电池。随着涡轮电动力对储能系统能量密度和功率密度要求的不断提高,动力电池热管理面临巨大挑战。建立动力电池的电化学-传热-散热多场耦合模型,发展动力电池热管理多场耦合流动控制方法,探索动力电池热管理的新原理、新结构,对高能量密度、高功率密度储能系统研发具有重要意义。

2.1 涡轮电动力电池储能系统与热管理

在涡轮电动力系统工作过程中,电池往往会出现大倍率充、放电的情况,在起飞、爬升等阶段,电池的放电倍率可能达到 $4C \sim 5C$,这将导致电池高温。为保障系统性能与安全,需要对电池温度进行管理。

2.1.1 涡轮电动力储能系统动力电池

动力电池作为航空涡轮电动力储能系统的核心部件,其性能对整个系统的影响重大。与车用动力电池及储能电站(或机站)用电池不同,航空用动力电池具备明显的"三高"特征:为减轻整个动力电池系统的质量以及保障一定的续航里程,航空用动力电池需具备"高能量密度"特征;为满足飞机在飞行包线中的高功率需求(电池放电倍率可能大于自身容量的 4~5 倍),电池需具备"高功率密度"特征;为保障涡轮电动力的安全工作(尤其是长时间大功率放电工况下的热安全),电池需具备"高安全"特征。

在电动汽车产业发展的支持下,近年来动力电池系统能量密度以每年 5%~8% 的速率逐步提升。同时随着固态锂电池、锂空气电池、锂硫电池等新技术的发展与成熟,电池系统的能量密度与安全性将得到进一步提升,如图 2-1 所示。据 NASA 数据估计,动力电池的单体能量密度将在 2025 年达到 500 W·h/kg,而电池系统能量密度约可达到 400 W·h/kg。但如果想要实现全电动飞机的长途航行,需要的电池单体能量密度可能在 800 W·h/kg 以上。高能量密度能有效减少电池系统的质量,提高涡电动力系统的功率密度。

为满足涡电动力系统功率密度的要求,航空动力电池在性能上也向着高能量密度的方向发展。目前国外学者已经通过大量的实验数据,从动力系统高能量密度与功率密度的特征总结出了航空动力电池在实际应用中的需求,主要包括航空动力电池在不同飞行阶段的功率/能量需求(图 2-2),以及不同类型电池在航空领域中应用时的具体需求。其中,Yang 等[1]深入探讨了电动飞行汽车在起飞与降落等大功率阶段航空动力电池所面临的挑战,重

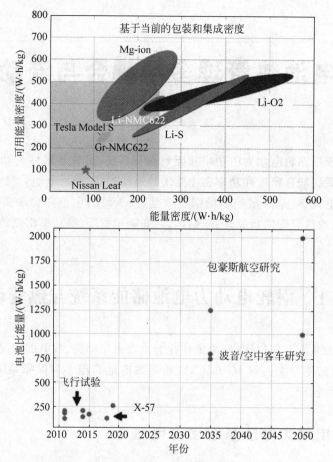

图 2-1 动力电池能量密度发展趋势

点列举了在保证电池较大比能量与比功率的条件下,确保电池安全性的技术难点以及快速充电能力对航空动力电池的重要性。相对地,Vutetakis[2]则讨论了当不同种类的电池(包括铅酸电池、锂电池等)作为航空动力电池时,在电池动力性、续航能力及寿命等方面的适用性,以及不同电池在航空特殊工况下的具体挑战与未来发展方向。

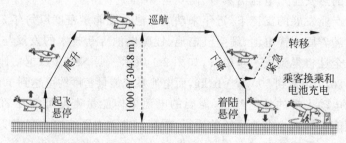

图 2-2 电动飞行汽车在不同飞行阶段对动力电池的需求

从整体来看,国际上对于航空动力电池的具体需求研究得较为透彻,但是对于航空动力电池的研究还处在仅限于整体认知的起步阶段,缺少具体的理论来描述航空动力电池的特性,也很少有相关研究针对航空动力电池的特殊性建立模型,主要通过实验数据总结电池的适用范围与应用需求。Swornowski 等[3]研究了航空动力电池的内部结构损坏机制以及结构损坏后的热特性变化,主要通过对已有的航空动力电池进行实验,测量结构变化后的电池温度分布,总结其中的规律。Li 等[4]也用类似的方法研究了无人机电池在极端环境中的环境适应性。以上研究多属于电池性能的定性研究,目前对航空动力电池的定量研究较少。Xie 等[5]结合飞行器的运行模型,建立了航空动力电池的经济性模型。虽然该类模型对于提升电池动力性能的作用较小,但也为未来航空动力电池的经济性使用提供了模型基础。

国内针对航空动力电池的应用也有较为深刻的认识,谢松等[6]就锂离子电池在民用航空领域中应用的进展以及技术瓶颈作了总结,汇总了目前已有的半电动飞机与全电动飞机的产品及其在续航里程与安全性方面的应用瓶颈。相比国际上针对航空动力电池具体需求的研究,国内的学者对于航空动力电池的研究更侧重于电池相关算法的研究。但是由于目前没有针对高功率密度与高能量密度的航空动力电池基础模型,大部分研究内容还集中在将传统动力电池的模型与算法迁移至航空动力电池上,以研究其适用性。韩露等[7]将电池的剩余寿命预测模型应用至航空动力电池,主要解决其在健康状态估计上的技术难题,所提的方法耦合了 GM(1:1)模型、灰色 Verhulst 模型及神经网络模型等,但是缺乏在实际航空动力电池上的验证。类似的对于电池剩余寿命预测方法的研究,丁劲涛等[8]则是综合考虑环境温度、电流倍率、循环次数和贮存时间等因素的影响,根据实测数据的分析结果,对机载锂离子电池剩余容量的预测进行建模,并基于数据驱动对电池的剩余寿命进行预测。

在电池安全性方面,由于航空动力电池应用环境的严峻性和复杂性,轻微的电池故障也可能会导致电池发生失控,引发难以估量的后果,故航空动力电池对于安全性有较高的要求。具体而言:

(1) 在热稳定方面,航空动力电池系统在设计和制造过程中需要考虑到电池组件的热敏感特性,确保在典型操作温度范围内能够有效管理和排放热量,避免因温度过高而导致的起火、爆炸等安全隐患。此外,电池需要采用热管理系统,以确保电池在可能出现的高温环境下可靠地工作。

(2) 在电控方面,电子保护系统是航空动力电池储能系统的核心组成部分,通过监测电池状态、控制电流和电压等参数,实现对电池性能的实时监测和保护。具体包括过充、过放、短路等异常情况的检测和响应机制,以确保电池在安全范围内运行。

(3) 在机械保护方面,航空动力电池系统需要经受住航空器飞行中可能遇到的各种振动、冲击和压力,因此设计必须考虑到机械强度要求。合理布置电池组件、选用高强度材料和结构设计都是确保系统在恶劣环境下具备耐久性和稳定性的关键因素。在保障耐久性和稳定性的条件下,进行系统的轻量化设计,以减轻航空动力电池系统的质量也是电池系统在设计中需要考虑的因素。

(4) 在短路保护方面,短路是电池系统中常见的故障之一,如果不及时处理可能导致严重后果。因此,航空动力电池系统需配置有效的短路保护装置,设置合理的熔断机制,以确保在发生短路时迅速切断电路,实现故障隔离,防止电池过热或引发其他安全问题。

(5) 在防爆及热隔离方面,由于航空器工作环境的特殊性,防爆设计显得尤为重要。航空动力电池应该在电池组件之间或与其他系统之间设置热隔离层,避免热量传导,防止热点聚集和热量交叠,阻断热失控在电芯间的传递,提高整体系统的安全性。同时,选择符合航空标准的防爆材料和相关设计,以及合理的热管理系统,最大限度地减小发生爆炸或火灾的风险。

(6) 在可靠性和稳定性方面,航空动力电池系统的可靠性和稳定性是航空安全的基石。必须通过严格的设计、测试和监控措施,确保系统在长时间运行中保持稳定性,即使在极端条件下也能正常工作。另外,即使在发生事故电池系统遭到损坏的条件下,电池系统也应该能够确保航空器的安全性和可靠性,提供飞行的能力,保证航空器的安全降落。

2.1.2 涡轮电动力动力电池的发展趋势

涡轮电动力系统中的动力电池主要用于功率和能量调节。动力电池性能的优劣将直接影响动力系统的安全性、经济性和动力性。锂离子电池具有较高的能量密度和功率密度,是比较适合涡轮电动力的电池类型。不同种类的锂离子电池在性能和安全性方面存在差异,需要根据实际应用场景进行选择。

1. 动力电池的材料体系

航空用动力电池与车用动力电池相比,对能量密度、倍率性能、安全性和环境适应性等方面要求更高。航空器需要电池在起降阶段迅速提升电动机转速、在应急状况下快速响应功率变化、提供瞬时超高功率输出等功能,因此对于电池倍率性能要求极高,涡轮电动力系统中电池被要求能够在短时间内提供兆瓦级功率输出。此外,航空动力电池需要具有极高的安全性和良好的环境适应性,前者用于避免在飞行过程中出现故障或事故,后者用于应对航空器在不同高度、温度、湿度和气压条件下的正常工作。电池材料是动力电池的核心组分,直接影响动力电池的能量密度、功率密度、充电速度、安全性、循环寿命和应用环境。在电池材料体系中,正负极材料、电解质、集流体、隔膜等共同决定了电池的综合性能。相比传统的铅酸电池、镍铬电池、镍氢电池,锂离子电池无记忆效应,具有更高的能量密度和功率密度,可使电池组的质量下降40%~50%,体积减小20%~30%,此外它还具有更长的循环寿命、更低的自放电率和更好的环境适应性。故锂离子电池成为涡电动力系统储能装置的首选。

锂离子动力电池的正负极材料、电解质材料以及生产工艺上的差异使得电池呈现出不同的性能,并且有着不同的名称。目前,市场上的锂离子动力电池常根据正极材料来命名。例如,最早商业化的锂离子电池采用氧化钴锂($LiCoO_2$)作为正极材料,因此被称为钴酸锂电池;采用氧化锰锂($LiMn_2O_4$)、磷酸铁锂($LiFePO_4$)作为正极材料的电池,分别被称为锰酸锂电池和磷酸铁锂电池。此外,采用三元材料镍钴铝酸锂和镍钴锰酸锂作为正极材料的电池,分别被称为镍钴铝三元锂离子电池和镍钴锰三元锂离子电池。

常见的锂离子动力电池的英文缩写、正极材料化学式及性能特点见表2-1。从表中可以看出,钴酸锂电池和锰酸锂电池的热稳定性能较差,很少在实际中应用。相比之下,磷酸铁锂电池和三元锂电池的安全性能更好,因此被广泛应用于动力电池领域。考虑到航空领域所需要的高能量密度,三元锂电池是目前的首选。在电池负极材料方面,石墨是当前锂离子电池的首选方案。为进一步提高电池能量密度,硅-碳负极也在逐渐发展,其与NCM811正极材料构成的电芯在能量密度方面能达到 300 W·h/kg 量级。为实现未来 500 W·h/kg 的能量密度,锂金属负极材料也成为负极材料的发展方向之一,但由于其寿命短、安全隐患大的特点,仍需要在实验室阶段进行进一步的研究。

表 2-1 常见的锂离子动力电池

电池名称	英文缩写	正极材料化学式	电池的性能特点
钴酸锂电池	LCO	$LiCoO_2$	高电压(3.9 V),比能量高,但存在起火的安全隐患
锰酸锂电池	LMO	$LiMn_2O_4$	电压、比能量与 LCO 相近,容量衰退速度快,热稳定性差
磷酸铁锂电池	LFP	$LiFePO_4$	安全性好,功率密度高,能量密度低,热稳定性好
镍钴铝三元锂电池	NCA	$Li(Ni_{0.8}Co_{0.1}Al_{0.1})O_2$	电压略低于 LCO,安全性优于 LCO,循环寿命特性好
镍钴锰三元锂电池	NCM	$LiNi_{1-x-y}Co_xMn_yO_2$	安全性介于 NCA 和 LMO 之间,容量衰退速度比 NCA 快

电解质作为电池材料的另一个组成部分,承担着离子迁移的重要任务,其特性将直接影响电池的特性。作为涡电动力系统用电池,其电解质应具备离子电导率高、电化学稳定窗口宽、热稳定性能好和安全低毒等特征,以保证锂电池具备高电压、高比能等特性。电解质按形态可分为液态电解质和固态电解质两大类。前者一般称为电解液,其中六氟磷酸锂是电解液的主要成分。液态电解质具有电导率高的特性,能够更好地满足电池的高功率密度需求,但其在能量密度的提升上则有限。此外,由于电解液分解温度低,液态电池的热失控风险较固态电池更大。为提高电池能量密度,固态电解质逐渐进入了人们的视野,目前其发展路线主要是以氧化物和硫化物为主。固态电解质具有更高的分解温度,其热失控极限更高,安全性更好。但固态电解质的离子迁移率低,难以实现高放电倍率,因此,如何实现高放电倍率是固态电池在涡电动力系统中要克服的主要问题。

2. 动力电池的封装形式及其在涡电动力系统中的应用

锂离子电池由集流体、正极材料、电解质、负极材料和外壳组成。根据封装形式,可以分为方壳电池、圆柱电池和软包电池。由于圆柱电池成组性较差,难以满足涡电动力系统的需求,故本部分将主要介绍方壳电池和软包电池。

方壳电池壳体采用铝合金、不锈钢等材料,其结构强度高,承受机械载荷能力好,如图 2-3 所示。方壳电池散热好,成组方式简单易设计,系统能量密度相对较高,且方便设置防爆阀,更加安全。方壳电池的制作工艺主要包括卷绕和叠片两大类,其过程比较复杂,良品率和一致性比不上圆柱电池。相比圆柱电池和软包电池,方壳电池具有便于成组和布置的特点,能够更好地适应涡电动力系统的"电芯-电池包"(CTP)和"电芯-机身"(CTB)布置形式。

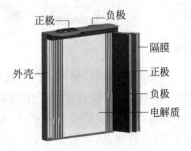

图 2-3 方壳电池结构图

软包电池常用铝塑膜作为外壳,尺寸变化灵活,成本低,单电芯的能量密度比圆柱/方壳电池都要高,如图 2-4 所示。但因为是软包,所以机械强度较弱,封口工艺较难,特别是成组困难,后期成组散热设计也较复杂,防爆装置很难加在电芯上。从制作工艺来说,软包的制作要求较高,且一致性较差,导致如果用作动力电池成组,制造成本也较高。实际软包电池更适合未来的固态电池,因为成熟的固态电池拥有良好的热稳定性,不易燃也不易爆。在涡电动力系统中,软包电池只能依赖构建模组的形式进行使用,成组率低于方壳电池。

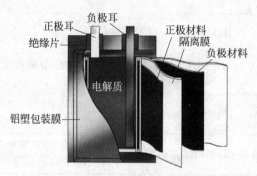

图 2-4 软包电池结构图

3. 动力电池系统的机械结构

"电芯-模组"集成,代表的是将电芯集成在模组上的集成模式,简称 CTM,即"cell to module",如图 2-5 所示。模组是针对不同的电池功率/容量需求、电池厂家不同的电芯尺寸而提出的发展路径,通过标准化的模组尺寸实现电池包的快速设计。但模组配置方式的空间利用率只有 40%,很大程度上限制了其他部件的空间。此外,模组中大量的结构件限制了电池系统成组率的提高,无法满足航空涡电动力系统高能量密度的要求。

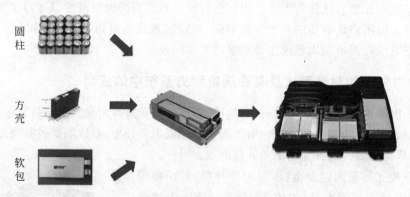

图 2-5 CTM 结构示意图

"电芯-电池包"集成,是将电芯直接集成到电池包中,简称 CTP,即"cell to pack",如图 2-6 所示。该模式省去了中间的模组架构,简化了电池包的结构,这样做不仅提高了空间利用率,而且体积能量密度更大,续航能力也相应更强。这一特性为其在航空中的应用提供了可能。另外,因为基于 CTP 技术的电池包和载体是独立架构,所以当电池包中的电芯出现损坏等情况时,可以直接更换电芯,操作起来也相对简单。

图 2-6 为采用先进的 CTP 技术的电池包示意图,其特点是组合灵活和兼容性高。为进一步提高 CTP 电池包的空间利用率,在航空涡电动力系统中建议选择高度更小的电芯。此外,躺式电芯布局也有利于减少纵向空间,提高电池系统的空间利用率、能量密度和效能。不仅如此,躺式电芯还有着超高集成度、超长寿命、"零热失控"安全防护的优势。

"电芯-机身"集成,是将电芯直接集成到机身,与机身共享结构件,简称 CTB,即"cell to body",如图 2-7 所示。采用 CTB 集成方式,不仅省去了电池包的结构质量和体积,还变相增强了安装部位的结构件强度,能够提供更加灵活的布置方案。但因为电芯和机身是一体的,如果电池某部件出现问题需要更换,则需要拆卸整个机身,工作量及成本也相对较大。

图 2-6　CTP 电池包示意图

图 2-7　CTB 结构示意图

4. 动力电池系统的电气架构

电池系统的电气架构由高压部分和低压部分组成,如图 2-8 所示。电池管理系统(BMS)通过采集电芯的温度、电压,实现电芯间的均衡。此外,低压部分中 BMS 通过总线电流诊断电磁继电器的闭合与断开及电池包的绝缘状况,控制继电器的闭合与断开,通过低压线束与其他相关部件进行通信交互。

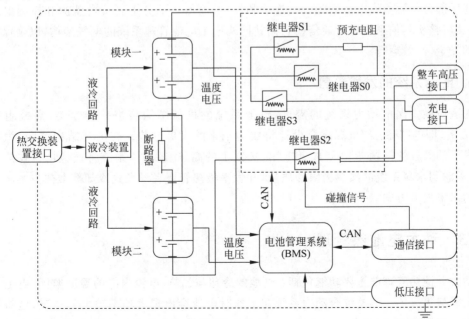

图 2-8　电气架构示意图

高压部分主要包含电池组、高压传感器、高压连接器、电缆、高压继电器、高压断路器和高压保险丝等部分。

(1) 电池组：作为能量存储单元，由多个电芯组成。

(2) 高压传感器：用于监测整个电池组的电压、温度和其他参数，以便电池管理系统监控电池组的状态。

(3) 高压连接器和电缆：用于连接各个电芯或模组，以及与其他高压部件（如电动机、充电系统等）进行连接。

(4) 高压继电器：用于在需要时断开或连接高压电路，以确保电池包安全。

(5) 高压断路器：用于在电路中断时切断电流，以确保安全。

(6) 高压保险丝：用于在电路中断或电流过大时熔断，防止电路中的过电流损坏设备。

低压部分主要包含低压传感器、控制单元(控制器)、通信接口、低压连接器、电缆、低压继电器、低压断路器等部分。

(1) 低压传感器：用于监测电芯的电压、温度和其他参数，以便电池管理系统监控每个电芯的状态。

(2) 控制单元(控制器)：负责处理来自传感器的数据，监控电池状态，并根据需要采取控制措施，例如调整充电电流、放电电流和控制动态平衡。

(3) 通信接口：用于与设备的其他系统进行通信，例如与控制系统、信息显示系统等进行数据交换，以实现整机系统的协调工作。

(4) 低压连接器和电缆：用于连接电池管理系统的各个部分，以及与其他低压电气系统进行连接。

(5) 低压继电器：用于在需要时断开或连接低压电路，例如在紧急情况下断开电池管理系统与其他部件的连接，以确保安全。

(6) 低压断路器：用于在电路中断时切断电流，以确保安全。

高压部分主要负责电池组的电气连接和保护，而低压部分主要负责监测和控制电池系统，以及与整机其他系统进行通信。它们共同构成了电池管理系统的电气架构，以确保电池系统的安全、高效运行。

5. 电池系统的发展趋势

为适应航空涡电动力系统的需求，电池系统的机械结构将进一步紧凑，高成组率的CTB方案，即电芯-机身/机翼融合设计将成为未来的发展趋势。在电气结构方面，为解决高功率下的高损耗问题，800 V 或者 1000 V 以上的高压、超高压系统将被应用。在热管理方面，考虑到水冷系统的散热极限和质量，开发平板热管或者浸没式冷却等散热方案将是热管理的未来发展方向。

2.1.3 动力电池热管理

动力电池热管理的主要功能包括：电池的冷却与加热、电池内部的温度监测、电池热失控的预警与灭火等。涡电混合动力系统在工作时电池会出现大功率输出的情况，这将导致电池内部高温，故在航空涡电混合动力系统中热管理的最大作用是电池冷却。

1. 涡电动力系统中动力电池的发热量与温升

图 2-9 为 1 MW 航空涡电混合动力系统的动力电池参数。在起飞和降落的 3 min 内，电推进系统需要提供 200 kW 的功率。考虑到系统效率，电池端则需要输出 240 kW 的功率，从倍率上看则需要电池系统维持 3 min 5C 的放电倍率。这将导致电池出现约 20 kW 的产热功率，若不对电池进行任何冷却，电池将出现约 7℃/min 的温升速率。这将严重影响电池的安全性和涡电动力系统的稳定运行。为了避免这一风险，电池系统需要进行冷却。

项目	技术参数
额定容量	92 A·h
额定电压	540 V
额定能量	49.68 kW·h
电压范围	414~629 V
SOC使用范围	20%~95%
持续放电功率	不低于240 kW
峰值放电功率	不低于300 kW
持续充电功率	不低于100 kW
峰值充电功率	不低于320 kW

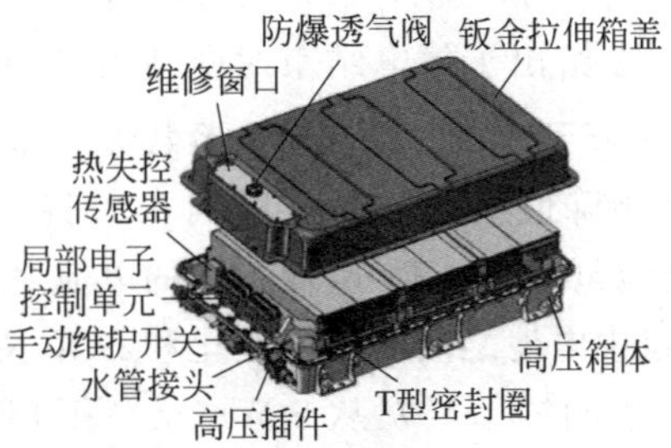

图 2-9 航空涡电动力系统动力电池参数

2. 动力电池温度特性对电池一致性和老化的影响

电池组由多个串联和并联的电芯组成。如果电池冷却或加热不均匀，电池组中就会出现较大的温度梯度，从而导致电池组性能不佳，如放电不完全、电池之间一致性差等，这将影响电池系统的功率输出，进而影响涡电动力系统的功率。随着电池循环次数的增加，电池中的电不一致性和热不一致性不断积累，进而导致电芯之间容量不一致，最终加剧电池组的容量损失。电池热管理系统不仅需要通过降低电池温度保障电池安全、提高电池寿命，还需要通过减小电池温差提高电池荷电状态(state of charge，SOC)的一致性。图 2-10 显示了放电倍率为 $1C$ 时，电池初始温度(T_f)、环境温度(T_{am})、最大温度差值和最大 SOC 差值之间的关系。

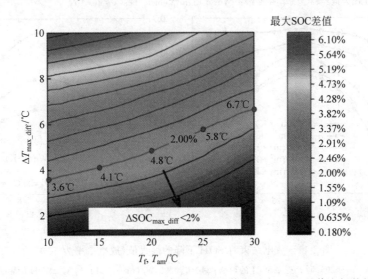

图 2-10 放电倍率为 $1C$ 时 T_f、T_{am}、最大温度差值和最大 SOC 差值之间的关系

由图可知,为保证电池单次放电结束后电池系统 SOC 差值低于 2.00%,电池系统温差建议不要超过 5℃。此外,当 T_f 和 T_{am} 从 10℃ 上升到 30℃ 时,电池系统最大温度差值从 3.6℃ 上升到 6.7℃。这表明,电池系统温度控制的目标最大温度差值不是恒定的,而是随着环境温度和冷却介质温度的升高而升高。

电池组的健康状态(state of health,SOH)定义为

$$\mathrm{SOH}_{\mathrm{pack}} = \frac{\sum \mathrm{SOH}_{\mathrm{cell}}}{n_{\mathrm{cell}}} \tag{2-1}$$

其中 $\mathrm{SOH}_{\mathrm{pack}}$ 和 $\mathrm{SOH}_{\mathrm{cell}}$ 分别为电池组的 SOH 和电池的 SOH,n_{cell} 为电池组中的电芯个数。表 2-2 给出了放电结束时电池组 SOH 的下降值。在 1C 的放电倍率下,当 T_f 和 T_{am} 从 30℃ 下降到 10℃,对流换热系数 h 从 5 W/(m²·K) 增加到 220 W/(m²·K) 时,电池组的 SOH 下降值从 0.73% 下降到 0.33%。这表明适当冷却可以提高电池系统的寿命。但是,如果电池包冷却过度,电池包中的电池之间会出现 SOH 梯度。这是因为强烈的冷却会扩大电池组中电池之间的温度变化和 SOC 差异。根据表 2-2 和图 2-11,在 1C 放电倍率和 $T_f=20℃$ 的条件下,当 h 从 5 W/(m²·K) 升至 220 W/(m²·K) 时,SOH 下降的最大差值增加了 32.76%;在 1C 放电倍率和 $h=220$ W/(m²·K) 条件下,当 T_f 从 10℃ 升至 30℃ 时,SOH 下降的最大差值增加了 45.45%。由此可知,要想延长电池组的寿命,并使电池组中电池之间的 SOH 变化较小,就需要适度冷却。

表 2-2　放电结束时电池组 SOH 的下降值

对流换热系数 h/ (W/(m²·K))	在 1C 放电倍率下,SOH 下降值/%			在 WLTC 工况下,SOH 下降值/%		
	$T_f=10℃$	$T_f=20℃$	$T_f=30℃$	$T_f=10℃$	$T_f=20℃$	$T_f=30℃$
5	0.51	0.58	0.73	0.18	0.22	0.27
32	0.45	0.52	0.65	0.09	0.11	0.13
100	0.38	0.45	0.56	0.06	0.07	0.09
175	0.34	0.40	0.50	0.05	0.06	0.08
220	0.33	0.39	0.48	0.05	0.06	0.08

注:WLTC 工况为世界轻型汽车测试循环(World Light Vehicle Test Cycle)工况。

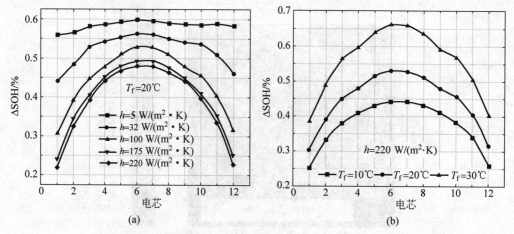

图 2-11　放电结束时 SOH 下降的最大值(放电倍率为 1C)

(a) $T_f=20℃$ 时 h 对 ΔSOH 的影响;(b) $h=220$ W/(m²·K) 时 T_f 对 ΔSOH 的影响

3. 涡电动力系统中动力电池可能的热管理系统形式

由于航空动力电池往往需要大倍率反复充放电,其内部产热巨大。为保障其大功率输出以及安全、稳定运行,需要匹配热管理系统。考虑到涡电动力系统中电池的巨大发热量,风冷往往无法满足要求。故本部分将简要介绍可能适用的几种电池热管理系统。

1) 液体冷却

液体冷却相较于风冷具有更高的换热系数,是实现强化传热的一种有效手段。液体冷却方式分为两种:主动式和被动式。在主动式系统中,电池热量通过固-液交换形式被送出;在被动式系统中,液体与外界空气进行热量交换,将电池热量送出,液体可以直接与电池接触或者通过流道与电池接触。当液体与电池直接接触时,应保证液体不和电池发生反应,不腐蚀电池;当液体在流道中时,应保证电池与电池之间不会通过液体进行导电,保证绝缘。通常在模组底部或电池之间布置具有特定流道结构的液冷板,通过液体循环带走电池产热。显然,被动流道式液冷系统散热能力和均温效果与液冷板结构密切相关,通过在流道内布置涡流发生器、优化流道设计、采用多孔介质通道等方式均可改善液冷系统的散热能力和均温性,亦可使用制冷剂、液态金属等作为换热介质实现强化传热。作为当前工程应用中最普遍的方式,新能源汽车以及储能系统中均采用液冷散热系统。其在当前涡电动力系统中也具有应用的可能性,但对液冷板的设计要求较高。为提高液冷板的散热能力,保障涡电动力系统的高输出,微通道换热技术将会是未来的发展方向。

2) 相变材料(phase change material,PCM)冷却

相变材料冷却是利用相变材料在相变过程中的潜热完成对电池的冷却。电芯或者模块可以直接浸入相变材料中,也可以通过夹套的方式。目前来说相变材料主要分为三大类,包括有机 PCM、无机 PCM 和共晶物。由于相变材料在相变过程中的温度变化很小,在维持电池的均温性方面比空气冷却和液体冷却好。随着电池尺寸的增大、放电电流的增大,空气冷却和液体冷却由于成本过高、体积过大,不能满足电池对温度的要求,相变材料冷却的优势会更突出。目前常用的相变材料为石蜡,但是为了提高电池热管理的性能,会在石蜡中添加一些其他的导热材料如石墨烯等,用来提高其传热性能。

3) 热管冷却

热管是利用管内介质相变进行吸热或放热的高效换热元件。热管在电池热管理中主要用于散热。目前,热管在汽车电池、LED、硬盘驱动,以及其他电子产品中都有应用。热管散热在很大程度上能够弥补电池冷却的不足,其安全性得到了很好的利用,也满足轻量化的设计要求。随着冷却性能的要求提高,热管逐渐得到了更广泛的应用,其高效散热能力能够有效地解决涡电动力系统中电池大功率工况下的冷却问题。

4. 多种冷却方式的组合

很多电池热管理系统中,不再使用单一的某种散热方式,而是几种散热方式组合使用,从而得到更加高效的散热效果。表2-3列出了不同散热方式的优缺点。利用多种组合,可以避免单一方式的缺点,利用多种组合的优势,使电池热管理系统的性能得到更好的提升。

表 2-3 散热方式比较

散热方式	优 点	缺 点
液体冷却	(1) 换热系数高； (2) 冷却效果好	(1) 结构复杂； (2) 质量较大； (3) 维修保养不方便； (4) 存在漏液的可能
相变材料冷却	(1) 结构简单； (2) 可同时用于散热和加热； (3) 可降低整个电池系统体积； (4) 无运动部件； (5) 不消耗电池额外能量	(1) 导热系数较低； (2) 成本较高； (3) 不适合大尺寸的动力电池
热管冷却	(1) 结构灵活多样； (2) 导热系数高、等温性能优良； (3) 使用寿命长； (4) 本身不消耗电； (5) 可同时用于散热和加热	(1) 需合理配置结构； (2) 配合散热片使用效果更佳； (3) 初期投资费用高

2.2 动力电池热管理多场耦合建模

本部分对动力电池热管理建模理论与建模过程进行介绍,包括基于电化学原理的电化学-热耦合模型、电池内部的传热模型以及电池与外界的换热模型。

2.2.1 动力电池电化学热力学基础

1. 锂离子电池工作原理

锂离子电池充放电过程的电化学反应原理如图 2-12 所示,其本质是锂离子在正负极材料之间往复的迁移过程,同时在外电路有等量的电子进行着同样的迁移运动。

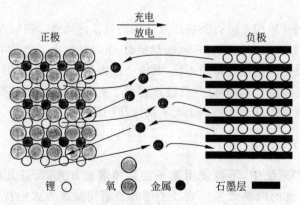

图 2-12 锂离子电池电化学反应原理图

在充电过程中,锂离子由正极脱出,经电解液穿过隔膜至负极,嵌入至负极材料上。电子则同时从外电路由正极进入负极,形成充电电流。放电时过程则相反,锂离子由负极脱出,迁移并嵌入至正极材料上,负极集流体处的电子经由外部回路流至正极集流体,形成放电电流,并驱动电路中负载运行。以钴酸锂电池为例,充放电过程中的反应式为

正极反应式:
$$LiCoO_2 \rightleftharpoons xLi^+ + xe^- + Li_{1-x}CoO_2 \qquad (2\text{-}2)$$

负极反应式:
$$6C + xLi^+ + xe^- \rightleftharpoons Li_xC_6 \qquad (2\text{-}3)$$

电池总反应式:
$$LiCoO_2 + 6C \rightleftharpoons Li_xC_6 + Li_{1-x}CoO_2 \qquad (2\text{-}4)$$

2. 电化学-热耦合建模理论

1) 电化学模型理论

锂离子电池是一个复杂的电化学系统,为了描述其内部反应过程和外部相应特性,必须建立准确的电池模型。在计算电化学研究领域,一种常见的做法是将电池的固相和液相假设为连续相,从而建立描述电池内部反应动力学和传质过程的宏观电化学机理模型。宏观电化学机理模型的研究已有 20 余年的历史,其中最具有代表性的是 Doyle 和 Newman 等[9]基于浓溶液理论和多孔电极理论所建立的伪二维模型(pseudo-2-dimensional,P2D)。在 P2D 模型中,主要的尺度为横跨负极、隔膜和正极的截面尺寸 x,额外的伪维度为电极粒子从中心向外的尺寸 r,如图 2-13 所示。P2D 模型由 4 个偏微分方程和 1 个代数方程构成。其中,4 个偏微分方程分别描述了电池内部的固相与液相锂离子浓度分布以及固相与液相电势分布;1 个代数方程描述了固-液界面的反应速率和电极电势之间的关系。P2D 模型公式见表 2-4。

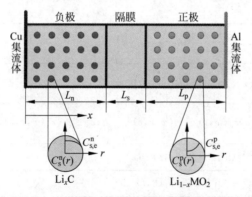

图 2-13 锂电池 P2D 模型的示意图

表 2-4 P2D 模型公式

含义	表达式及边界条件	编号
固相锂离子分布	$\dfrac{\partial c_s(x,r,t)}{\partial t} = \dfrac{1}{r^2}\dfrac{\partial}{\partial r}\left(r^2 D_s \dfrac{\partial c_s(x,r,t)}{\partial r}\right)$	(2-5)
	$\dfrac{\partial c_s(x,r,t)}{\partial t}\bigg|_{r=0} = 0, \quad D_s \dfrac{\partial c_s(x,r,t)}{\partial t}\bigg|_{r=R_s} = -j_f/a_sF$	(2-6)

续表

含 义	表达式及边界条件	编号
液相锂离子分布	$\varepsilon_{e,j}\dfrac{\partial c_e(x,t)}{\partial t}=\dfrac{\partial}{\partial x}\left(D_{e,j}^{\text{eff}}\dfrac{\partial c_e(x,t)}{\partial x}\right)+a_s(1-t_+^0)j_n(t), j=\text{n,p}$	(2-7)
	$\dfrac{\partial}{\partial t}\varepsilon_{e,\text{sep}}c_e(x,t)=\dfrac{\partial}{\partial x}\left(D_{e,\text{sep}}^{\text{eff}}\dfrac{\partial c_e(x,t)}{\partial x}\right)$	(2-8)
	$D_e^{\text{eff}}=D_e\varepsilon_e^{\text{brugg}}$	(2-9)
	$\dfrac{\partial}{\partial x}c_e(x,t)\Big|_{x=0}=0, \dfrac{\partial}{\partial x}c_e(x,t)\Big|_{x=L}=0$	(2-10)
	$-D_{e,n}^{\text{eff}}\dfrac{\partial}{\partial x}c_e(x,t)\Big|_{x=L_n^-}=-D_{e,n}^{\text{eff}}\dfrac{\partial}{\partial x}c_e(x,t)\Big|_{x=L_n^+}$	(2-11)
	$-D_{e,\text{sep}}^{\text{eff}}\dfrac{\partial}{\partial x}c_e(x,t)\Big|_{x=L_n^-+L_\text{sep}^-}=-D_{e,p}^{\text{eff}}\dfrac{\partial}{\partial x}c_e(x,t)\Big|_{x=L_n^++L_\text{sep}^+}$	(2-12)
固相电势分布	$\dfrac{\partial}{\partial x}\left(\sigma^{\text{eff}}\dfrac{\partial\phi_s(x,t)}{\partial x}\right)=a_sFj_n(x,t)$	(2-13)
	$-\sigma^{\text{eff}}\dfrac{\partial\phi_s(x,t)}{\partial x}\Big|_{x=0}=\dfrac{\partial\phi_s(x,t)}{\partial x}\Big|_{x=L}=\dfrac{I}{A}$	(2-14)
	$\dfrac{\partial\phi_s(x,t)}{\partial x}\Big|_{x=L_p}=\dfrac{\partial\phi_s(x,t)}{\partial x}\Big|_{x=L_p+L_s}=0$	(2-15)
液相电势分布	$\kappa^{\text{eff}}\dfrac{\partial^2\phi_e(x,t)}{\partial x^2}+\dfrac{2\kappa^{\text{eff}}RT}{F}(1-t_+^0)\dfrac{\partial^2\ln c_e(x,t)}{\partial x^2}+a_sFj_n(x,t)=0$	(2-16)
	$\kappa^{\text{eff}}=\kappa\varepsilon_e^{\text{brugg}}$	(2-17)
	$\dfrac{\partial\phi_e(x,t)}{\partial x}\Big|_{x=0}=0, \phi_e(x,t)\Big|_{x=L_p+L_s+L_n}$	(2-18)
电极动力学	$j_n(x,t)=2i_0\sinh\left(\dfrac{F}{2RT}\eta\right)$	(2-19)
	$i_0=kc_e(x,t)^{0.5}c_s(x,r,t)\Big|_{r=R_s}^{0.5}(c_{s,\max}-c_s(x,r,t)\Big|_{r=R_s})^{0.5}$	(2-20)
	$\eta=\phi_s(x,t)-\phi_e(x,t)-U^{\text{ref}}$	(2-21)
	$V(t)=\phi_s(L,t)-\phi_s(0,t)$	(2-22)

宏观电化学模型通过偏微分方程组来描述电池内部的电化学反应过程,具有精度高和适用性广的优点。此外,宏观电化学模型具有很强的可扩展性,如可在模型中耦合电池老化、颗粒嵌入/嵌出应力和电池产热等多物理场模型。

2) 热力学模型理论

温度对锂电池工作时的充放电性能、使用寿命和安全性都有重要影响。当温度较低时,电池内阻将显著增大,从而降低电池的可用容量和倍率性能。低温充电还易引发电池的析锂,从而埋下内部短路的安全隐患。过高的使用温度将加速电池内部的副反应并加剧电池性能的衰减。此外在高温下,制造缺陷或电池滥用行为更易造成电池产生局部过热,进而引发链式放热反应并最终导致热失控。为了保证电池的安全性,需要对电池进行热建模。一方面,可以准确监控电池温度状态,实现高效的热管理;另一方面,温度直接决定了电池内部的电化学反应速率,因此为了提升电化学模型的精度和适用性,需通过温度对电化学参数进行修正。

热力学模型描述了电池系统在工作过程中的热力学效应,包括内部热量的产生和传递。根据傅里叶导热基本定律和能量守恒定律,电池内部导热微分方程可由表2-5中的式(2-23)表示。

表 2-5 电化学形式热模型公式

含 义	表 达 式	编号
电池热模型	$\rho c_p \dfrac{\partial T}{\partial t} - k \nabla^2 T = Q_{rea} + Q_{act} + Q_{Ohm}$	(2-23)
电化学反应热	$Q_{rea} = \dfrac{3\varepsilon_{s,i}}{r_i} j_{loc} T \dfrac{\partial U_i}{\partial T}$	(2-24)
极化热	$Q_{act} = \dfrac{3\varepsilon_{s,i}}{r_i} j_{loc} (\varphi_s - \varphi_e - U_i)$	(2-25)
欧姆热	$Q_{Ohm} = \kappa_i^{eff} \nabla \varphi_{s,i} \cdot \nabla \varphi_{s,i} + \kappa_e^{eff} \nabla \varphi_{e,i} \cdot \nabla \varphi_{e,i} + \dfrac{2RT}{F} \kappa_e^{eff} (t_+ - 1) \left[1 + \dfrac{\partial \ln f}{\partial \ln C_{e,i}}\right] \cdot \nabla (\ln C_{e,i}) \cdot \nabla \varphi_{e,i}$	(2-26)

锂电池作为一个电化学系统,其内部产热可以通过电化学反应热 Q_{rea}、欧姆热 Q_{Ohm}、极化热 Q_{act} 和副反应热 Q_{side} 组成,在研究中也被称为机理产热,因此总产热量 Q_t 可表示为

$$Q_t = Q_{rea} + Q_{Ohm} + Q_{act} + Q_{side} \tag{2-27}$$

电化学反应热 Q_{rea}:是电池内部在充放电时因电化学反应而产生的热量,此部分热量在充电时表现为吸热,在放电时表现为放热。

欧姆热 Q_{Ohm}:电池内部材料存在内阻,因此当电流流过时会产生热量,其值可由焦耳定律计算,在充放电过程中恒为正值。

极化热 Q_{act}:由于电流的作用,致使电极电位发生改变而形成极化现象,因电位改变形成压降而产生的热量即为极化热。

副反应热 Q_{side}:在电池工作或搁置时,电池内部的材料或快或慢地均会产生分解,从而产生热量。这部分热量在电池正常工作时相对于反应热、欧姆热和极化热所占比例较小,常将其忽略。

电化学反应热 Q_{rea}、欧姆热 Q_{Ohm}、极化热 Q_{act} 的电化学形式热模型公式见表2-5。电池电化学模型与热模型的耦合是将电化学模型中计算的热源耦合到热模型中引起温度变化,热模型反馈到电化学模型导致电化学模型中与温度相关的参数发生变化,并用阿伦尼乌斯方程定量描述。

从传热学角度来看，锂离子电池在工作过程中产生的热量主要通过热传导、热对流和热辐射的方式进行传递。

（1）动力电池内部传热。

电池内部产生的热量主要通过热传导的方式传递到电池的表面。热传导遵循傅里叶定律：

$$q = -k \frac{\partial T}{\partial n} \tag{2-28}$$

式中：q 为热流密度；k 为导热系数；$-\partial T/\partial n$ 为沿电池内部等温面法线方向的温度梯度。

（2）动力电池外表面与外界传热。

根据电池散热方式的不同，电池外表面与外界的传热方式可能为热对流，如风冷散热；可能为热传导，如采用相变材料散热；也可能同时存在热对流、热传导和热辐射的情况。

热对流是指由于流体的宏观运动引起流体各部分之间发生相对位移，冷、热流体相互掺混所导致的热量传递过程。对于电池系统，对流换热是在物体和周围介质之间发生的热交换，包含自然对流和强制对流。其热量传递过程满足牛顿冷却定律：

$$q = h(T_w - T_f) \tag{2-29}$$

式中：q 为热流密度；h 为对流换热系数；T_w 为电池外表面的温度；T_f 为电池周围冷却空气或者冷却流体的温度。

热辐射为物体之间通过电磁波进行能量交换的现象。斯蒂芬-波尔兹曼给出的热辐射计算公式为

$$Q = \varepsilon \sigma A_1 F_{12} (T_1^4 - T_2^4) \tag{2-30}$$

式中：Q 为热流率；ε 为辐射率（黑度）；σ 为斯蒂芬-玻耳兹曼常数；A_1 为辐射面1的面积；F_{12} 为辐射面1至辐射面2的形状系数；T_1 为辐射面1的热力学温度；T_2 为辐射面2的热力学温度。

在电池正常充放电情况下，热辐射在电池工作温度范围内产生的热辐射量不大，通常将其忽略。

电池热模型的建立还需要考虑温度分布维度。根据温度分布维度的不同，电池热模型可分为零维模型（集中质量热模型）、一维模型、二维模型和三维模型。零维模型将电池假设为一个质点，因此可用体平均温度来描述电池的热行为。该模型结构简单且计算复杂度低，不同类型的电池产热实验表明集中质量热模型在电池体积和工况倍率较小的条件下具有良好精度。一维模型是将电池沿一个方向进行投影，然后研究温度沿该投影方向的分布规律。对于软包和方壳电池而言，一维模型常指其厚度方向；而对于圆柱电池，一维模型常用于计算半径方向的温度分布。二维模型可以计算电池某个截面的温度分布，因此常用于圆柱电池这类具有对称结构的电池热模拟中。基于二维模型，可以计算圆柱电池沿轴向和径向的温度分布，从而分析不同散热条件下电池内部的非均匀温度分布行为。复杂度最高的三维模型可以研究电池外形、尺寸和边界条件对电池整体温度分布的影响。但是由于过高的计算复杂度，三维热模型一般用于电池优化设计与热管理策略设计阶段。

2.2.2 动力电池热管理多场耦合流动与传热建模

电池在热管理系统的控制下实现整体温度控制与温度均衡。电池热管理系统建模过程

中需要考虑电池模型与热管理系统模型的耦合关系。2.2.1 节中提到电池表面传热方式主要为热传导和热对流,热传导主要考虑接触材料的导热系数,这与材料的特性有关。相比而言,对流换热过程更为复杂,这是由于式(2-29)中的对流换热系数 h 的大小与对流换热过程中的许多因素有关。它不仅取决于流体的物性以及换热表面的形状、大小与布置,而且还与流速有密切的关系。故在热管理系统建模中,还应涉及冷却液的流动和传热问题。这一问题所对应的模型主要包括流体的流动模型和换热模型,下文将对此进行详细介绍。

1. 流体运动控制方程

要获取准确的对流换热系数,需要分析流体特性。对于常见的各种流体运动,由于其结构的特殊性,使得其分析也变得非常复杂。但流体运动仍然满足对应的物理定律,如质量守恒定律、动量守恒定律、能量守恒定律等,它们共同约束着流体的运动,并形成了流体运动所满足的基本控制方程。

1) 连续性方程

连续性方程所依据的物理定律为质量守恒定律,在物理学中其定义可简单描述为:在某封闭的物质面 S 所围成的体积 τ 中的物质,在运动过程中其质量保持不变。其微分形式的数学表达式为:

$$\frac{\partial \rho}{\partial t} + \frac{\partial (\rho \boldsymbol{u}_x)}{\partial x} + \frac{\partial (\rho \boldsymbol{u}_y)}{\partial y} + \frac{\partial (\rho \boldsymbol{u}_z)}{\partial z} = 0 \tag{2-31}$$

以张量形式可写为

$$\frac{\partial \rho}{\partial t} + \frac{\partial (\rho \boldsymbol{u}_i)}{\partial x_i} = 0 \tag{2-32}$$

式中:ρ 为流体密度;$\boldsymbol{u}_x$、$\boldsymbol{u}_y$ 和 $\boldsymbol{u}_z$ 为速度矢量 $\boldsymbol{u}$ 在笛卡儿坐标系中 x,y,z 三个方向上的分量,t 为时间。

式(2-31)适用于可压缩流体。对于不可压缩流体,其不可压缩的条件为

$$\frac{\mathrm{d}\rho}{\mathrm{d}t} = 0 \tag{2-33}$$

因此,对于不可压缩均质流体,其连续性方程可简化为

$$\frac{\partial (\rho \boldsymbol{u}_x)}{\partial x} + \frac{\partial (\rho \boldsymbol{u}_y)}{\partial y} + \frac{\partial (\rho \boldsymbol{u}_z)}{\partial z} = 0 \tag{2-34}$$

2) 动量守恒方程

动量守恒方程所依据的物理定律为动量守恒定律,其物理含义为某物质体的动量变化率等于该物质体所受外力的合力。其张量形式的数学表达式为

$$\frac{\partial (\rho u_j)}{\partial t} + \frac{\partial}{\partial x_i}(\rho u_i u_j) = \frac{\partial \sigma_{ij}}{\partial x_i} + \rho f_i \tag{2-35}$$

式(2-35)适用于任何一种流体。特别地,对于牛顿流体,引入牛顿流体的本构方程后,即可得出牛顿流体的动量方程,其张量形式的数学表达式为

$$\rho \frac{\mathrm{D} u_j}{\mathrm{D} t} = -\frac{\partial p}{\partial x_j} + \frac{\partial}{\partial x_i}\left(\lambda \frac{\partial u_k}{\partial x_k}\right) + \frac{\partial}{\partial x_i}\left[\mu\left(\frac{\partial u_i}{\partial x_j} + \frac{\partial u_j}{\partial x_i}\right)\right] + \rho f_j \tag{2-36}$$

式(2-36)即为 N-S 方程,改写为矢量形式可得

$$\rho \frac{Du}{Dt} = -\nabla p + \nabla(\lambda \nabla \cdot u) + \nabla \cdot (2\mu S) + \rho f \tag{2-37}$$

式(2-37)中黏性系数 λ 和 μ 通常是温度的函数,当流场中的温度变化较小时,可近似认为 λ 和 μ 在流场中是定值,则式(2-36)与式(2-37)可简化为

$$\rho \frac{Du_j}{Dt} = -\frac{\partial p}{\partial x_j} + (\lambda + \mu)\frac{\partial}{\partial x_j}\left(\frac{\partial u_k}{\partial x_k}\right) + \mu \frac{\partial^2 u_j}{\partial x_i^2} + \rho f_j \tag{2-38}$$

$$\rho \frac{Du}{Dt} = -\nabla p + (\lambda + \mu)\nabla(\nabla \cdot u) + \mu \Delta u + \rho f \tag{2-39}$$

如果为不可压缩流体,式(2-38)与式(2-39)可进一步简化为

$$\rho \frac{Du_j}{Dt} = -\frac{\partial p}{\partial x_j} + \mu \frac{\partial^2 u_j}{\partial x_i^2} + \rho f_j \tag{2-40}$$

$$\rho \frac{Du}{Dt} = -\nabla p + \mu \Delta u + \rho f \tag{2-41}$$

3) 能量守恒方程

原则上,通过对连续性方程和动量守恒方程以及定解条件联立求解即可得出流场中各处的流速与压强,但为了获得锂离子电池的温度场,需要求解能量守恒方程。

能量守恒方程是流体中热量交换的基本方程,所依据的物理定律为能量守恒定律,可描述为:微元体内流体总能量的变化率等于单位时间内外界与该微元体交换的热量加上外力对该微元内的流体所做的功。其微分形式的数学表达式为

$$\frac{\partial T}{\partial t} + u_x \frac{\partial T}{\partial x} + u_y \frac{\partial T}{\partial y} + u_z \frac{\partial T}{\partial z} = \alpha\left(\frac{\partial^2 T}{\partial x^2} + \frac{\partial^2 T}{\partial y^2} + \frac{\partial^2 T}{\partial z^2}\right) + \frac{\mu}{\rho c}\Phi \tag{2-42}$$

当忽略耗散项时,上式可简化为

$$\frac{\partial T}{\partial t} + u_x \frac{\partial T}{\partial x} + u_y \frac{\partial T}{\partial y} + u_z \frac{\partial T}{\partial z} = \alpha\left(\frac{\partial^2 T}{\partial x^2} + \frac{\partial^2 T}{\partial y^2} + \frac{\partial^2 T}{\partial z^2}\right) \tag{2-43}$$

2. 湍流模型

湍流模型是针对湍流流动的流体运动控制方程出现方程组不封闭的情况,基于某些假定所得出的能使湍流运动控制方程组封闭的关系式。合理的湍流模型是精确模拟出流动特性以及电池表面换热情况的关键。因此需要对流体流动状态进行判定,用于选择合适的流动模型。以 k-ε 两方程湍流模型的应用最为广泛,其特点是具有较高的精度和较快的计算速度。k 代表湍流动能,将湍流动黏度 μ_t 表示为 k 的函数,从而构成湍流动能 k 的关系式,其表达式如下:

$$k = \frac{\overline{u'_i u'_i}}{2} = \frac{1}{2}(\overline{u'^2} + \overline{v'^2} + \overline{w'^2}) \tag{2-44}$$

$$\mu_t = \rho C_\mu \frac{k^2}{\varepsilon} \tag{2-45}$$

ε 代表湍流动耗散率,定义为

$$\varepsilon = \frac{\mu}{\rho}\overline{\left(\frac{\partial u'_i}{\partial x_k}\right)\left(\frac{\partial u'_i}{\partial x_k}\right)} \tag{2-46}$$

标准的 k-ε 湍流模型如下：

$$\frac{\partial(\rho k)}{\partial t} + \frac{\partial(\rho k u_i)}{\partial x_i} = \frac{\partial}{\partial x_j}\left[\left(\mu + \frac{\mu_t}{\sigma_k}\right)\frac{\partial k}{\partial x_j}\right] + G_k + G_b - \rho\varepsilon - Y_M + S_k \quad (2\text{-}47)$$

$$\frac{\partial(\rho\varepsilon)}{\partial t} + \frac{\partial(\rho\varepsilon u_i)}{\partial x_i} = \frac{\partial}{\partial x_j}\left[\left(\mu + \frac{\mu_t}{\sigma_\varepsilon}\right)\frac{\partial \varepsilon}{\partial x_j}\right] + C_{1\varepsilon}\frac{\varepsilon}{k}(G_k + C_{3\varepsilon}G_b) -$$

$$C_{2\varepsilon}\rho\frac{\varepsilon^2}{k} + S_\varepsilon \quad (2\text{-}48)$$

式中：G_k、G_b 为湍动能产生项；Y_M 为脉动扩张项；S_ε 和 S_k 为源项；$C_{1\varepsilon}$、$C_{2\varepsilon}$、$C_{3\varepsilon}$ 皆为经验常数；σ_k、σ_ε 为普朗特数。

3. 定解条件

守恒方程描述了流体流动和传热过程中的一些共性规律，要得到确定的速度场和温度场，还必须给出相应的条件，包括几何条件、物性条件、初始条件和边界条件，这些条件统称为定解条件。

针对电池系统，几何条件为电池系统和热管理系统的几何结构，物性条件包括电池平均密度、比热容以及导热系数，计算方法见表 2-6。对于三维电池热模型，由于导热的各向异性，需要考虑不同方向上的导热系数差异。对于热管理系统模型，根据材料通过查表获取物性参数即可。

表 2-6 电池物性参数计算方法

参　　数	方　　程	编　　号
密度	$\rho = \dfrac{\sum v_i \rho_i}{\sum v_i}$	(2-49)
比热容	$c_p = \dfrac{\sum v_i \rho_i c_{pi}}{\sum v_i \rho_i}$	(2-50)
导热系数	$k_x = \dfrac{\sum L_i k_i}{\sum L_i}$	(2-51)
导热系数	$k_y = \dfrac{\sum L_i}{\sum \dfrac{L_i}{k_i}}$	(2-52)
导热系数	$k_z = \dfrac{\sum L_i k_i}{\sum L_i}$	(2-53)

式中：v_i 为第 i 层的体积；ρ_i 为第 i 层材料的密度；c_{pi} 为第 i 层的比热容；L_i 为第 i 层材料的厚度；k_i 为第 i 层材料的导热系数。

初始条件描述的是传热过程在时间上的特点。对于稳态过程，时间不是独立变量，不存在初始条件，而对于非稳态过程而言，则必须给出过程开始时刻的速度场、压力和温度场。

针对电池系统,初始条件一般包括电池系统的初始温度、初始电压、初始 SOC,冷却液的初始温度、流量和压力,等等。

边界条件规定了传热过程进行的特定环境,反映了外界条件对传热过程的影响。针对电池系统,如果其结构中不包括热管理系统,一般采用第三类导热边界条件[10];如果包括热管理系统,则需要添加对流换热边界条件。

对于对流换热过程而言,不仅要给出边界上的换热条件,还需要给出边界上的速度和压力条件。对流换热系数可计算为

$$h = \frac{\lambda}{l} \cdot Nu \tag{2-54}$$

式中:l 为特征长度;Nu 为努塞尔数。

Nu 的计算与流动状态相关,因此,选择计算公式之前需要首先判断流动状态。可通过采用如下公式判断临界长度与特征长度的关系来判断:

$$x_c = \frac{Re_c \cdot \nu}{u} \tag{2-55}$$

式中:Re_c 表示临界雷诺数,一般取值 5×10^5;u 为流体流速;ν 表示流体运动黏度,可通过查表获取。

通过计算所选用的工质流速计算出的临界长度 x_c 若大于特征长度 l,判断流体状态为层流,选择适用于层流全板长的平均 Nu 计算公式来求得 Nu 为

$$Nu = 0.664 Re^{\frac{1}{2}} Pr^{\frac{1}{3}} \tag{2-56}$$

式中:Re 为雷诺数,$Re = \frac{u \cdot l}{\nu}$;$Pr$ 为普朗特数,可通过查表获取。

若工质流速计算出的临界长度 x_c 小于特征长度 l,判断流体流动状态为湍流,则需要联合前文提到的 k-ε 两方程湍流模型求解。

2.2.3 动力电池热管理多场耦合参数化建模

1. 动力电池热管理系统电化学-电学-热力学耦合建模理论

在电芯中,电化学与热力学通过温度实现两个物理场的相互耦合。当电芯串、并联成组形成电池包后,电池包内部散热的不均匀导致单个电池的温度不一致,这也是热管理系统搭建需要考虑的电池包内温度均匀性要求。电池电阻的温度敏感性将导致内阻随温度发生变化,这将引起并联组中的支路电流分布变化。此外,电池的 SOC 不一致性也会引起并联电池组中支路电流的差异。电池的不均匀电流会影响电池的电化学与热力学性能,从而导致电池包中局部电芯过热,使电池系统无法满足能量和功率的要求。因此在电池包系统模型中,需要考虑并联组中的电流分布,实现电化学-电学-热力学耦合建模。

如图 2-14 所示,在 N 并 M 串(先将 N 个电池并联连接形成并联组(parallel connected group,PCG),再将 M 个 PCG 串联)的电池组中,受电池 SOC 不一致的影响,并联组中的支

路电流各不相同。根据基尔霍夫电流定律,流入某个节点的电流等于流出该节点的电流,因此通过 PCG 第 n 支路的电流为

$$I_{\text{cell},n} = \begin{cases} I_n - I_{n+1}, & n < N \\ I_n, & n = N \end{cases} \tag{2-57}$$

式中:N 表示并联连接的电芯数量;I_n 为第 n 个支路的总电流。

$V_{\text{t},n}$ 为第 n 个支路电池的端电压,可以表示为

$$V_{\text{t},n} = U_{\text{OCV},n} - R_n \cdot I_{\text{cell},n} \tag{2-58}$$

式中:$U_{\text{OCV},n}$ 为第 n 支路电池的开路电压;R_n 为第 n 支路电池的电阻。

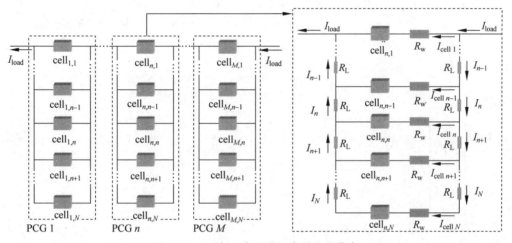

图 2-14 N 并 M 串电池组中的电流分布

根据基尔霍夫电压定律,图 2-14 所示的第 n 个并联支路满足:

$$V_{\text{t},n} + R_\text{w} \cdot I_{\text{cell},n} + 2R_\text{L} I_n = V_{\text{t},n-1} + R_\text{w} \cdot I_{\text{cell},n-1} \tag{2-59}$$

式中:R_L 为两相邻极柱之间连接铝带的电阻,R_w 为铝带与电池极柱焊接时产生的焊接电阻。

将式(2-57)和式(2-58)代入式(2-59),可得

$$\begin{cases} U_{\text{OCV},n} - U_{\text{OCV},n-1} + R_n(I_{n+1} - I_n) - R_{n-1}(I_{n-1} - I_n) - \\ R_\text{w} I_{n+1} + 2R_\text{w} I_n - R_\text{w} I_{n-1} + 2R_\text{L} I_n = 0, & n < N \\ U_{\text{OCV},n} - U_{\text{OCV},n-1} - R_n I_n + R_{n-1}(I_{n-1} - I_n) + 2R_\text{w} I_n - \\ R_\text{w} I_{n-1} + 2R_\text{L} \cdot I_n = 0, & n = N \end{cases} \tag{2-60}$$

通过改写式(2-60),有 N 个并联单元的 PCG 中的电流分布为

$$\boldsymbol{I} = \boldsymbol{R}^{-1}(\boldsymbol{A} \cdot \boldsymbol{U}_{\text{OCV}} + \boldsymbol{B} \cdot I_{\text{load}}) \tag{2-61}$$

式中:$\boldsymbol{I}$ 为 $N \times 1$ 电流矩阵;$\boldsymbol{R}$ 为 $N \times N$ 电阻矩阵;$\boldsymbol{A}$ 为 $N \times N$ 系数矩阵;$\boldsymbol{U}_{\text{OCV}}$ 为各支路开路电压组成的 $N \times 1$ 矩阵;$\boldsymbol{B}$ 为 $N \times 1$ 系数矩阵;I_{load} 为通过电池组的总电流。这些矩阵表示为

$$\boldsymbol{R} = \begin{bmatrix} 1 & 0 & 0 & 0 & \cdots \\ 0 & -R_1-R_2+2R_w+2R_L & R_2-R_w & 0 & \cdots \\ 0 & R_2-R_w & -R_2-R_3+2R_w+2R_L & R_3-R_w & \cdots \\ \vdots & \vdots & \vdots & \vdots & \\ 0 & 0 & 0 & 0 & \cdots \\ 0 & 0 & 0 & 0 & \cdots \end{bmatrix}$$

$$\begin{matrix} 0 & 0 & 0 \\ 0 & 0 & 0 \\ 0 & 0 & 0 \\ \vdots & \vdots & \vdots \\ R_{N-2}-R_w & -R_{N-2}-R_{N-1}+2R_w+2R_L & R_{N-1}-R_w \\ 0 & R_{N-1}-R_w & -R_{N-1}-R_N+2R_w+2R_L \end{matrix} \Bigg]$$

(2-62)

$$\boldsymbol{I} = \begin{bmatrix} I_1 \\ I_2 \\ I_3 \\ \vdots \\ I_n \\ \vdots \\ I_{N-1} \\ I_N \end{bmatrix} \tag{2-63}$$

$$\boldsymbol{A} = \begin{bmatrix} 0 & 0 & \cdots & 0 & 0 \\ 1 & -1 & \cdots & 0 & 0 \\ 0 & 1 & \cdots & 0 & 0 \\ \vdots & \vdots & & \vdots & \vdots \\ 0 & 0 & \cdots & -1 & 0 \\ 0 & 0 & \cdots & 1 & -1 \end{bmatrix} \tag{2-64}$$

$$\boldsymbol{U}_{OCV} = \begin{bmatrix} U_{OCV,1} \\ U_{OCV,2} \\ U_{OCV,3} \\ \vdots \\ U_{OCV,n} \\ \vdots \\ U_{OCV,N-1} \\ U_{OCV,N} \end{bmatrix} \tag{2-65}$$

$$\boldsymbol{B} = \begin{bmatrix} 1 \\ R_w - R_1 \\ 0 \\ \vdots \\ 0 \\ 0 \end{bmatrix} \tag{2-66}$$

根据以上模型可以计算并联电池组的支路电流。

2. 动力电池热管理系统参数化建模方法

电池系统模型可以描述电池的充放电特性、温度特性等电学及热力学特性,通常会涉及电池的电压、电流、温度等参数。热管理系统模型可以描述在热管理条件下传热工质与电池系统间的热传导、热对流、热辐射等热力学特性,用于控制电池的温度,确保其在安全范围内运行。电池系统模型和热管理系统模型相互影响,实现信息、能量或物质的交换。

参数化建模是指在建立数学模型或计算模型时,将模型中的参数进行明确定义和设定,以便对系统进行分析、仿真和优化的过程。在参数化建模中,参数是模型中的可调整变量,可以通过改变参数的数值来控制模型的行为和性能。对于电池系统及电池热管理系统,参数化建模方法可以更好地理解和优化电池系统的性能和热管理效果。首先,对于电池系统,需确定影响电池系统性能的关键参数,包括电池类型、额定容量、内阻、充放电特性、电化学参数等,根据结合电流分布的电化学-热力学耦合模型,建立电池数学模型。其次,对于热管理系统,需确定系统传热方式,根据热传导和流体动力学原理,建立描述热管理系统的数学模型。最后,为得到确定的温度场,还需获得相应的定解条件,包括几何条件、物性条件、初始条件和边界条件,对电池系统与热管理系统模型中的参数进行明确定义和设定。在三维热管理系统计算中,可以采用计算流体力学(computational fluid dynamics,CFD)的有限体积数值模拟方法,通过划分三维网格,计算热管理系统模型中的偏微分方程。CFD方法可以模拟热管理系统中的流体流动和传热过程,评估不同参数组合对系统性能的影响,找到最佳的设计方案。优化设计可以包括调整冷却液流速、改变冷却器的结构等。在热管理系统模型计算时,需要考虑流固耦合交界面传热数据的交互。对于基于有限体积法的计算流体力学数值模拟方法,必须实现界面网格的耦合,即实现交界面网格节点的一一对应。基本网格结构传热原理如图2-15所示。

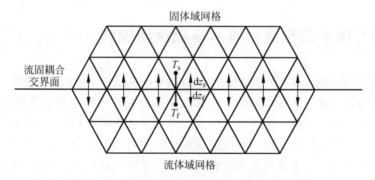

图 2-15 流固交界面微元耦合传热原理示意图

根据对流换热的基本定理,流固接触界面的控制方程为

$$c = \frac{\mathrm{d}z_f}{\mathrm{d}z_s} \tag{2-67}$$

$$\left(k \frac{\partial T}{\partial z}\right)_f = \left(k \frac{\partial T}{\partial z}\right)_s \tag{2-68}$$

$$T_{\text{s-f}} = \frac{ck_s T_s + k_f T_f}{ck_s + k_f} \tag{2-69}$$

式中：c 为固体(z_s)交界面网格微元中心与流体(z_f)网格微元中心与交界面距离之比；k_s 为固体导热系数；T_s 为固体温度；$T_{\text{s-f}}$ 为流体和固体交界面的温度。

最后，根据安装在电池和热管理系统上的传感器，获得真实状态下电池的电压、电流、温度等参数，验证模型的准确性和可靠性，并根据仿真结果进行必要的调整和优化，以确保系统设计符合要求。

3. 动力电池热管理系统多物理耦合模型计算流程

完整的电池热管理系统多物理耦合模型的计算流程为：

(1) 假设在 t_0 时刻对电池包设定充电(放电)电流 $I_{\text{total},0}$，基于电芯所处初始状态 $(V(t_0), R(t_0), U_{\text{OCV}}(t_0), T(t_0))$，根据电流分布模型确定 t_0 时刻单个电芯工作电流 $I_{\text{cell},0}$。将该电流作为电化学模型的输入，在电化学模型中输出下一时刻电芯端电压 $V(t_1)$ 与开路电压 $U_{\text{OCV}}(t_1)$。

(2) 计算当前电芯产热量并应用于电池热模型，结合电池所处换热工况，确定当前热管理条件下的换热参数，计算下一时刻电流下的电芯温度 $T(t_1)$。该温度影响下一时刻电化学模型中与温度相关的参数。

(3) 基于式(2-58)可以从电化学模型中获取电芯端电压与开路电压，计算电芯电阻 $R(t_1)$，进而再根据电流分布模型获取 t_1 时刻电芯电流 $I_{\text{cell},1}$。

(4) 重复上述过程，直到达到指定的最大仿真时间或截止端电压。

2.3 动力电池热管理多场耦合流动控制

2.3.1 动力电池传热强化与水冷板流动控制

对比空冷，液体的定容比热容远大于气体，在相同流量下，其转移热量的效率远超气体，能够实现快速降温。随着大量电池组串并联组成电池包的热管理要求的提高，液冷系统的优势越来越明显。针对涡电动力系统中电池的大功率输出，设计合理的液冷系统能够满足电池系统 4C 的放电倍率以及 70% 的电池系统成组率，进而满足电池系统在高功率输出下的功率密度和能量密度。根据电池和冷却液是否直接接触可分为直接式液冷散热系统和间接式液冷散热系统。直接式液冷散热系统相比间接式液冷散热系统具有热传导效率高的优点，但是其制作成本高、保养较难且对液体的绝缘性要求高。间接式液冷散热系统又包括板式结构和夹套式结构。

当前水冷散热系统主要基于"口琴管"式水冷板(图 2-16)，但还存在着换热系数低、质量大、电池组内部各电芯间均温性不好等问题。考虑到涡电动力系统中电池的高功率密度和高

图 2-16 "口琴管"式水冷板

能量密度,水冷板需要具备较大的散热效率,这对电池水冷板强化换热的设计提出了挑战。微通道波纹板型水冷板通过通道和波纹板设计增大传热面积和对流换热系数,可实现对换热的进一步强化。

2.3.2 动力电池微通道波纹板型水冷板强化传热

1. 微通道波纹板型水冷板结构

微通道波纹板型水冷板结构如图 2-17 所示,波纹板具体结构特征如图 2-18 所示。在图 2-18 中,单个小通道内流体的截面面积为 $B \times H$,两个小通道之间的隔板厚度为 W,波长为 B,波高为 H,波纹角为 θ,每个流程最外侧波纹顶部和隔板之间的距离为 d。常规锂电池工作温度为 10~45℃,但当温度超过 45℃时,锂电池性能将会大大降低。这里模拟分析电池组表面温度最恶劣时的换热情况,即假设冷板和电池组模块接触面温度为 45℃,研究不同波纹结构液冷板的散热情况。

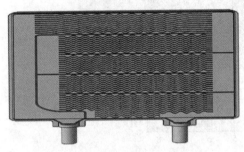
图 2-17 微通道波纹板型水冷板

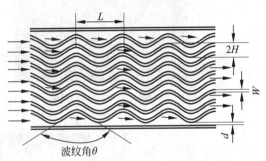
图 2-18 波纹冷板结构特征

为提高微通道波纹冷板的散热能力,设计 20 种改变波纹角和波高的正弦波纹流道的三维物理模型,其编号见表 2-7。其中♯0 为原有直流通道的几何模型,♯1~♯20 为改变波纹角和波高的几何模型。以此为基础分析波纹结构参数对冷板性能的影响。

表 2-7 微通道波纹冷板模型编号

波高 H/mm	波纹角 θ/(°)					
	0	60	80	100	120	140
0.00	♯0	—	—	—	—	—
1.25	—	♯1	♯2	♯3	♯4	♯5
1.00	—	♯6	♯7	♯8	♯9	♯10
0.75	—	♯11	♯12	♯13	♯14	♯15
0.50	—	♯16	♯17	♯18	♯19	♯20

2. 波纹板结构对冷板流动换热性能的影响

1) 波高的影响

以波纹角为 140°时的物理模型♯5、♯10、♯15、♯20 为例,图 2-19 所示为不同波纹高度冷板中间截面的速度云图。由图 2-19 可知,当波纹流道波高为 0.50 mm 时,波纹冷板流道的最大速度约 3.5 m/s,而当波高增大到 1.25 mm 时,流道的最大速度为 8.5 m/s。随着速度的增大,内部的湍流程度会增大。同时由伯努利方程可知,波纹板的进出口压降与速度的平方存在对应关系,速度波动越大,压损越大。如图 2-19 所示,冷板内部的通道是连续的 S 形通道,且每一流程的宽度是定值,因此,随着波高的逐渐增大,最外侧隔板和波纹隔板峰顶之间的距离 d 就会逐渐减小。在流道由宽变窄再变宽的过程中,流体内部速度会发生突变,先突然变大,后又变小,而这样的反复过程将会导致内部能量的损失。综上所述,冷板的压降会随着波高的增大而增大。

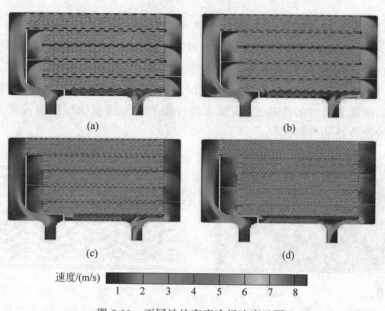

图 2-19　不同波纹高度冷板速度云图

(a) ♯5, H=1.25 mm；(b) ♯10, H=1.00 mm；(c) ♯15, H=0.75 mm；(d) ♯20, H=0.50 mm

2) 波纹角的影响

在原有直流冷板通道结构的基础上,即直流翅片的长度、宽度保持不变,可通过改变内部湍流强度来改变波纹冷板的换热性能,即通过改变波纹通道的波纹角改变内部的流动状态,从而改善冷板性能。因此,此研究在不同波高基础上,改变相应的波纹角,分别对 60°、80°、100°、120°、140°的波纹角进行相应的数值分析。本次分析中以波高为 1.00 mm,波纹角为 60°、80°、100°、120°、140°的速度云图为例进行分析,如图 2-20 所示。由图 2-20 可知,当流道波纹角由 ♯6 的 60°增加到 ♯10 的 140°,波纹冷板的平均速度在慢慢地增大。但是由于波纹角的逐渐增大,相同波高的波长逐渐增大,从而导致相同长度的波纹流道的波数减少。增大波纹角,波纹流道的结构将会更加平缓,流动过程中将不会出现速度的突变,由伯努利方程可知,冷板的压降将会降低,湍流程度也会相应地发生变化,从而影响冷板的换热性能。

3) 波纹板结构对流动换热的综合影响

此处利用 JF 因子来评价波纹板换热器的综合性能。JF 因子综合考虑了换热效率和流动损失两个因素。其中, j_n、f_n 和 j_{ref}、f_{ref} 分别表示不同编号波纹流道冷板的传热因子、摩擦因子和直流冷板的传热因子、摩擦因子。

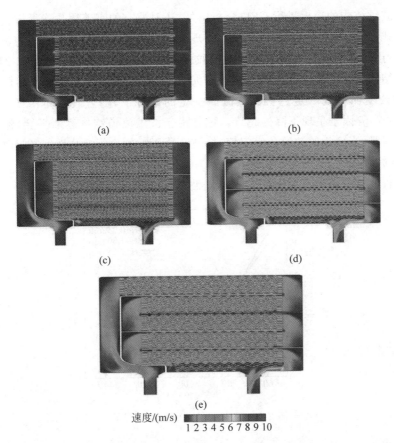

图 2-20　不同波纹角的冷板速度云图

(a) ♯6, $\theta=60°$; (b) ♯7, $\theta=80°$; (c) ♯8, $\theta=100°$; (d) ♯9, $\theta=120°$; (e) ♯10, $\theta=140°$

$$JF = \frac{\dfrac{j_n}{j_{ref}}}{\left(\dfrac{f_n}{f_{ref}}\right)^{\frac{1}{3}}} \tag{2-70}$$

由式(2-70)可知，JF 因子为传热因子和摩擦因子的比值，JF 因子越大，该结构的换热效果越好，也更加节能。

传热因子 j 的表达式为

$$j = StPr^{\frac{2}{3}} = \frac{Nu}{RePr^{\frac{1}{3}}} \tag{2-71}$$

摩擦因子 f 的表达式为

$$f = \frac{2\tau_w}{\rho u^2} = \frac{d_h}{2L}\frac{\Delta P_L}{\rho u^2} \tag{2-72}$$

式中：St 表示斯坦顿数；Pr 表示普朗特数，取值范围为 0.6~60；Nu 表示努塞尔数；Re 表示雷诺数；τ_w 表示局部切应力；ρ 表示流体平均密度；u 表示平均速度；L 表示流动方向距离；d_h 表示水力直径；ΔP_L 表示沿程压降。

除了对波纹结构的冷板进行 CFD 分析以外,还对原有的直流翅片冷板进行了数值仿真分析。结合式(2-70)、式(2-71)、式(2-72),将现有的波纹翅片结构和原有的直流翅片结构的相应数值进行对比,分析波高和波纹角对波纹板换热器性能的影响。由图 2-21 可知,波纹翅片冷板的结构变化对流动性能的影响特别大,且波高和波纹角对冷板流动性能的影响会因为结构的改变而呈现一定趋势。在波高一定的条件下,随着波纹角由 60°变化为 80°、100°、120°、140°,f 因子呈现下降的趋势。这是由于波纹流道结构逐渐平缓,流体流动的波动性减小。但是,当冷板的波纹角为定值时,波高所影响的冷板换热性能却呈现出一定的差异性。当波纹角小于 100°时,波高越小,f 越小;波高越大,波纹流道冷板的 f 变化趋势更加陡峭。随着波纹角由 140°减小到 60°,不同波高的 f 差距逐渐增大。

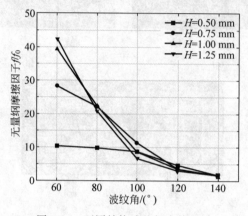

图 2-21 不同结构波纹板摩擦因子

波纹流道翅片结构的变化改变了冷板内部的湍流程度和换热面积。由图 2-22 可知,在相同的波高下,波纹角分别为 60°、80°、100°、120°、140°时,冷板换热性能呈现先增大后减小的结果。这是由于随着波纹角的增大,波纹翅片冷板内部的换热面积和湍流程度的变化不一致所引起的。当波纹角低于 80°时,波纹翅片的换热面积较大,但是由于波数较多,流动阻力较大,流动速度较低,换热面积变化的影响程度低于流速变化的影响程度,所以换热效果提升不明显。随着波纹角增大到 80°~100°,冷板内部流动速度增大且换热面积也增大,所以内部换热效果增大。但是当波纹角大于 120°时,此时的波数减少导致流固耦合交界面

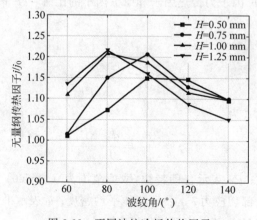

图 2-22 不同波纹冷板传热因子

面积减小,但流速增大。此时换热面积减小的影响程度大于内部流速增大的影响程度,换热效果逐渐降低。

由图 2-21 和图 2-22 可知,波纹角的大小主要影响换热效果的好坏,而波高的大小则主要影响流动效果。在进行对应的结构设计分析时,需要考虑两者对于冷板换热性能和压降性能的影响效果。选用常用的换热器性能评价指标 JF 因子来评价两者的影响程度,计算结果如图 2-23 所示。借助 JF 因子对 20 种波纹冷板的性能进行综合考虑,最终确定了波高为 1 mm、波纹角为 140°时的波纹冷板(♯10)综合性能最好。

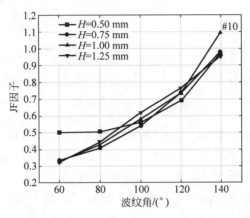

图 2-23　不同波纹冷板 JF 因子变化

2.3.3　微通道波纹板型水冷板动力电池热特性及性能

1. 电池结构及工作条件的影响

某航空用高能量密度、高功率密度电池组及水冷板结构如图 2-24 所示。该系统由液冷板组件、动力电池组、硅胶导热片、电池管理系统组件、固定支架、箱体以及其他结构件组成,该系统能够通过微通道波纹冷板中的流动强化,保证电池系统 4C 倍率下的温度。同时考虑到冷板的结构紧凑性,集成热管理系统的电池在成组率上有望达到 70%。考虑到电池系

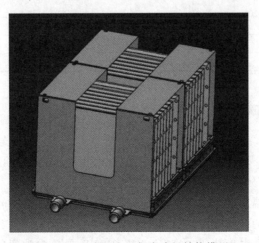

图 2-24　液冷电池组与水冷板结构模型

统的分布式布置,本书以单模组为研究对象。该模组为 48V 系统,由 15 块电芯组成,电芯为 LG 三元软包电池,16 块厚 0.3 mm 的硅胶导热片介于电芯之间,1 块厚 1 mm 的硅胶导热片布置于电池组和波纹液冷板之间。为了方便研究,电池编号如图 2-25 所示。水冷板为 2.3.2 节中的 #10 结构(波高为 1 mm、波纹角为 140°)。

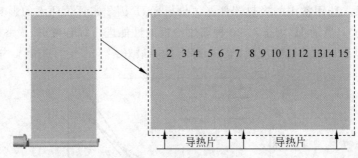

图 2-25 电池组电池编号

电芯的放电倍率分别为 $2C$、$3C$ 和 $4C$,冷却液是水和乙二醇(体积比 1∶1)的混合液。冷却液入口温度分别为 10℃、15℃、20℃、25℃,进口速度分别为 0.55 m/s、0.85 m/s、1.15 m/s、1.45 m/s、1.75 m/s,环境温度分别为 20℃、30℃、40℃。

电池包中相关结构的物性参数见表 2-8。导热片材料的不同也将影响电池组液冷散热效果,物性参数详见表 2-9。

表 2-8 电池包中相关结构的物性参数

物性参数	密度/(kg/m³)	比热容/[J/(kg·K)]	导热系数/[W/(m·K)]	动力黏度/[kg/(m·s)]
冷板铝	2719	871	202.4	—
冷却液	1082	2800	0.4	0.0046
电芯	2300	1243	$k_z=1.04$; $k_x=k_y=39.355$	—

表 2-9 不同材料的导热片

名称	密度/(kg/m³)	比热容/[J/(kg·K)]	导热系数/[W/(m·K)]
XK-P20LD	2550	855	1.2
XK-P10LD	1600	832	3
铝片	2700	991	237
铜铝合金	4300	472	330

2. 电芯间导热片材料的影响

国内企业 GLPOLY 专注研发动力电池导热材料。其中,型号为 XK-P10LD 和 XK-P20LD 的硅胶导热片主要应用于动力电池上。查询相关资料,对四种不同导热系数的材料进行相关的电池组仿真分析,具体材料和参数见表 2-9。

在本研究中,环境温度为 30℃,冷却液入口速度和温度分别为 0.55 m/s、15℃。电池组放电完成后,宽度方向的中间截面的温度云图如图 2-26 所示:XK-P20LD 导热电池组的最高温度为 34.82℃,最低温度为 28.27℃;XK-P10LD 导热电池组的最高温度为 35.36℃,

最低温度为 24.36℃；铝片导热电池组的最高温度为 29.92℃，最低温度为 20.33℃；铜铝合金导热电池组的最高温度为 31.08℃，最低温度为 20.03℃。由图可知，导热片的导热系数越高，导热性能越好，电池散热越明显，电池组的最低温度也越低。从降温效果来讲，铜铝合金的效果更优。

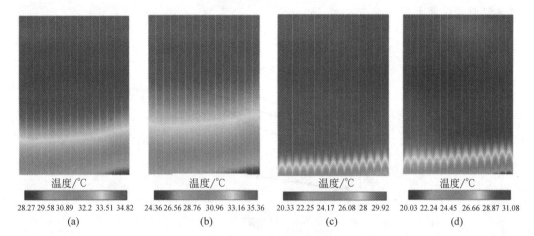

图 2-26　不同导热片的电池组截面温度云图
(a) XK-P20LD；(b) XK-P10LD；(c) 铝片；(d) 铜铝合金

由图 2-27 可知，导热片材料对不同编号电芯的平均温度波动的影响趋势基本一致。编号为 1~15 的电芯的平均温度都是先增大后减小。这是由于电芯排列和冷板的流道所决定的：编号为 13~15 的电芯所在的位置为冷板换热第一流程，此时冷却液温度处于低温阶段，温差大，换热多；编号为 1~3 的电芯所在的位置为冷板换热出口段，此时冷却液温度升高，温差降低，换热同时也降低；中间编号的电芯温度高于两边是因为电池内部热量积累的原因。另外，由图可知，电芯平均温度最高的为 XK-P20LD 导热电池组，最低的为铜铝合金导热电池组，这是由导热片的导热系数决定的，导热系数越大，电芯的平均温度越低。

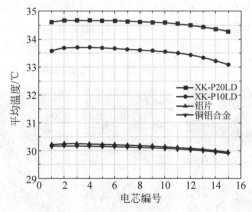

图 2-27　不同导热材料电芯平均温度图

图 2-28 为电池组内不同电芯最大内部温差图。由图 2-28 可知，导热系数越低的材料其电芯之间温度的均匀性越差，这是由导热片的导热系数和液冷系统、电池组的结构决定的。导热系数越小，电池散热越少，电芯内部温度分布均匀系数增大，温差就越小，所以 XK-

P20LD 导热电池组电芯间的温差最小。导热系数的增大将会导致电芯温差增大。此外,由图 2-28 可知,电芯的温差由 1~15 号逐渐增大,这是因为导热片传热一致,电芯最低温度出现在冷板一侧且位于冷板换热第一流程端,所以会出现编号为 15 的电芯内部的最小温度最低。电芯的长方体结构也会导致离冷板越远的地方温度越高,散热越不理想,因此,编号 15 的电芯温差变化最大。

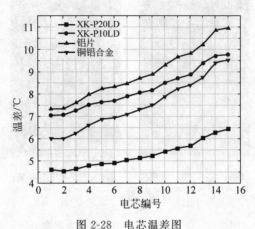

图 2-28 电芯温差图

3. 冷却液入口速度的影响

冷却液的流量大小将会直接决定冷板带走热量的多少,从而影响冷板换热器的效率,并影响电池组的热特性。在本研究中,电池及环境温度为 20℃,电池组以 $4C$ 恒定倍率放电,鉴于流量和速度之间是一个比例关系,分别设置冷却液入口速度为 0.55 m/s、0.85 m/s、1.15 m/s、1.45 m/s、1.75 m/s,导热片材料为 XK-P10LD,研究冷却液的不同入口速度对电池组热特性的影响。

在电池组放电稳定后,截取宽度方向的中间截面,温度分布云图如图 2-29 所示。由图可知,不同入口速度(0.55 m/s、0.85 m/s、1.15 m/s、1.45 m/s、1.75 m/s)下的最高温度均为 26.37℃,其中:入口速度为 0.55 m/s 时的最低温度为 19.83℃;入口速度为 0.85 m/s 时的最低温度为 19.71℃;入口速度为 1.15 m/s 时的最低温度为 19.51℃;入口速度为 1.45 m/s 时的最低温度为 19.42℃;入口速度为 1.75 m/s 时的最低温度为 19.34℃。图中

彩图 2-29

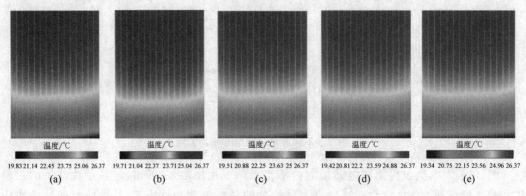

图 2-29 不同入口速度下的温度分布云图
(a) 0.55 m/s;(b) 0.85 m/s;(c) 1.15 m/s;(d) 1.45 m/s;(e) 1.75 m/s

电池组的温差分别为 6.54℃、6.66℃、6.86℃、6.95℃、7.03℃。随着入口速度由 0.55 m/s 增加到 1.75 m/s,中间截面的最低温度在不断降低。这是因为随着流量增大,换热量增加,最低温度降低。但是由于导热片的导热系数小,散热不佳,不同入口速度下的最高温度变化不大。因此,入口流量的增大会导致温差增大。

图 2-30 所示为不同入口速度下电芯的平均温度。由图可知,当入口速度从 0.55 m/s 增大到 1.75 m/s,不同编号的电芯平均温度波动趋势基本一致。编号为 1~15 的电芯,其平均温度都是先增大并基本保持一致然后逐渐减小。编号为 1~3 的电芯温度逐渐升高,编号为 4~11 的电芯平均温度基本保持一致,12~15 号电芯的温度逐渐降低,编号为 15 的电芯温度最低。编号越大,越靠近冷却液入口侧,此时冷却液温度较低,温差较大,换热较多。编号为 1~3 的电芯所在的位置为冷板换热出口段,此时,冷却液温度升高,温差降低,换热也减少;但是编号为 1 的电芯位于电池组的最外侧,热量积累不如中间位置严重,因此平均温度较低。

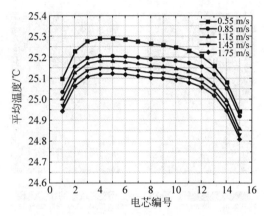

图 2-30 不同入口速度下电芯的平均温度

图 2-31 为不同入口速度下电芯的温差。由图可知,入口速度越高,电芯的温差越大,其中:0.55 m/s 入口速度的电芯温差最小且小于 6.2℃,1.75 m/s 入口速度的电芯温差最大但小于 6.75℃。这是因为速度越大,单位时间内相互交换的热量越多,冷板近侧的电池温度随冷却液温度的变化较快,速度越快,电池导热梯度越大。由图 2-29 可以看出,电池组的最高温度基本一样,所以,流速越快,温差越大。温差最大的为入口速度 1.75 m/s 工况下的 15 号电芯。

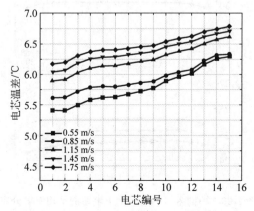

图 2-31 不同入口速度下电芯的温差

4. 冷却液入口温度的影响

研究不同冷却工质(冷却液)入口温度对模组热特性的影响。设置初始温度为20℃,电池组以 $4C$ 倍率放电,入口流速为 1.15 m/s,设置冷却液入口温度分别为 10℃、15℃、20℃、25℃。放电稳定后电池宽度方向中间截面的温度分布云图如图 2-32 所示。由图可知,在初始环境温度为 20℃,冷却液入口温度为 10℃、15℃、20℃、25℃时,放电达到稳定状态后,中间截面显示最高温度分别为 26.4℃、26.37℃、26.4℃、30.8℃,最低温度分别为 16.52℃、19.51℃、22.2℃、27.01℃;电池组的温差分别为 9.88℃、6.86℃、4.2℃、3.79℃。随着冷却液入口温度的降低,电池温度也在逐渐降低,但这样会导致温差逐渐增大,出现冷却冲击。当冷却液入口温度较高时,电池的冷却效果不明显,但其内部温度均匀性很好,温差较小。

彩图 2-32

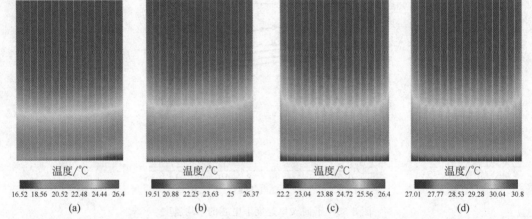

图 2-32 不同入口温度条件下电池中间截面温度云图
(a) 10℃;(b) 15℃;(c) 20℃;(d) 25℃

图 2-33 为在不同冷却液入口温度条件下电芯的平均温度分布。由图可知,在不同的入口温度条件下,电芯之间的平均温度波动趋势基本一致,均是从编号 1 开始先略微增大,中间编号的电芯平均温度基本保持一致,然后编号 10~15 的电芯平均温度小幅度下降,这也

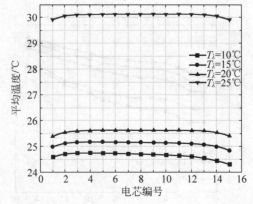

图 2-33 不同入口温度条件下电芯的平均温度分布

说明电芯之间的均衡性较好。另外,从纵向来看,当冷却液入口温度由10℃增大到25℃时,电芯的平均温度由24.5℃增大到30.1℃。当入口温度为10℃、15℃、20℃时,电芯温度增加幅度较小,而当液冷板冷却液入口温度增加到25℃时,电芯的平均温升增大。当液冷板冷却液温度低于20℃时,冷却液可吸收电池多余的热,从而降低温升,故液冷板冷却液的入口温度越低,降温越多,电芯的温升越低。而当冷却液入口温度增加到25℃时,在电池刚开始放电时,电池还会吸收冷却液的热量而升温,放电结束后的电池平均温度也约为30℃。

图2-34为在不同冷却液入口温度条件下电芯的温差分布。电芯的温差随着冷却液的入口温度变化而发生变化,由图可知,在环境初始温度为20℃的工况下,当液冷板冷却液的入口温度大于等于20℃时,电芯温差较小。如液冷板冷却液入口温度为20℃时,温差平均为3.75℃;液冷板冷却液入口温度为25℃时,温差平均为3.5℃。而当液冷板冷却液入口温度低于20℃时,入口温度越低,电芯的温差越大。入口温度为15℃的电芯的温差范围为5.9～6.4℃;而入口温度为10℃时的温差范围更大,为8～9.5℃。由此可知,液冷板冷却液入口温度低于环境初始温度时,会导致冷却冲击,入口温度越低,冲击作用越严重。而当液冷板冷却液入口温度高于或等于环境初始温度时,冷却液的温度和电池热交换均匀性较好,温差较低,即冷却液入口温度高于或等于环境值时,电芯之间的均匀性较好。

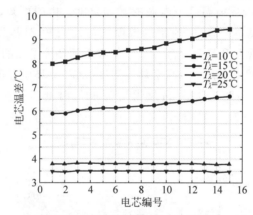

图2-34 不同入口温度条件下电芯温差分布

5. 环境温度的影响

电池组的温度变化不仅受到电池自身充放电特性的影响,还会受到自身所处的环境工况影响,从而导致电池组热特性产生变化。因此,设置模拟波纹冷板冷却液入口速度为1.15 m/s,入口温度为15℃,环境温度分别设置为20℃、30℃、40℃,在3C放电倍率下对电池组进行瞬态分析,分析环境温度对液冷板散热的影响。

图2-35为不同环境温度下电池中间截面的温度分布云图。分析可知,电池组温度分布趋势基本一致,都表现为高温在电池组上侧,低温在靠近液冷板的电池组下侧。其中20℃、30℃、40℃环境温度下的最低温度分别为18.77℃、23.59℃、29.02℃,最高温度分别为22.93℃、32.44℃、42.11℃。随着环境温度的增大,电池组的温差也有所增大,分别为4.16℃、8.85℃、13.09℃。这是由于液冷带走的热量是一定的,环境温度越高,电池组的最低温度和最高温度均会逐渐增大。同时冷却液的温度和电池初始的环境温度相差越大,电池组之间的温度梯度越大,电池组的温差也越大。

 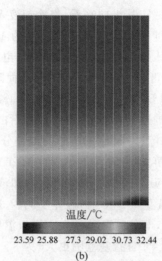 

图 2-35　不同环境温度下电池中间截面温度云图
(a) 20℃；(b) 30℃；(c) 40℃

图 2-36 所示为在不同环境温度下电芯的平均温度。由图可知，在不同环境温度下，不同编号电芯的平均温度基本一致，电池组的温度均匀性较好，环境温度为 20℃、30℃、40℃ 时电芯的平均温度也呈现上升趋势。液冷板冷却效果随环境温度的变化而变化：环境温度为 20℃ 时电芯的平均温度在 22.5℃，高于环境温度 2.5℃；环境温度为 30℃ 时电芯的平均温度在 31.3℃，高于环境温度 1.3℃；环境温度为 40℃ 时电芯的平均温度在 40.2℃，和环境温度只相差 0.2℃。

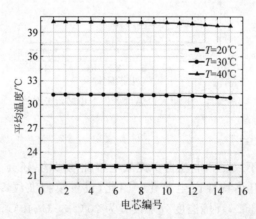

图 2-36　不同环境温度下电芯的平均温度

在相同环境下，冷板液冷电芯的温差波动趋势呈现一定的规律，如图 2-37 所示。编号为 1 的电芯温差最小，编号为 15 的电芯温差最大。电芯最小温差为 20℃ 环境下编号为 1 的电池，其值为 3.3℃；电芯最大温差为 40℃ 环境下编号为 14 的电池，其值为 13.1℃。液冷电芯之间的温差随环境工况的变化而变化，环境工况初始温度越小，电芯之间的温度差距越小：20℃ 环境温度下电芯的温差范围在 3～4℃；30℃ 环境温度下电芯的温差范围在 6～8℃；而当环境温度为 40℃ 时，电芯的温差范围在 9.5～13.1℃。

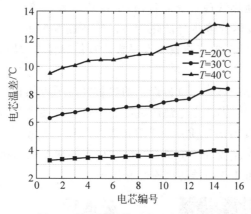

图 2-37　不同环境温度下电芯温差

2.4　热管板动力电池新技术

2.4.1　热管板动力电池结构组成及特点

随着涡电动力系统的发展及其对动力电池系统充放电性能、环境适应性和寿命等要求的逐渐提高,电池热管理系统的设计难度也越来越大。通常情况下,动力电池热管理系统需要具备换热能力强、均温性好、结构紧凑、轻量化程度高等特点。为解决这一难题,图 2-38 所示为一种基于平板热管的热管板动力电池热管理系统构型[11],该系统的布置可满足电池系统超过 5C 放电倍率下的热管理,突破 75% 的成组率,进一步释放电池的功率,提高电池系统能量密度。其结构件主要包括:动力电池、平板热管、导热垫、铝片及散热翅片等。与液冷式电池热管理系统类似,该构型将平板热管布置在电池组底部,电池在充放电过程中产生的热量将传递给平板热管,热管内部工质相变吸收热量并传导至冷凝端,最后通过平板热管冷凝端的散热系统将热量带走。为了保证电池组与平板热管之间的良好接触,在电池与平板热管之间布置导热垫以降低接触热阻。由于热管内热流方向具有可逆性,可在平板热管散热端底部布置正温度系数(positive temperature coefficient,PTC)加热元件,在低温环境下,可对平板热管进行局部加热,通过热管内介质的相变和流动将热量传递给动力电池。为预测平板热管的性能及该热管理系统中电池的热特性,需要对平板热管及电池系统进行建模。此外,为提高平板热管性能,需要对其结构进行优化设计。

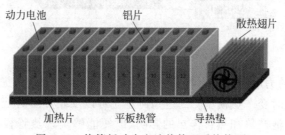

图 2-38　热管板动力电池热管理系统构型

对于热管板动力电池热管理系统而言,整个传热过程包含两个重要方面:①动力电池产热与传热特性;②平板热管传热与散热特性。两者相互影响,共同决定动力电池组的温度特性。因此,建立合理的电池产热模型及平板热管传热模型,理清两者之间的相互影响机制具有重要意义。

根据平板热管的工作原理[12],电池产生的热量经过平板热管传递到冷端散热媒介需经历以下几个过程(图 2-39):①动力电池产热经过导热垫传递到热管壁面;②热量通过热管的内壁传递给毛细芯及其内部工质;③工质在毛细芯和蒸气腔界面处蒸发为气态;④气态工质在压差作用下从蒸发端流向冷凝端;⑤蒸气在冷凝端毛细芯和蒸气腔界面处凝结为液态;⑥热量经过毛细芯和外壁面传递到冷却介质中。

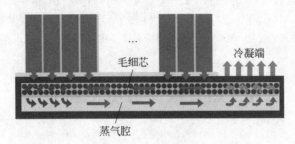

图 2-39　电池热管理系统热量传递过程示意图

在上述热量传递过程中,动力电池组的产热特性与平板热管的传热特性存在一定的耦合关系,如图 2-40 所示。在实际工作过程中,动力电池组在热管表面形成多热源输入,每个电池产热 Q_i 各不相同且实时变化,经过一系列传热过程最终通过平板热管冷端散热媒介进行散热。显然,动力电池的温度与传热路径上的等效热阻密切相关,在冷端设计参数一定的情况下,平板热管的传热热阻至关重要。值得注意的是,平板热管内各传热单元的等效热阻是与温度相关的函数,也就是说,随着动力电池产热和温度的实时变化,平板热管的等效热阻也具有时变特征,从而影响电池组的温度分布及温度演化过程。另外,电池产热由其内阻决定,而电池内阻是与温度、SOC 及电流相关的量,温度等参数的变化所导致的电池内阻及产热率的变化在计算过程中不可忽略。

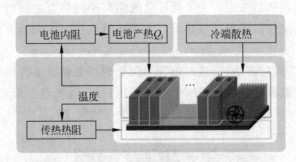

图 2-40　热管板动力电池组热电耦合机制

因此,在热管板动力电池组热电耦合建模的过程中,需要着重考虑两方面的问题:一是如何建立准确的电池时变产热模型;二是如何建立可以反映热阻时变特征的平板热管传热模型。考虑温度对电池产热和热管传热的影响,以便能够实现热管板动力电池组热电耦合计算。

2.4.2 热管板动力电池设计

应用于动力电池组的平板热管,首先要保证其启动温度必须低于目标温度,其次要保证其传热极限大于电池组产热量(安全系数≥1.5),从而确保电池组安全、稳定运行。为满足涡电动力系统高功率输出需求,在平板热管的设计过程中,应考虑其内部工作介质的流动、换热和蒸发。好的内流道设计有助于提高平板热管系统的换热功率,实现系统的结构紧凑性,进一步提升电池系统的能量密度和功率密度。

1. 平板热管工作介质选型及充液量确定

平板热管在工作过程中主要依靠工质的相变和流动来实现热量的传递,因此,工质的选型计算至关重要。在工作状态下,良好的热管内部工质应处于气液两相状态,因此液体的蒸发温度必须低于热管的工作温度,才能保证其正常工作。表2-10给出了常见工质的工作温度范围。不同工质具有不同的相变温度,其适合的应用场合也不同。

表2-10 常见工质的工作温度范围

工质	常压沸点/℃	熔点/℃	合适的工作温度范围/℃	对应的压力范围/MPa
氨	−33	−78	−40~60	0.072~2.62
丙酮	57	−94.9	0~120	0.009~0.605
甲醇	64	−98	30~130	0.022~0.842
水	100	0	50~250	0.012~3.98
导热姆A	257	12	150~395	0.03~1.09
水银	361	−39	250~600	0.002~2.3
钾	774	62	550~850	0.010~0.234
钠	892	97.8	600~1200	0.004~0.959

根据工作温度范围可将热管分为高温热管(200~600℃)、中温热管(0~200℃)和低温热管(−270~0℃)。动力电池使用环境一般为−10~45℃,所选用的热管应属于中温热管范畴。

若要降低平板热管相变热阻和蒸气流动热阻,工质应该具有良好的热物性,包括较高的汽化潜热、较大的导热系数、较低的黏度、较大的表面张力系数等。通常采用品质因数 N_1 评价工质传热能力[13]:

$$N_1 = \frac{\sigma \cdot \rho_1 \cdot h_{fg}}{\mu_1} \tag{2-73}$$

式中:σ 为表面张力,N/m;ρ_1 为液体密度,kg·m^{-3};h_{fg} 为相变焓,J·kg^{-1};μ_1 为液体动力黏度系数,Pa·s^{-1}。

品质因数的大小反映了工质传输热功率能力的高低。图2-41所示为不同工质的品质因数随温度的变化规律。水的品质因数是所示工质中最高的,然而,考虑到动力电池可能会在严寒天气下工作,当环境温度低于0℃时,水便会凝结成冰,从而导致热管无法发挥其功效。综合考虑热管的使用温度、工质的热稳定性及品质因数,选用丙酮作为工作介质。

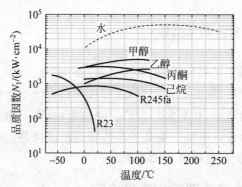

图 2-41 不同工质的品质因数对比

接下来进一步确定平板热管的充液量。平板热管充液量若太少,容易导致烧干;充液量若太多,则会导致热阻增加,影响传热效果。适宜的充液量根据工质不同而异,可以通过下式进行计算:

$$G = (0.75 l_e + l_a + 0.75 l_c) \left(\frac{3\pi^2 \rho_1 \mu_1 Q_{cap} d_i^2}{h_{fg} g} \right)^{1/3} \tag{2-74}$$

式中:l 为长度;下角标 e 表示蒸发段,a 为气段,c 为冷凝段。

在确定了平板热管尺寸后,便可求得工作介质理论充液量 G。平板热管的尺寸参数设计过程将在下文给出。

2. 平板热管壳体材料选型

平板热管壳体及毛细芯材料除了与其工作温度范围、管内压力有关,还必须与工作介质有良好的相容性。所谓相容性,指的是管内工作介质与管壳材料不发生明显的物理或化学反应,不会导致热管腐蚀或产生不凝结气体,从而保证热管稳定的热性能和长久的使用。表 2-11 列举了一些常见的热管壳体材料与工质的相容性,不合理的管材与工质的组合则可能导致热管性能的衰减。

表 2-11 热管壳体材料与工质的相容性

工质	热管壳体材料					
	铜	铝	碳钢	镍	不锈钢	钛
氨	×	√	—	√	√	—
甲烷	√	√	—	—	√	—
氮	×	√	—	√	√	—
甲醇	√	×	√	√	√	—
丙酮	√	√	—	√	√	—
水	√	×	—	—	×	√
钾	—	×	—	√	—	×
钠	—	—	—	√	√	×

注:√表示可用;×表示不可用;—表示空白。

除了相容性的要求,平板热管壳体材料需要有一定的耐压性。在使用过程中,管壳材料通常需要承受一定的压力,即工质温度对应的饱和压力。当丙酮温度达到 55.8℃ 时,其饱和压力达到大气压力以上,即平板热管内由负压变为正压。

金属铝与丙酮具有较好的相容性,且铝具有较低的密度,有利于动力电池热管理系统的轻量化,因此,可选取铝作为平板热管壳体材料。

3. 毛细芯设计

在一定充液率及真空度的条件下,毛细芯是决定平板热管性能的核心影响因素。毛细芯的种类主要包括:烧结型毛细芯、丝网型毛细芯、沟槽型毛细芯及复合毛细芯等。在上述毛细芯种类中,烧结金属粉末毛细芯可与管壁良好接触,接触热阻较小,同时烧结金属的孔径比较小,具有较大吸附力,可以提供更高的回流动力,且对重力相对不敏感,可选用烧结铝粉作为毛细芯材料。

良好的毛细芯应具备较高的毛细压力和较小的流动阻力,然而这两者之间存在一定的矛盾。要想获得更高的毛细压力,则需要减小烧结颗粒直径;而颗粒直径的减小和孔隙率的降低会导致毛细芯渗透率降低,工质流经毛细芯的压损和流动阻力增大。虽然增加毛细芯厚度可以有效降低轴向流动阻力,但同时又会导致径向传热热阻的增加,不利于传热的进行。此外,在一定厚度条件下,增大毛细芯厚度会导致蒸气腔厚度的减小,若小于蒸气腔临界厚度,平板热管传热性能则会显著下降。因此,需要设计适当的毛细芯厚度、烧结颗粒直径和毛细芯孔隙率,以同时满足良好的渗透率、较小的工质流动阻力和较小的导热热阻要求,从而实现最佳流动和传热性能。

通常情况下,毛细芯颗粒直径 d_w 可通过工艺控制在 500 nm~100 μm,孔隙率 ε_w 可控制在 0.3~0.7 的范围内。在初步设计过程中,选取 d_w 和 ε_w 分别为 60 μm 和 0.5。

4. 平板热管尺寸设计

在动力电池系统中,首先需要根据电池组的空间尺寸确定平板热管的长度、宽度及厚度。考虑到通常情况下电池热管理系统空间有限,整体尺寸不宜占用过多车用空间,选取平板热管宽度与电池组相同,均为 148.3 mm,长度为电池组整体长度与冷端长度之和,设定为 423 mm。

在平板热管长度和宽度确定的情况下,厚度尺寸直接决定平板热管的最大传热量。图 2-42 给出了不同毛细芯厚度 t_w 和蒸气腔厚度 t_v 对平板热管传热极限的影响规律。沸腾极限仅与毛细芯厚度有关,随着毛细芯厚度的增加,沸腾极限显著降低,但变化趋势逐渐减缓;毛细极限与毛细芯厚度几乎呈现线性递增的关系,蒸气腔厚度越小,毛细极限越低。

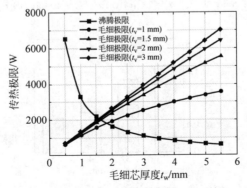

图 2-42 毛细芯和蒸气腔厚度对传热极限的影响

由图可见,在不同的厚度下,沸腾极限和毛细极限存在交叉点,该交叉点即为该蒸气腔厚度对应的最佳毛细芯厚度。例如对于 1 mm 蒸气腔,其对应的最佳毛细芯厚度约为 1.8 mm,此时对应的传热极限约为 1850 W。当蒸气腔厚度增大到 1.5 mm 及以上,交叉点位置变化不再显著。

在毛细芯与蒸气腔厚度之和一定的情况下,若增大毛细芯厚度,则会降低蒸气腔厚度,这必然会同时影响毛细极限和沸腾极限。进一步研究毛细芯厚度与蒸气腔厚度的比值(t_w/t_v)对传热极限的影响,如图 2-43 所示。从计算结果可以看出,当总厚度为 2 mm 时(图 2-43(a)),平板热管主要受到毛细极限的影响,且毛细极限随着厚度比的变化存在极值点,当厚度比为 1.2 左右时毛细极限达到最大;随着总厚度的增加,毛细极限和沸腾极限出现交叉点,此交叉点对应的厚度比即为最佳厚度比。值得注意的是,总厚度越厚,最佳厚度比越小,如图 2-44 所示。当总厚度增加到一定程度后,沸腾极限开始占据主要地位,此时平板热管的传热能力主要受到沸腾极限的限制,且毛细芯厚度占比越小,传热极限越大。

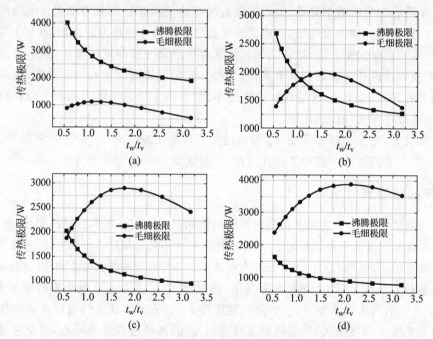

图 2-43　毛细芯与蒸气腔厚度比对传热极限的影响
(a) $t_w+t_v=2$ mm; (b) $t_w+t_v=3$ mm; (c) $t_w+t_v=4$ mm; (d) $t_w+t_v=5$ mm

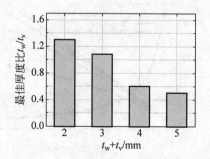

图 2-44　不同厚度条件下的最佳厚度比

考虑到电池热管理系统空间的紧凑性要求,选用总厚度为 5 mm 的平板热管,为了保证一定的强度,将上下壁面厚度设计为 1 mm,因此毛细芯与蒸气腔的总厚度为 3 mm。根据上文的计算分析,当 t_w 与 t_v 的比值接近 1 时,平板热管的传热极限达到最佳值,此时 t_w 与 t_v 均为 1.5 mm。

5. 平板热管冷端结构设计

选用气体作为平板热管冷端散热媒介,为了在有限的空间内增强换热能力,在热管冷凝端设计一系列并排摆放的翅片,从而有效增大传热面积。选用的是当前被广泛使用的方形翅片,与壳体材料相同,翅片材料也选择铝。冷端的换热系数通过下式进行计算:

$$h_f = 0.134 \frac{\lambda_f}{l_c} Re_f^{0.681} Pr_f^{1/3} \left(\frac{s_{fin}}{h_{fin}}\right)^{0.2} \left(\frac{s_{fin}}{t_{fin}}\right)^{0.1134} \quad (2-75)$$

式中:Re 和 Pr 分别是冷却气体的雷诺数和普朗特数;λ_f 代表冷却流体的导热系数;l_c 代表冷凝端特征长度;s_{fin}、h_{fin} 和 t_{fin} 分别代表翅片间距、高度和厚度。

综上所述,平板热管内部结构设计参数及冷端翅片设计参数如表 2-12 所示。

表 2-12 平板热管初步设计参数

符 号	含 义	数 值
l_{FHP}	平板热管长度	423 mm
l_w	平板热管宽度	148.3 mm
t_s	平板热管壁面厚度	1 mm
t_w	平板热管毛细芯厚度	1.5 mm
d_w	毛细芯烧结颗粒直径	60 μm
ε_w	毛细芯孔隙率	0.5
t_v	平板热管蒸气腔厚度	1.5 mm
l_{fin}	翅片长度	148.3 mm
n_{fin}	翅片个数	25
h_{fin}	翅片高度	0.08 mm
t_{fin}	翅片厚度	0.15 mm
s_{fin}	翅片间距	1 mm

图 2-45 给出了所使用的平板热管在不同工作温度下的传热极限,可以看出,在动力电池工作温度区间内(-10~45℃),限制平板热管传热能力的主要是沸腾极限和毛细极限。

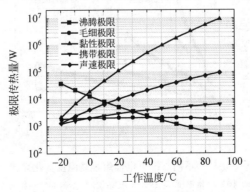

图 2-45 平板热管传热极限

当工作温度在40℃以下时,平板热管传热极限主要由毛细极限决定;随着温度的升高,沸腾极限迅速降低,在超过40℃以后成为决定平板热管传热能力的主要影响因素。

基于所设计的平板热管,建立热管板动力电池组热电耦合仿真分析平台,将分别在电池组放电工况、充电工况及低温加热工况下对所设计的热管板动力电池热管理系统进行性能分析。

2.4.3 基于平板热管的动力电池热特性

图2-46给出了不同环境温度下热管板动力电池组(本电池组由12支电芯组成)在冷端强制风冷条件(冷端风速设定为10 m/s)下最高温度变化情况,并与自然对流散热条件(无平板热管作为散热元件,设置壁面对流换热系数为5 W/(m²·K¹))下的电池组最高温度进行对比。在计算过程中,设定电池组内所有电池的初始SOC均为0.95,当任意一节电池SOC下降至0.1时放电停止。由图2-46可知,在相同的放电工况下,采用平板热管散热可以在很大程度上降低电池组的最高温度。以10℃初始温度为例,在2C放电工况下,采用平板热管散热可以将电池组最高温度控制在40℃以内,相比自然对流降低了14.0℃。此外,随着电池放电倍率的增大,平板热管带来的降温幅度越发明显。当初始环境温度为20℃时,0.5C放电工况下采用平板热管散热可将电池最高温度降低7.6℃;而在2C工况下,可

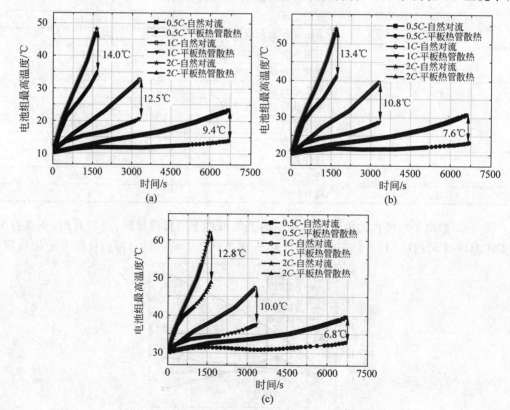

图2-46 不同工况下电池组最高温度变化规律
(a) 10℃初始温度;(b) 20℃初始温度;(c) 30℃初始温度

使电池最高温度降低 13.4℃。图 2-47 给出了 10℃初始温度、2C 放电结束时电池组的温度分布,可以看出距离冷源最近的电池温度最低,最高温度出现在电池组中间位置。

对采用平板热管冷端强制风冷的电池组放电末期的最高温升进行统计,结果如图 2-48 所示。显然,在相同的环境温度和冷端风速条件下,随着放电倍率的增大,电池产热增加,电池组的最大温升增大。此外,在相同的电流条件下,随着环境温度的升高,电池组的最大温升降低。以 2C 放电工况为例,在环境温度为 10℃的条件下,放电结束时电池组的最大温升约为 24.8℃,而在环境温度为 30℃的情况下最大温升约为 19.5℃,即环境温度越高,电池组的最大温升越低。在放电条件一定的情况下,温度越低,电池内阻越大,整个放电过程中的产热率越大,进一步导致电池组在低温环境下温升更高。图 2-49 给出了环境温度及放电

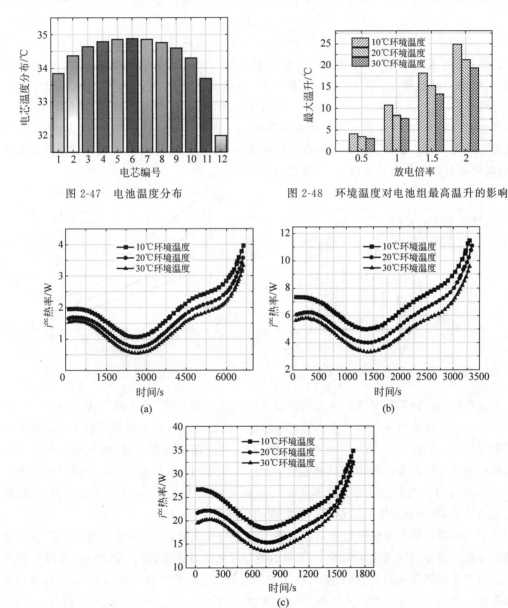

图 2-47 电池温度分布　　　图 2-48 环境温度对电池组最高温升的影响

图 2-49 不同工况下电池产热率随时间的变化规律
(a) 0.5C 放电产热率;(b) 1C 放电产热率;(c) 2C 放电产热率

倍率对电池最大产热率的影响。从整体上看,在不同的放电工况下,电池产热率均呈现先减小后增大的趋势,原因是电池产热率受到SOC、电流及温度的共同影响。在放电初期,温度的升高引起内阻下降,从而导致产热率降低;到了放电末期,SOC对产热率的影响占主导地位,因此产热率显著提高。在放电条件和SOC相同的情况下,环境温度越低,电池产热率越高,电池温升越大。

受到电池摆放方式、传热结构、散热条件的影响,电池组中各节电池的温度存在一定差异。在放电过程中,电池温度影响其内阻数值,从而造成产热率的差异和温差的进一步变化。

定义电池组最大温差(ΔT_{max})为每节电池平均温度之间的最大差值:

$$\Delta T_{max} = \max(T_{1avg}, T_{2avg}, \cdots, T_{12avg}) \tag{2-76}$$

图2-50给出了不同放电倍率和环境温度下采用平板热管冷端强制风冷的电池组最大温差。随着放电倍率的增加,电池组最大温差明显增大。在相同的放电倍率条件下,环境温度越低,电池组温差越大。在2C放电工况、10℃环境温度下,ΔT_{max}约为2.9℃,而在30℃环境温度时,ΔT_{max}降低至2.3℃,相比10℃降低了约20.7%。在相同的放电倍率条件下,随着环境温度的升高,平板热管传热热阻显著降低。图2-51给出了不同环境温度下,放电结束时的平板热管总热阻。在相同的放电倍率条件下,环境温度越高,平板热管总热阻值越小,意味着平板热管导热系数越高,电池组温差则越小。

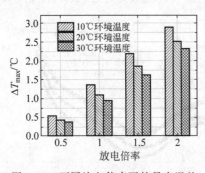

图2-50 不同放电倍率下的最大温差

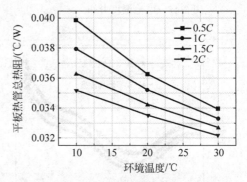

图2-51 平板热管热阻与放电倍率的关系

平板热管相变热阻和蒸气腔热阻均随温度的变化而发生改变,从而导致平板热管总热阻的改变。对于计算所采用的平板热管,其蒸发端/冷凝端相变热阻及蒸气腔工质流动导致的热阻变化规律如图2-52所示。随着放电的进行,热源温度逐渐升高,相变热阻和蒸气腔热阻均呈现减小的趋势。在10℃环境温度、0.5C放电条件下,电池组放电末期最大温升仅为4.0℃,各部分热阻数值变化幅度不明显。而对于2C放电工况,由于电流相对较大,热阻变化更为明显,蒸发端相变热阻在整个放电周期内降低了30.8%。

为了进一步验证平板热管散热系统的性能优势和可靠性,对比了液冷散热和平板热管散热的性能。液冷系统选用了如图2-53所示的口琴管式液冷板,其长度、宽度、总厚度和腔体厚度均与平板热管相同,整体构型设计与热管板动力电池热管理系统相似,即通过电池组底部散热。冷板一端通入恒定入口温度与流速的冷却介质,经过与动力电池换热后,升温的介质从另一侧排出。冷板具体设计参数见表2-13。所采用的冷却介质为水和乙二醇的混合溶

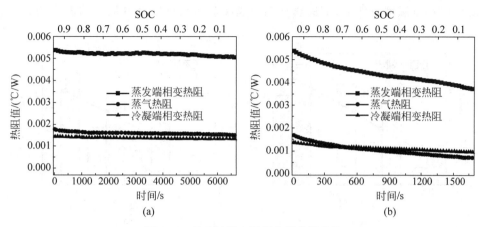

图 2-52 放电过程中平板热管热阻变化

(a) 0.5C 放电过程中热阻的变化;(b) 2C 放电过程中热阻的变化

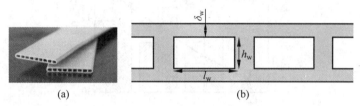

图 2-53 口琴管式液冷板

(a) 液冷板外形;(b) 液冷板截面结构示意图

表 2-13 口琴管式液冷板设计参数

符 号	含 义	数 值
δ_w	外壳厚度	1 mm
h_w	流道厚度	3 mm
l_w	流道宽度	6 mm
n_w	通道个数	20

液,冷却液的比热容、等效导热系数及密度分别为 3126.5 J/(kg·K)、343.5 W/(m·K)及 1086.6 kg/m³。在计算过程中,将电池组放电末期的温度一致性作为两种散热方案的比较标准,即实现在相同的散热限定条件下,评估两种方式下电池组的最大温差。以 10℃ 环境温度、2C 放电倍率作为设计工况,对两种热管理系统所需的冷却介质流量进行计算,发现当液冷式热管理系统的流量为 6.84 kg/h 时,可以实现与冷端风速为 10 m/s 的平板热管式热管理系统相同的散热能力,此时两种散热系统导致的电池组放电末期平均温度的差异在 0.5℃ 以内,符合"散热能力相同"的假设。

图 2-54 给出了不同初始温度和放电倍率条件下电池组温度特性的对比。由结果可以看出,基于平板热管耦合风冷散热的热管理系统方案,电池组温差得到明显改善。在 10℃ 初始温度、0.5C 放电倍率条件下,$\Delta T_{\max}$ 由 1.0℃ 降低至 0.5℃,而在 2C 放电条件下,基于平板热管耦合风冷散热的电池组最大温差为 2.9℃,相比液冷散热降低了 26.1%。在

不同的初始环境温度条件下，平板热管耦合风冷散热均可以使电池组的温度均匀性得到改善。

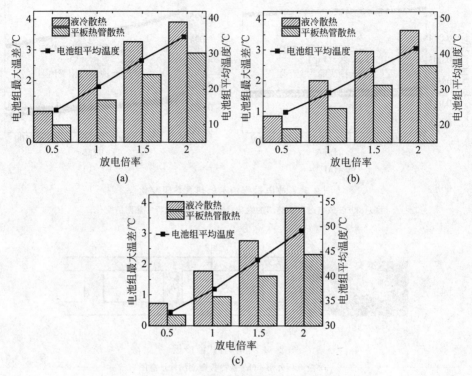

图 2-54　液冷与平板热管散热最大温差的对比
(a) 10℃初始温度；(b) 20℃初始温度；(c) 30℃初始温度

本章参考文献

[1] YANG X G, LIU T, GE S H, et al. Challenges and key requirements of batteries for electric vertical takeoff and landing aircraft[J]. Joule, 2021, 5(7): 1644-1659.

[2] VUTETAKIS D G. Digital avionics handbook[M]. 3rd ed. Florida: CRC Press, 2015.

[3] SWORNOWSKI P J. Destruction mechanism of the internal structure in Lithium-ion batteries used in aviation industry[J]. Energy, 2017, 122: 779-786.

[4] LI N S, LIU X Y, YU B D, et al. Study on the environmental adaptability of lithium-ion battery powered UAV under extreme temperature conditions[J]. Energy, 2021, 219: 119481.

[5] XIE Y, SONG Z Y, YANG R, et al. An improved velocity planning method for eVTOL aircraft based on differential evolution algorithm considering flight economy[J]. IEEE Transactions on Transportation Electrification, 2025, 11(1): 3980-3995.

[6] 谢松, 巩译泽, 李明浩. 锂离子电池在民用航空领域中应用的进展[J]. 电池, 2020, 50(4): 388-392.

[7] 韩露, 史贤俊, 林云. 航空锂电池寿命预测方法研究[J]. 电子测量技术, 2021, 44(1): 20-25.

[8] 丁劲涛, 罗美君, 吕晓兵, 等. 航空锂离子电池剩余容量及 RUL 预测建模[J]. 电池, 2019, 49(4): 329-333.

[9] DOYLE M, NEWMAN J, GOZDZ A S. The use of pseudo-two-dimensional modeling for the design of lithium-ion batteries[J]. Journal of the Electrochemical Society, 1996, 140(6): 1526-1533.

[10] 王悦齐. 基于平板热管的动力电池热管理研究[D]. 北京：清华大学, 2023.

[11] 丹聃. 平板热管式动力电池热管理系统传热控制研究[D]. 北京：清华大学, 2021.

[12] 丹聃, 连红奎, 张扬军, 等. 基于平板热管技术的电池热管理系统实验研究[J]. 中国科学：技术科学, 2019(9): 8.

[13] 丹聃, 郭少龙, 张扬军, 等. 平板热管多孔毛细芯等效导热系数预测[J]. 中国科学：技术科学, 2021, 51(1): 55-64.

第 3 章

燃料电池多场耦合与流动控制

涡轮发电效率低是涡轮电动力发展面临的最主要的技术挑战。燃气涡轮与燃料电池耦合组成燃料电池涡轮发电系统,可有效地提高涡轮电动力的涡轮发电效率。燃料电池功率密度低,是发展涡轮电动力的燃料电池涡轮发电系统面临的主要问题。其中,质子交换膜燃料电池排气温度低、固体氧化物燃料电池循环寿命短等问题,是发展燃料电池涡轮发电系统需要突破的关键技术。建立燃料电池电化学-流动-传热传质多场耦合模型,发展燃料电池多场耦合流动控制方法,探索与燃气涡轮耦合的燃料电池新原理、新结构,对提升燃料电池的功率密度和性能具有重要意义。

3.1 涡轮电动力高效化发展与燃料电池

燃料电池是一种能够将氢气和氧气的化学能直接转化为电能的电化学装置。以固体氧化物燃料电池(solid oxide fuel cell,SOFC)为例,它基于电化学反应的原理,利用固体氧化物电解质作为离子传输介质,将氢气或可燃气体与氧气直接反应产生电能,具有高能量转化效率、零排放和静音运行的优点。固体氧化物燃料电池是一种中高温燃料电池,通过与燃气涡轮相结合,可充分利用燃料电池产生的高温尾气推动涡轮,从而驱动机械负载或发电机产生电能。燃料电池与燃气涡轮结合的混合发电系统可充分利用燃料电池的排气能量,不仅能量转化效率高,还能最大限度地减少二氧化碳的排放,是涡轮电动力的重要发展方向之一。

3.1.1 燃料电池涡轮发电

涡轮电动力系统具有高功率密度、快速响应、多能源适应性及高温环境适应性等特点,使得其在航空电动化领域具有广泛的应用。涡轮电动力系统的高能量利用效率使其在需要大功率输出和长时间运行的应用中具有优势。与之不同,燃料电池系统虽然效率较高,但其功率密度相对较低,并且对功率需求变化的响应速度也较慢。两者结合构成的燃料电池涡轮发电系统,可有效地提高涡轮电动力系统的整体性能。为了适应涡轮电动力系统的性能要求,燃料电池系统主要需具备如下特点:

(1) 高效率。燃料电池涡轮发电系统要求燃料电池具有较高的效率,即将燃料的化学能尽可能高效地转化为电能。燃料电池的高效率可以提高整个涡轮电动力系统的效率,减少能源浪费。

(2) 高功率密度。燃料电池涡轮发电系统要求燃料电池具有较高的功率密度,即在相对较小的体积和质量下能够提供较大的功率输出。高功率密度可以满足系统的高功率需求。

(3) 长寿命和高可靠性。燃料电池涡轮发电系统要求燃料电池具备较长的使用寿命和高可靠性,能够在长时间运行中保持稳定的性能。长寿命和高可靠性可以减少系统的维护和更换成本,提高系统运行的可持续性和经济性。

上述要求对燃料电池的结构设计、性能开发,以及系统的热管理和安全性等均带来了挑战。在设计和运行燃料电池涡轮发电系统时,需要综合考虑燃料电池和燃气涡轮的工作参数,以实现最佳的系统性能。在燃料电池涡轮发电系统中,常见的燃料电池类型主要有:

(1) 质子交换膜燃料电池(proton exchange membrane fuel cell,PEMFC)。它是一种以质子交换膜为电解质的常温燃料电池,工作温度通常在60~90℃。这种类型的燃料电池具有启动速度快、功率密度高、响应速度快等优点,适用于移动应用,如汽车和无人机。在燃料电池涡轮发电系统中,通过对质子交换膜燃料电池的排气进行热管理,实现与燃气涡轮的耦合,提高涡轮发电系统的效率。

(2) 固体氧化物燃料电池(solid oxide fuel cell,SOFC)。它是一种中高温燃料电池,工作温度通常在600~1000℃。固体氧化物燃料电池具有能量转换效率高、能量密度高、燃料适用性广等优点,可以直接利用多种燃料,如氢气、天然气和生物质气体。在燃料电池涡轮发电系统中,固体氧化物燃料电池可用于替换传统燃气涡轮的燃烧室,利用燃料电化学反应发电的同时产生中高温燃气,提高涡轮发电系统的效率。

3.1.2 质子交换膜燃料电池

质子交换膜燃料电池是一种可将氢气和氧气(或空气)的化学能转化为电能的装置。质子交换膜燃料电池的关键组件包括膜电极和双极板。膜电极包含了质子交换膜、催化剂层和气体扩散层,它们对质子交换膜燃料电池的能量转换效率和寿命有着重要的影响;双极板在燃料电池电堆中的质量占比是60%~80%,体积占比约为70%,对燃料电池的质量和体积功率密度以及成本均具有重要影响。

在质子交换膜燃料电池中,质子交换膜位于燃料电池的中心位置,起到分隔阴阳两极,隔绝电子、传导质子及水的作用,常见的有全氟磺酸型质子交换膜、部分氟化膜、非氟聚合物质子交换膜以及其他新型复合质子交换膜。在常温燃料电池中,最常使用的是全氟磺酸质子交换膜,预计在未来5~10年中继续发挥主导作用。为了进一步提高燃料电池的能量转换效率,目前对于质子交换膜的研究主要包括如何获得更高的质子电导率,更好的电化学和机械稳定性,以及更优的热稳定性。通过不断降低质子交换膜厚度,一方面可缩短阳极和阴极之间质子传输的距离,降低质子传导阻抗,减少欧姆损失;另一方面,缩短膜内膜态水传输距离,有助于实现自增湿,在避免燃料电池内部出现膜干现象的同时,减少加湿器等燃料电池外部附件,进一步提高系统的功率密度。质子交换膜减薄的同时也会带来机械强度降低、容易被化学腐蚀等方面的问题。通过采用掺入自由基淬灭剂制备的复合超薄质子交换膜,有望在化学稳定性、机械耐久性等方面满足未来高性能质子交换膜燃料电池的需求。

在质子交换膜燃料电池中,催化剂层位于质子交换膜的两侧,通过采用贵金属作为催化剂,可有效地促进氢气、氧气在电极上的氧化还原过程,降低燃料电池内部的极化损失,增加燃料电池输出电流密度,提高系统运行效率和功率密度。目前广泛使用的贵金属铂(Pt)具有优良的电化学性能。但金属铂价格昂贵,催化剂层成本过高也成为制约质子交换膜燃料电池商业化发展的一个重要因素。近年来,尽管质子交换膜燃料电池的铂载量已大幅下降,其中国际先进水平已达到 0.2 g/kW,国内技术主流水平为 0.3~0.4 g/kW,但离大规模商业化应用还有一定的距离。对于质子交换膜燃料电池来说,开发催化剂的长期目标是贵金属用量接近甚至低于传统内燃机汽车尾气净化装置中的贵金属用量(<0.06 g/kW)。低铂、超低铂或非铂催化剂均是质子交换膜燃料电池催化剂未来研究的方向。

在质子交换膜燃料电池中,双极板气道的尺寸在毫米量级,催化剂层中多孔介质孔的直径在亚微米量级,两者相差三个数量级。在催化剂层两侧和双极板之间增加的气体扩散层,可以起到辅助反应气体及产物水传导的作用,进而增强燃料电池性能。气体扩散层通常采用多孔的碳纸或碳衣制成,通常对其电导率、机械强度、耐化学腐蚀能力和制造成本等方面有一定的要求。为匹配燃料电池内部双极板气道及催化剂层之间反应气体、产物水、反应热及电子的复杂多相传输过程,气体扩散层在设计与制造过程中,其孔径的控制及表面亲疏水性的控制至关重要。未来可以通过控制碳纤维的排列,制备出具有梯度化孔径分布的气体扩散层,从而进一步促进反应气体的扩散与产物水的排出,在双极板流场与催化剂层之间建立更有效的物质传输桥梁,降低燃料电池内部传质损失,提高燃料电池在大电流密度工作状态下的性能,实现系统能量转换效率和功率密度的提升。

在质子交换膜燃料电池中,双极板位于气体扩散层两侧,起到分隔、传输氧化剂和还原剂,排出产物水,确保电堆温度均匀分布,以及分隔燃料电池堆中单个燃料电池和收集传输电流的作用。双极板是质子交换膜燃料电池的核心组件之一,其品质高低直接决定了燃料电池电堆的能量转换效率、功率密度和寿命。通常情况下,双极板材料需要具有较强的耐腐蚀性,有较好的导电性,气密性好不能透过氢气和氧气,密度小、质量轻,制备简单且具有足够的抗压机械强度。常见的双极板材料有石墨、金属和复合材料三种。石墨由于导电性好、热学和化学性质稳定,最早应用于双极板。但是石墨抗弯强度低、材料脆性大,导致石墨双极板存在厚度大、燃料电池体积功率密度低、加工成本高等问题。金属双极板具有良好的导电性、导热性、气密性及机械加工性能,双极板厚度可达 0.07~0.1 mm,使得燃料电池的体积功率密度较高。但是在质子交换膜燃料电池内部环境中,金属易受腐蚀形成致密氧化膜,在增加界面接触电阻的同时,还会释放出可"毒害"催化剂的金属离子,影响燃料电池的输出功率和寿命。复合材料双极板结合了石墨双极板和金属双极板的优点,价格便宜、制造工艺简单、抗腐蚀性好,但是也存在导电性能和机械性能较差等缺点。开发具有高耐腐蚀性、低界面接触电阻、低质量、小体积、良好机械制造性能和低成本的金属双极板成为未来双极板研发的目标。

除材料外,双极板流场结构的设计也对质子交换膜燃料电池的性能和寿命有直接影响。通常情况下,流场结构设计要求双极板能够均匀分配燃料、氧化剂、电流密度和温度,并能够将电化学反应生成的产物水和热量排出。对于气道布局,其结构主要有点阵结构、平行直流道结构、(多)蛇形流道结构、交错流道结构和其他异形结构等多种形式[1],不同气道布局结构设计具有不同的优缺点。此外,还有一些极具创新性的设计,反应气体从入口到出口不再沿单一的气道流动,内部有分流与合并过程,极大增强了流动的掺混效应。通过合理设计流道结构,使得气道中气体具有沿燃料电池厚度方向的流动分量,也可以进一步增强反应物向气体扩散层和催化剂层的迁移,并提升反应产物水的排出能力。从仿生学的角度,基于树叶、人体肺部气管分布等的结构,也有研究者提出了仿生气道结构,以期获得较好的配气均匀性和燃料电池性能。为了进一步减小燃料电池堆的尺寸,提升系统功率密度,还有研究者提出了采用泡沫金属制作双极板的概念[2],流道与气体扩散层进行一体化设计,反应气体在泡沫金属板中传输,不需要额外加工流道。上述新型设计,由于其结构相对复杂,给生产和加工带来了较大的难度,目前还未得到实际运用。

传统的常温质子交换膜燃料电池虽然具有室温下启动快、效率高等特点,但存在水热管理复杂,催化剂容易中毒失效等问题。提高质子交换膜燃料电池的工作温度,可以简化燃料电池系统的水热管理,提高催化剂中贵金属对一氧化碳等气体的耐受性并加快电极反应速度。随着燃料电池工作温度的升高,尾气排温也增高,有助于提高燃料电池涡轮发电系统的功率密度和动力输出能力。高温质子交换膜燃料电池对质子交换膜的热稳定性及低湿度下的质子电导率提出了更高的要求。Park等[3]开发出了一种纳米裂纹结构的自增湿膜,在低湿度和120℃高温环境下,质子交换膜表面带有纳米裂纹的纳米薄膜疏水层也可以起到调节、保水的功能,保证质子交换膜的质子电导率。需要指出的是,在燃料电池涡轮发电系统中,高温质子交换膜燃料电池排气温度仍远低于燃气涡轮中的燃气温度,为了实现质子交换膜燃料电池与燃气涡轮的耦合,需要对质子交换膜燃料电池的排气进行热管理,达到提高系统的整体效率和功率密度的目的。

与提高燃料电池工作温度相似,当燃料电池工作压力(工作压强)增高时,也有助于提高燃料电池涡轮发电系统的效率。但是随着燃料电池工作压力的升高,内部气体泄漏问题不容忽视。另外,燃料电池工作压力的升高,还将对质子交换膜燃料电池的材料及其老化特性、燃料电池元件和结构的安全性、燃料电池系统的可靠性等提出更高的要求,从而导致燃料电池制造、运行和维护成本的增加。

3.1.3 固体氧化物燃料电池

燃气涡轮与固体氧化物燃料电池(SOFC)耦合形成的SOFC涡轮发电系统同时具备能量转换效率高与功率密度高的优点。SOFC涡轮发电系统通过SOFC电堆替换传统燃烧室,利用固体电极-电解质进行电化学反应,实现对燃料化学能和热能的综合梯级利用。与质子交换膜燃料电池不同,SOFC电堆工作温度在600~1000℃,与热机相容性更好,且其燃料适应性更广,可使用柴油、航空煤油和汽油等液体燃料的重整气作为燃料。该系统的关键组件包括压气机、涡轮、SOFC电堆、重整器、换热器和燃烧室,如图3-1所示。在操作过程中,空气经压气机压缩后,一部分被送入重整器,在那里与喷入的碳氢燃料混合发生重整反应,将碳氢燃料重整为氢气和一氧化碳。这些气体随后进入SOFC电堆发生电化学反应,将燃料化学能直接转化为电能,尚未反应的氢气和一氧化碳在燃烧室燃烧,产生的高温尾气推动涡轮发电,并通过换热器将燃烧室释放的热量传递给压缩空气,实现高温尾气余热的有效利用,以提高整个动力系统的效率。

SOFC涡轮发电系统的核心部件为SOFC电堆,SOFC电堆的能量转换效率与功率密度决定该系统能否实现高效率与高功率密度的性能指标。目前针对SOFC电堆的研发主要面向地面固定式发电,聚焦提升电堆效率与运行时长的研究。应用于地面固定式发电的

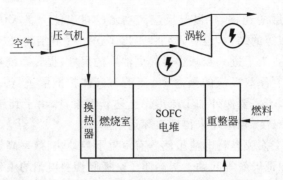

图 3-1 SOFC 涡轮发电系统

SOFC 电堆功率可达百千瓦级。美国 Bloom Energy 公司和中国潮州三环公司等均可加工 200 kW 级 SOFC 电堆用于地面发电,其电堆效率可达 60% 以上且可长时间运行,但应用于地面发电的 SOFC 电堆功率密度低,无法直接与燃气涡轮耦合。应用于动力系统的 SOFC 研究较少,现阶段研制出的动力 SOFC 电堆功率等级小且功率密度低,与燃气涡轮耦合时会大幅增加 SOFC 涡轮发电系统的体积及质量,因此,研发高功率密度 SOFC 电堆是决定能否成功研制 SOFC 涡轮发电系统的关键,如图 3-2 所示。

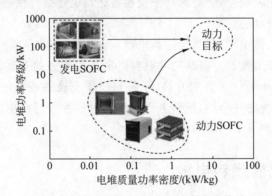

图 3-2 固体氧化物燃料电池功率密度统计

针对 SOFC 电堆功率密度低的瓶颈,NASA(美国国家航空航天局)格林中心指出:SOFC 电堆中金属连接体总质量占比可达 75%,大幅降低了 SOFC 电堆的质量功率密度。NASA 提出使用超薄连接体收集电流,并提出相应的电极-流道一体化设计与加工方案来减小连接体在电堆中的占比,通过改进冰冻流延工艺,制作电解质支撑的电极-流道一体化的燃料电池。这一新制备工艺可以在薄层电解质两侧生长出电解质骨架,利用物理或化学气相沉积的方法将电极材料沉积在电解质骨架上制成反应单元。该加工工艺可将传统金属连接体提供的气体流道全部替换为陶瓷流道,大幅降低了连接体质量,有助于实现高功率密度电堆的开发。NASA 目前已研制出质量功率密度为 1.0 kW/kg 的板式 SOFC 电堆样件。多项研究表明:提升 SOFC 反应单元电化学性能、降低辅件质量是提高 SOFC 电堆功率密度的关键。研究应聚焦 SOFC 材料工艺及热质传输,减少燃料浓度分布与单元温度分布不均带来的功率损失,突破 SOFC 阳极与阴极电化学反应速率极限不匹配的瓶颈,在提升 SOFC 反应单元功率密度的同时,减小电堆功率等级增大带来的集流损失,注重降低集流器、换热器、支撑件等一系列 SOFC 电堆辅件的质量,进一步提升系统功率密度。

在SOFC电堆内发生的电化学反应为放热反应，SOFC电堆内单位体积产热量会随功率密度的增加而增大。高功率密度SOFC电堆在热循环条件下可能会存在局部热点或高温度梯度区域，导致电堆结构损坏或密封失效从而使运行稳定性和循环寿命大幅降低。图3-3所示为统计的现阶段SOFC启动时加热速率与循环寿命，其中的循环寿命为文献中所汇报的最大循环次数而非导致其损坏的热循环次数。可以看出，目前金属板式SOFC和微管式SOFC均具备良好的循环寿命。

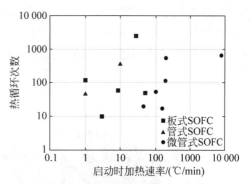

图3-3　SOFC启动时加热速率与循环寿命统计

英国Ceres Power公司针对金属板式SOFC电堆开展了研究。电堆支撑体由不锈钢构成，在进行单元集成时采用焊接方式密封。Ceres Power生产的SOFC电堆在循环寿命上有优异的表现。他们研发的SteelCell电堆在经历2500次热循环后，其电化学性能无明显下降。除金属板式SOFC外，微管式SOFC近年来也受到研究者们的重视，这是由于管式燃料电池本身抗热循环能力优于板式燃料电池，且直径小于10 mm的微管式燃料电池具有比表面积大的几何特性，其发展潜力有望满足未来运载动力对高功率密度的需求。美国Adaptive Materials Inc.开发了小型阳极支撑管式SOFC电堆并应用于移动设备，其发电功率在1 kW以下，电堆入口采用催化部分氧化（CPO_x）反应器，可用丙烷作燃料并将启动时间控制在20 min以内。伯明翰大学Kendall教授课题组[4]也开发了微管式电堆，通过实验测试了不同升温速率下微管式电堆的性能衰减情况，他们研发的微管式电堆可经受100℃/min的升温速率并成功进行了700次热循环，研制出的电堆可有效延长小型无人机、LNG卡车和机器人中动力系统的供电时间。由上述研究可以看出：金属板式SOFC和微管式SOFC是应用于SOFC涡轮发电系统的研发重点和重要发展方向。有效提升金属板式SOFC和微管式SOFC的功率密度可以为高功率密度、高效率SOFC涡轮发电系统的研制奠定基础。

压气机、涡轮和重整器的性能也会在一定程度上影响SOFC电堆的性能，合理设计叶轮机部件和重整器，保证各个部件与电堆的高效集成也是提升SOFC涡轮发电系统功率密度与效率的关键。

综上所述，研发高性能SOFC涡轮发电系统，最关键的是研发高功率密度SOFC电堆，在提升SOFC电堆功率密度的基础上同时保证长循环寿命。现阶段针对SOFC涡轮发电系统的SOFC电堆研发，最有发展潜力的是金属板式SOFC电堆与微管式SOFC电堆，提升这两类SOFC电堆的功率密度并保证高功率密度下的稳定运行，可有效地为高性能SOFC涡轮发电系统的研制奠定基础。

3.2　质子交换膜燃料电池多场耦合与流动控制

质子交换膜燃料电池的运行过程中，其燃料电池内部伴随有电化学反应-传热-传质等现象，涉及电场、流场、温度场等多场耦合的多相、多组分流动过程。对上述复杂的物理和电化学现象及过程进行分析，厘清影响燃料电池性能的关键因素并加以设计和控制，是提高燃料电池系统效率的关键。图 3-4 所示为典型质子交换膜燃料电池组件的结构示意图，其结构组件包含质子交换膜（membrane）、阳极和阴极催化剂层（catalyst layer）、阳极和阴极气体扩散层（gas diffusion layer）以及阳极和阴极双极板（bipolar plate）。有的质子交换膜燃料电池在双极板外侧还配置有冷却板，用于对燃料电池进行热管理。

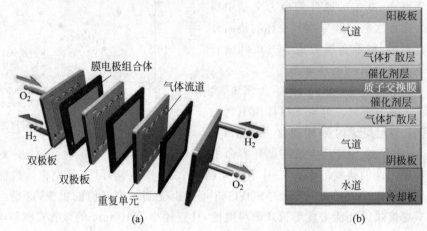

图 3-4 典型质子交换膜燃料电池组件
(a) 结构示意图；(b) 结构组件

在质子交换膜燃料电池中：质子交换膜是可以传导质子并具有阻隔气体渗透能力的膜；催化剂为含有贵金属催化剂、碳颗粒及离聚物（ionomer）的浆料层，是燃料电池内部电化学反应主要发生的区域；气体扩散层是由孔隙介质组成的薄层，由碳纸或者碳衣制成，主要作用是使反应气体能够更好地传输到催化剂层，同时将反应产物水更好地从催化剂层中排出；双极板是燃料电池中体积、质量占比最大的部件，由金属薄板或石墨板制成，通过冲压或刻蚀在双极板表面形成气体流道，反应气体可以通过气体流道输运到燃料电池内部，与此同时，将从气体扩散层中排出的反应产物水带出燃料电池。通常情况下，单组件的质子交换膜燃料电池无论在输出电压还是输出功率方面都远远不能满足实际需求。在实际使用中，需要通过串联的方式，将燃料电池内部布置重复单元，重叠在一起组成燃料电池堆，从而获得较高的输出电压和输出功率。

3.2.1 质子交换膜燃料电池电化学热力学基础

在对质子交换膜燃料电池内部多场耦合流动与传热过程进行分析前，需要了解质子交换膜燃料电池内的电化学热力过程。在质子交换膜燃料电池的运行过程中，氢燃料在阳极（负极）发生氧化反应：

$$2H_2 \longrightarrow 4H^+ + 4e^-$$

在阴极（正极）发生还原反应：

$$O_2 + 4H^+ + 4e^- \longrightarrow 2H_2O$$

质子交换膜能传导氢离子（H^+），氢离子可直接穿过质子交换膜从阳极到达阴极。电

子则需要通过外部电路到达阴极,即产生了直流电。质子交换膜燃料电池内部的电化学反应过程可以直接表示为

$$H_2 + \frac{1}{2}O_2 \longrightarrow H_2O \tag{3-1}$$

质子交换膜燃料电池在不同的运行温度和运行状态下,电化学反应产生的水可以呈现液态或气态(水蒸气)。与之对应,电化学反应前后系统焓的变化也有所不同。以 25℃ 为例,若反应产物水为液态时,可得系统焓的变化为

$$\Delta H_1 = H_{H_2O(l)} - H_{H_2} - \frac{1}{2}H_{O_2} = -286.02 \text{ kJ/mol} \tag{3-2}$$

若反应产物水为气态,系统焓的变化有所减少:

$$\Delta H_g = H_{H_2O(g)} - H_{H_2} - \frac{1}{2}H_{O_2} = -241.05 \text{ kJ/mol} \tag{3-3}$$

ΔH_1 与 ΔH_g 之间的差异为液态水相变蒸发为水蒸气时所吸收的潜热,在 25℃ 条件下有

$$H_{lg} = 286.02 - 241.05 = 44.97 \text{ kJ/mol} \tag{3-4}$$

在质子交换膜燃料电池的运行过程中,储存在氢燃料中的化学能通过电化学反应直接转化为电能。由于燃料电池内部存在欧姆电阻、过电势以及其他不可逆因素,系统焓变化量中仅有一部分(即吉布斯自由能)可以转化为电能。这里用 G 代表吉布斯自由能,其表达式为

$$G = U + pV - TS = H - TS \tag{3-5}$$

式中:U 代表系统内能;p 代表系统的压力;V 和 T 分别代表系统的体积和温度;S 为系统的熵;$H = U + pV$ 代表系统焓。

若质子交换膜燃料电池在恒定压力和温度下运行,那么根据式(3-5)和热力学第一定律,可以得到

$$-dG = TdS + W_{ele} \tag{3-6}$$

式中:W_{ele} 代表燃料电池向外输出的电能;TdS 代表不可逆过程引起熵增所导致的能量损失,在燃料电池中,这一部分损失转化为燃料电池电化学反应的产热;$-dG$ 代表氢燃料通过燃料电池中的电化学反应,能够转化为电能的最大值。

质子交换膜燃料电池的最大(或理论)效率可以定义为

$$\eta = \frac{\Delta G}{\Delta H} \tag{3-7}$$

式中:ΔG 和 ΔH 分别是燃料电池内部电化学反应过程的吉布斯自由能变化量和系统焓的变化量。

表 3-1 给出了不同温度下,在质子交换膜燃料电池内部,式(3-1)所示的电化学反应所引起的系统焓变化和吉布斯自由能的变化情况。

表 3-1 不同温度下 H_2 和 O_2 电化学反应过程 H、G 和 S 的变化情况(产物水为液态)

温度/K	ΔH/(kJ/mol)	ΔG/(kJ/mol)	ΔS/(kJ/(mol·K))
288	-286.02	-237.34	-0.16328
323	-284.85	-231.63	-0.15975
353	-284.18	-228.42	-0.15791
373	-283.52	-225.24	-0.15617

3.2.2 质子交换膜燃料电池多场耦合流动与传热建模

质子交换膜燃料电池在运行过程中,燃料电池内部会发生非常复杂的物理和电化学过程,涉及气、水、热、电等在燃料电池不同组件之间的对流、扩散、电渗、传导等多种输运过程,如图3-5所示。

彩图 3-5

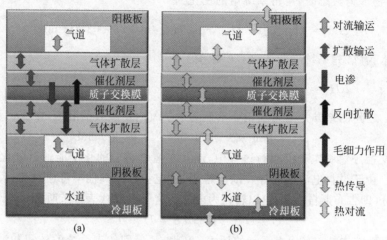

图 3-5 质子交换膜燃料电池内部水、热输运示意图
(a) 水输运;(b) 热输运

通常情况下,质子交换膜燃料电池内的电化学反应产生的产物水,按照其在燃料电池内存在的形态,可分为膜态水、水蒸气、液态水和冰四种。不同形态水之间存在相互的相变转化过程,这里统称为相变,如图3-6所示。对其相变进行准确描述,是质子交换膜燃料电池多场耦合流动和传热建模的关键。下面对质子交换膜燃料电池内部不同形态水之间的相变及建模进行讨论。

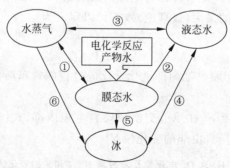

图 3-6 质子交换膜燃料电池内部不同形态水的相变过程图
注:当温度低于冰点时,液态水以过冷水的形式存在。[5]

1. 质子交换膜燃料电池内不同形态水之间的相变与建模

随着质子交换膜燃料电池内部电化学反应过程的进行,阴极产物水量为 $i_{ca}/2N_A$,其中 i_{ca} 为阴极电流密度,N_A 为阿伏伽德罗常数。通过水合化(hydration)过程,阴极产物水被催化剂层中的离聚物（ionomer）和质子交换膜吸收形成膜态水的同时，通过脱水过程（dehydration）蒸发形成水蒸气，如图 3-6 中过程①所示。膜态水与水蒸气之间的相变引起的质量源项为

$$S_{\text{mw-v}} = \zeta_{\text{mw-v}} \omega \frac{\rho_{\text{mem}}}{EW}(\lambda - \lambda_{\text{equil}})(1 - s_1 - s_i) \tag{3-8}$$

式中：$\zeta_{\text{mw-v}}$ 表示相变速率；ρ_{mem} 和 EW 分别为质子交换膜的密度和等效摩尔质量；ω 为离子聚合物的体积分数，在质子交换膜内 ω 取值为 1.0，在催化剂层中，根据实际情况通常取值为 0.1～0.3；λ 为燃料电池内膜态水的含量，其定义为质子交换膜内每个磺酸基团所携带的水分子个数，$\lambda = N_{H_2O}/N_{SO_3H}$，反映了质子交换膜的润湿程度；$s_1$ 和 s_i 分别代表燃料电池内液态水和冰的体积分数；λ_{equil} 代表燃料电池内部水合化与脱水过程处于动态平衡时，质子交换膜内膜态水的含量，其大小与质子交换膜所处环境中水的活度 a 有关。

水的活度 a 定义为

$$a = \frac{p_{\text{vap}}}{p_{\text{sat,l}}} + 2s_1 \tag{3-9}$$

式中：p_{vap} 为燃料电池内部混合气体中水蒸气的分压；$p_{\text{sat,l}}$ 为水蒸气凝结为液态水时的饱和蒸气压；s_1 为燃料电池内部液态水的体积分数。

λ_{equil} 与 a 之间的关系为

$$\lambda_{\text{equil}} = \begin{cases} 0.043 + 17.81a - 39.85a^2 + 36.0a^3, & a < 1.0 \\ 14.0 + 1.4(a - 1.0), & a \geqslant 1.0 \end{cases} \tag{3-10}$$

从上式 (3-10) 中可以看出，在常温条件下，质子交换膜内膜态水达到平衡时的最大含水量可达 14.0，而当质子交换膜浸泡在常温液态水中时，最大含水量可达 16.8。当燃料电池内质子交换膜含水量达到最大值即饱和时，燃料电池内部电化学反应的产物水开始析出形成液态水，如图 3-5 中过程②所示。液态水析出的质量源项为

$$S_{\text{mw-l}} = \begin{cases} (1-\chi)\zeta_{\text{mw-l}} \omega \frac{\rho_{\text{mem}}}{EW}(\lambda - \lambda_{\text{equil}}), & a \geqslant 1 \\ 0, & a < 1 \end{cases} \tag{3-11}$$

式中：$\zeta_{\text{mw-l}}$ 表示相变速率；χ 是取值分别为 0 或 1 的开关函数。在低温情况下，若燃料电池内部出现结冰现象，则 $\chi = 1$；反之，则 $\chi = 0$。

燃料电池内部析出液态水后，受饱和蒸气压影响，液态水与水蒸气之间存在蒸发和凝结的动态相变平衡过程，如图 3-6 中过程③所示。液态水和水蒸气之间相变引起的质量源项为

$$S_{\text{v-l}} = \begin{cases} (1-\chi)\zeta_{\text{con}}\varepsilon(1 - s_1 - s_i)\dfrac{p_{\text{vap}} - p_{\text{sat,l}}}{RT}M_{H_2O}, & p_{\text{vap}} \geqslant p_{\text{sat,l}} \\ (1-\chi)\zeta_{\text{evap}}\varepsilon s_1 \dfrac{p_{\text{vap}} - p_{\text{sat,l}}}{RT}M_{H_2O}, & p_{\text{vap}} < p_{\text{sat,l}} \end{cases} \tag{3-12}$$

式中：ζ_{con} 和 ζ_{evap} 分别代表水蒸气的凝结和蒸发过程的相变速率；ε 为燃料电池内部催化剂层、气体扩散层的孔隙率，在气道中，$\varepsilon = 1.0$；R 为气体状态常数；T 为燃料电池内部的温度；M_{H_2O} 为水的摩尔质量。

当燃料电池在低温情况（低于冰点温度 T_f）运行时，燃料电池内的水蒸气饱和后，析出的液态水将呈现过冷状态即过冷水。过冷水的热力学状态不稳定，会发生随机结冰现象。

当燃料电池温度逐渐升高至冰点温度 T_f 以上时,冰开始融化,如图 3-6 中过程④所示。液态水和冰之间的相变引起的质量源项为

$$S_{l\text{-}i} = \begin{cases} \chi\zeta_{\text{icing}}\varepsilon s_l\rho_l, & T < T_f \\ -\zeta_{\text{melting}}\varepsilon s_i\rho_i, & T \geqslant T_f \end{cases} \tag{3-13}$$

式中:ζ_{icing} 和 ζ_{melting} 分别为液态水结冰过程和冰融化过程的相变速率;ρ_l 和 ρ_i 分别为液态水和冰的密度。

在燃料电池内部催化剂层或气体扩散层中,液态水的冰点热力学温度 T_f 将受到孔隙半径以及接触角的影响,具体表达式如下

$$T_f = 273.15\left(1 + 7.602\times10^{-7}\frac{\cos\theta}{3.336\rho_i r_{\text{porous}}}\right) \tag{3-14}$$

式中:r_{porous} 为孔隙介质的孔隙半径;θ 为相应的接触角。

前面已指出,当燃料电池在低温情况(低于冰点热力学温度 T_f)运行时,析出的液态水呈现过冷状态,会发生随机结冰现象。这是因为过冷水液滴内部会自发形成凝结核,凝结核不断增长并且到达临界尺寸时将发生过冷水结冰现象。假设凝结核的出现是随机且相互独立的,那么在时间间隔 Δt 内,出现 m 个凝结核的概率服从泊松分布[6]:

$$P_m = \frac{N^m}{m!}\exp(-N), \quad m = 0,1,2,\cdots \tag{3-15}$$

式中:N 是 Δt 时间内出现凝结核的平均个数。N 有如下表达式:

$$N = JV_d\Delta t \tag{3-16}$$

式中:J 是形核率;V_d 是过冷水的体积。

根据经典形核理论,形核率 J 可表达为

$$J = C_0\exp\left[-\frac{C_1}{T(\Delta T)^2}\right] \tag{3-17}$$

式中:ΔT 是过冷度,代表燃料电池热力学温度与冰点热力学温度之差,$\Delta T = T - T_f$;C_0 为形核率常数;C_1 与形成临界核的吉布斯自由能有关。

在时间间隔 Δt 内,体积大小为 V_d 的液滴,其结冰概率 $f(V_d, T, \Delta t)$ 等于至少出现一个核($m \geqslant 1$)的概率,即

$$f(V_d, T, \Delta t) = 1 - \exp(-N) \tag{3-18}$$

将式(3-16)和式(3-17)代入式(3-18),可推出结冰概率函数 $f(V_d, T, \Delta t)$ 的表达式[7]:

$$f(V_d, T, \Delta t) = 1 - \exp\left[-C_0 V_d \Delta t \exp\left(-\frac{C_1}{T(\Delta T)^2}\right)\right] \tag{3-19}$$

根据实验结果拟合,可以得到式(3-18)中参数 C_0 和 C_1 取值分别为 $C_0 = 112.7\times10^8$ $\text{m}^{-3}\cdot\text{s}^{-1}$ 和 $C_1 = 40.3\times10^4$ K^3[8]。结冰概率 f 随时间和温度变化如图 3-7 所示,这里假设过冷水的体积 $V_d = 3\times10^{-10}$ m^3。随着时间的增加,结冰概率最终趋于 1.0,并且温度越低,过冷水经过相同时间后结冰概率也越大。

在低温情况(低于冰点热力学温度 T_f)下,若燃料电池内过冷水随机结冰现象发生,此时膜态水饱和后将直接析出冰,如图 3-6 中过程⑤所示。通过差式扫描量热仪(DSC)测量发现,Nafion 质子交换膜在 $-80\sim80$℃的升温过程中,温谱图中出现明显的熔化吸热峰。换言之,在低温情况下,Nafion 质子交换膜内的一部分水会结冰[9],质子交换膜的饱和膜态水含量也相应降低。实验结果表明,在 -25℃和 -10℃下膜态水存在饱和含水量,对应的值

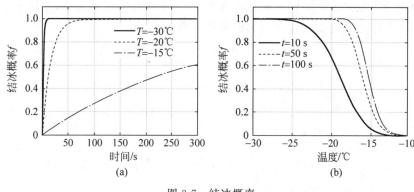

图 3-7 结冰概率

(a) 随时间变化；(b) 随温度变化。

分别为 7.7 和 10.5[10]。通过中子衍射[11]和 X 射线衍射实验[12]都已证实，在低温情况下，膜态水会在膜外析出冰。可以认为在低温情况下，若燃料电池内部过冷水未发生结冰现象，那么此时质子交换膜内膜态水与水蒸气、液态水（过冷水）之间的相变规律仍然可用式(3-8)～式(3-11)进行描述。当燃料电池内部过冷水发生结冰现象时，质子交换膜的饱和水含量降低，质子交换膜内吸收的"过量"膜态水将会析出，并在催化剂层孔隙中形成冰。此时水蒸气的饱和蒸气压为 $p_{sat,i}$，即为水蒸气凝华为冰时的饱和蒸气压，当温度变化范围在 $-104 \sim 0$ ℃时，$p_{sat,i}$ 的表达式如下：

$$p_{sat,i} = \exp(28.868 - 6132.9/T) \qquad (3-20)$$

式(3-20)中，饱和蒸气压 $p_{sat,i}$ 的单位为 Pa。它随温度的升高而不断上升，且其值始终小于 $p_{sat,l}$（水蒸气凝结为过冷水时的饱和蒸气压），如图 3-8 所示。

燃料电池内发生结冰现象后，水蒸气分压 p_{vap} 始终小于或等于饱和蒸气压 $p_{sat,i}$。根据式(3-9)可知，水的最大活度值为 $a_i = p_{sat,i}/p_{sat,l} < 1.0$。将 a_i 代入如下表达式中，可获得燃料电池内部结冰状态下质子交换膜的饱和膜态水含量 λ_{sat}，即

$$\lambda_{sat} = 0.043 + 17.81 a_i - 39.85 a_i^2 + 36.0 a_i^3 \qquad (3-21)$$

图 3-9 给出了 λ_{sat} 随温度变化的规律，温度越低，饱和膜态水含量 λ_{sat} 越小。在 -30 ℃下，$\lambda_{sat} = 6.2$；在 -20 ℃下，$\lambda_{sat} = 7.8$。从图中结果可以看出，与文献[13]和文献[14]结果相比，这里给出的饱和膜态水含量 λ_{sat} 模型所得结果恰好落在两者之间。

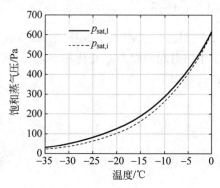

图 3-8 低温下饱和蒸气压随温度变化

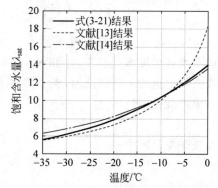

图 3-9 饱和膜态水含量 λ_{sat} 随温度变化与文献[13]和文献[14]结果对比

若燃料电池产物水超过了饱和膜态水含量,产物水将直接析出为冰,如图 3-6 中过程⑤所示。膜态水与冰之间的相变过程引起的质量源项为

$$S_{\text{mw-i}} = \begin{cases} \chi \zeta_{\text{mw-i}} \omega \dfrac{\rho_{\text{mem}}}{EW}(\lambda - \lambda_{\text{sat}}), & \lambda \geqslant \lambda_{\text{sat}} \\ 0, & \lambda < \lambda_{\text{sat}} \end{cases} \quad (3\text{-}22)$$

式中,$\zeta_{\text{mw-i}}$ 表示膜态水与冰之间的相变速率。在低温情况下,水蒸气与冰之间还存在凝华引起的相变,如图 3-6 中过程⑥所示,两者之间的相变引起的质量源项为

$$S_{\text{v-i}} = \begin{cases} \chi \zeta_{\text{de-sub}} \varepsilon (1 - s_{\text{i}} - s_{\text{l}}) \dfrac{p_{\text{vap}} - p_{\text{sat,i}}}{RT} M_{\text{H}_2\text{O}}, & p_{\text{vap}} \geqslant p_{\text{sat}} \\ 0, & p_{\text{vap}} < p_{\text{sat}} \end{cases} \quad (3\text{-}23)$$

式中:$\zeta_{\text{de-sub}}$ 为水蒸气凝华的相变速率。通常在低温条件下,冰升华相变为水蒸气所引起的质量源项较小,因此式(3-23)中忽略了冰升华为水蒸气的相变过程。

上面对燃料电池中不同形态水之间的相变及其相应的质量源项进行了讨论。接下来将对燃料电池内部不同形态水的输运过程及其建模进行讨论,这是燃料电池多场耦合流动和传热建模的关键。

2. 质子交换膜燃料电池内膜态水输运过程与建模

在质子交换膜燃料电池中,膜态水主要存在于质子交换膜和催化剂层中,膜态水的输运主要是由浓度扩散引起的反向扩散、电渗作用及压强差作用下的渗透过程引起。在质子交换膜和催化剂层中,膜态水输运的基本控制方程为

$$\dfrac{\rho_{\text{mem}}}{EW} \dfrac{\partial (\omega \lambda)}{\partial t} = \dfrac{\rho_{\text{mem}}}{EW} \nabla \cdot (\omega^{1.5} D_{\text{mw}} \nabla \lambda) + S_{\text{mw}} \quad (3\text{-}24)$$

式中:ρ_{mem} 和 EW 分别为质子交换膜的密度和等效摩尔质量;ω 为质子交换膜燃料电池膜电极内离子聚合物体积分数,在质子交换膜内 ω 默认为 1.0,在催化剂层中根据实际情况通常取值为 0.1~0.3;D_{mw} 为膜态水的扩散系数,与燃料电池内膜态水含量 λ 和温度 T 相关,其表达式为

$$D_{\text{mw}} = \begin{cases} 3.1 \times 10^{-7} \lambda [\exp(0.28\lambda) - 1] \exp\left(-\dfrac{2436}{T}\right), & 0 < \lambda \leqslant 3 \\ 4.17 \times 10^{-8} \lambda [161\exp(-\lambda) + 1] \exp\left(-\dfrac{2436}{T}\right), & \lambda > 3 \end{cases} \quad (3\text{-}25)$$

方程(3-24)右端 S_{mw} 为质量源项,包含了电化学反应引起的膜态水生成项 $i_{\text{ca}}/2F$,相变引起的膜态水变化项 $S_{\text{mw-v}}$、$S_{\text{mw-l}}$ 和 $S_{\text{mw-i}}$,以及电渗作用引起的膜态水变化项 S_{EOD}。在质子交换膜燃料电池的不同部件内,S_{mw} 具体的表达式分别如下:

在阳极催化剂层中

$$S_{\text{mw}} = S_{\text{EOD}} - S_{\text{mw-v}} - S_{\text{mw-l}} - S_{\text{mw-i}} \quad (3\text{-}26)$$

在质子交换膜中

$$S_{\text{mw}} = S_{\text{EOD}} \quad (3\text{-}27)$$

在阴极催化剂层中

$$S_{\text{mw}} = S_{\text{EOD}} - S_{\text{mw-v}} - S_{\text{mw-l}} - S_{\text{mw-i}} + \dfrac{i_{\text{ca}}}{2F} \quad (3\text{-}28)$$

在式(3-28)中，电渗作用引起的膜态水变化项 S_{EOD} 与燃料电池内部质子电势梯度 $\nabla\phi_e$ 和质子电导率 κ_e^{eff} 有关，表达式为

$$S_{EOD} = \nabla \cdot \left(\frac{2.5\lambda}{22F}\kappa_e^{eff}\nabla\phi_e\right) \tag{3-29}$$

在式(3-29)中，ϕ_e 为燃料电池内部的质子电势。

在方程(3-24)中并没有考虑阴、阳极之间的气体压强差引起的膜态水输运过程，这是因为燃料电池在常压工作时，阴极和阳极之间的气体压强差较小，其影响可以忽略不计。当质子交换膜燃料电池工作电流较大时，为了提高水的反向渗透能力与电渗作用平衡，可考虑提高阴极侧气体的压强，以增大阴、阳极之间气体的压强差，提高膜态水的渗透能力。此时在方程(3-24)中需要补充阴、阳极之间的气体压强差引起的相应作用力项。

3. 燃料电池内液态水输运过程与建模

在质子交换膜燃料电池中，液态水主要存在于催化剂层、气体扩散层及双极板气体流道中。在催化剂层和气体扩散层中，受孔隙介质的影响，液态水的流动主要受流场压强和液态水的表面张力引起的附加压强驱动，相应的流动控制方程为

$$\frac{\partial(\varepsilon s_l \rho_l)}{\partial t} + \nabla \cdot \left(\frac{K_l \mu_g}{K_g \mu_l}\rho_l u_g\right) = \nabla \cdot \left(-\frac{K_l}{\mu_l}\frac{dp_c}{ds_l}\rho_l \nabla s_l\right) + S_l \tag{3-30}$$

式中：μ_l 和 μ_i 分别为燃料电池内液态水和多组分气体的动力黏度；$K_l = K_0 s_l^4 (1-s_i)^4$，$K_g = K_0 (1-s_l-s_i)^4$，分别代表液态水和多组分气体在孔隙介质中的等效渗透率；K_0 为孔隙介质的固有渗透率；p_c 为孔隙介质中液态水表面张力引起的附加压强，表达式为

$$p_c = \begin{cases} \frac{\sigma\cos\theta}{(K_l/\varepsilon)^{0.5}}[1.417(1-s_l) - 2.12(1-s_l)^2 + 1.263(1-s_l)^3], & \theta \leqslant 90° \\ \frac{\sigma\cos\theta}{(K_l/\varepsilon)^{0.5}}(1.417 s_l - 2.12 s_l^2 + 1.263 s_l^3), & \theta > 90° \end{cases} \tag{3-31}$$

式中：θ 为接触角；σ 为液态水的表面张力系数，与温度相关，具体表达式为

$$\sigma = \begin{cases} 0.1218 - 0.0001676T, & 273.15\ \text{K} \leqslant T < 373.15\ \text{K} \\ 0.1130 - 0.0001354T, & 240\ \text{K} \leqslant T < 273.15\ \text{K} \end{cases} \tag{3-32}$$

需要指出，式(3-31)是根据土壤中气-水两相流的实验结果总结得到的经验公式，这与质子交换膜燃料电池中，液态水在碳纸或碳衣中的实际流动状态并不相同，因此式(3-31)给出的气体扩散层中引起液态水传输的表面张力与实验测试结果往往存在差异。另外，在实验中还发现，液态水流过全新的首次使用的气体扩散层所需压力也会大于后续重复实验的结果。

方程(3-30)等号右端 S_l 为质量源项，包括了图 3-6 中膜态水与液态水、液态水与水蒸气，以及液态水与冰之间相变过程引起的液态水变化量。在燃料电池的不同部件内，S_l 的具体表达式分别为

在催化剂层中

$$S_l = S_{v\text{-}l} - S_{l\text{-}i} + S_{mw\text{-}l}M_{H_2O} \tag{3-33}$$

在气体扩散层和双极板气体流道(气道)中

$$S_l = S_{v\text{-}l} - S_{l\text{-}i} \tag{3-34}$$

质子交换膜燃料电池催化剂层的液态水通过气体扩散层进入气道。气道内液态水的流动是一个典型的管道内气液两相流动问题，其流动形态与气道内气相和液相的表观流动速

度密切相关。图 3-10 给出了燃料电池气道内气液两相流动形态的分布图（忽略了气体扩散层的影响），从中可以看出随着气相流动速度的增加，流动形态发生变化并逐渐经历了环状流（annular flow）、波动环状流（wavy annular flow）、波状流（wavy flow）及弹状流（slug flow）。气相流动产生的剪切应力是引起液态水输运的主要动力，当气相流动速度较低时，液态水在气道内积聚并形成弹状流。

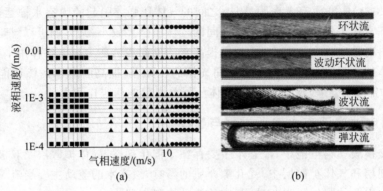

图 3-10 气道内气液两相流动形态[15]
(a) 两相流动状态；(b) 典型流型

若气相流动速度较高，液态水在剪切应力的作用下，沿气道表面铺展，气道内部气液两相流动的状态相对比较稳定。气道内气相和液态水流动的速度分别为

$$\begin{cases} U_g = \dfrac{\dot{m} y_g}{\rho_g} \\ U_l = \dfrac{\dot{m} y_l}{\rho_l} \end{cases}, \quad y_g + y_l = 1 \tag{3-35}$$

式中：$\dot{m}$ 是气道内的质量流率；y_g 和 y_l 分别为气相和液态水的质量分数。

实验观察发现，燃料电池催化剂层中电化学反应的产物水通过气体扩散层进入气道时，首先会在气体扩散层和气道交界面形成液滴。液滴在气道内形成之后，在气流作用下，其受到的阻力（沿流向的拖曳力）为

$$F_{drag} = F_p + F_\mu \tag{3-36}$$

式中：F_p 为作用在液滴表面压力的合力，这是由液滴形状引起的阻力，有

$$F_p = \boldsymbol{i} \int_A p \boldsymbol{n} \, dA \tag{3-37}$$

式中：$\boldsymbol{i}$ 代表气道内气体流动方向单位矢量；$\boldsymbol{n}$ 为液滴表面法线方向单位矢量。式(3-36)中，除压力的合力外，由于气体具有黏性，液滴表面还作用有黏性剪切力 F_μ，其表达式为

$$F_\mu = \boldsymbol{i} \cdot \int_A \mu \boldsymbol{t} \cdot \nabla \boldsymbol{u} \, dA \tag{3-38}$$

式中：$\boldsymbol{t}$ 代表液滴表面切线方向单位矢量。与此同时，液滴具有附着于气道壁面的作用力 F_σ，该作用力与表面张力系数 σ、液滴静态接触角 θ_s、接触角滞后 θ_H 有关，即

$$F_\sigma = 2\sigma \pi d \sin^2 \theta_s \sin \dfrac{\theta_H}{2} \tag{3-39}$$

当液滴受到的气流引起的拖曳力 F_{drag} 比液滴附着于壁面的作用力 F_σ 大时，气道内形成的液滴将会在气流的冲刷作用下从燃料电池内排出。通常情况下，气流的拖曳力随气道

内气流流动速度的增大而增大,因此增大气流速度有利于燃料电池的排水。在燃料电池实际运行过程中,通常会采用周期性的高速气流吹扫,将聚集在燃料电池内部的液态水排出。

4. 质子交换膜燃料电池多场耦合流动与传热建模

如图 3-4 所示,质子交换膜燃料电池在运行过程中,燃料电池内部存在复杂的物理和电化学过程。涉及气-液两相流动、传热和电荷输运等过程,是一个多物理场(流场、浓度场、温度场和电场)、多尺度和多相流(气、液)的传热和传质问题,与之相应的基本方程如下。

1) 质量守恒方程

燃料电池内混合气体(含反应气体和水蒸气)质量守恒方程:

$$\frac{\partial}{\partial t}[\varepsilon(1-s_1-s_i)\rho_g] + \nabla \cdot (\rho_g \boldsymbol{u}_g) = S_m \tag{3-40}$$

式中: $\boldsymbol{u}_g$ 为气体速度; $\rho_g = 1/\sum_n y_n/\rho_n$ 为混合气体密度, ρ_n 和 y_n 分别为混合气体第 n 个组分的密度和质量分数。

在质子交换膜燃料电池中,方程(3-40)仅在混合气体发生流动的催化剂层、气体扩散层和双极板气道中成立。源项 S_m 包括氢气和氧气的消耗及水蒸气的相变引起的质量变化量,具体表达式为:

在阳极催化剂层中

$$S_m = -S_{v\text{-}l} - S_{v\text{-}i} + S_{mw\text{-}v} M_{H_2O} - (i_{an}/2F) M_{H_2} \tag{3-41}$$

在阴极催化剂层中

$$S_m = -S_{v\text{-}l} - S_{v\text{-}i} + S_{mw\text{-}v} M_{H_2O} - (i_{ca}/4F) M_{O_2} \tag{3-42}$$

在气体扩散层和双极板气道中

$$S_m = -S_{v\text{-}l} - S_{v\text{-}i} \tag{3-43}$$

式中: i_{an} 和 i_{ca} 分别为阴极和阳极的电流密度; M_{H_2}、M_{O_2} 和 M_{H_2O} 分别为氢气、氧气和水蒸气的摩尔质量。

2) 动量守恒方程

燃料电池内混合气体动量守恒方程:

$$\frac{\partial}{\partial t}\left[\frac{\rho_g \boldsymbol{u}_g}{\varepsilon(1-s_1-s_i)}\right] + \nabla \cdot \left[\frac{\rho_g \boldsymbol{u}_g \boldsymbol{u}_g}{\varepsilon^2(1-s_1-s_i)^2}\right]$$

$$= -\nabla p_g - \frac{2}{3}\mu_g \nabla\left[\nabla \cdot \left(\frac{\boldsymbol{u}_g}{\varepsilon(1-s_1-s_i)}\right)\right] +$$

$$\mu_g \nabla \left[\nabla \cdot \left(\frac{\boldsymbol{u}_g}{\varepsilon(1-s_1-s_i)}\right) + \nabla\left(\frac{\boldsymbol{u}_g}{\varepsilon(1-s_1-s_i)}\right)^{tr}\right] + \boldsymbol{S}_u \tag{3-44}$$

与方程(3-40)相似,方程(3-44)仅在混合气体发生流动的催化剂层、气体扩散层和双极板气道中成立。p_g 为混合气体压力,μ_g 为混合气体动力黏度,源项 $\boldsymbol{S}_u$ 体现了催化剂层和气体扩散层孔隙介质对混合气体流动产生的阻力。根据达西定律可得:

在催化剂层和气体扩散层中

$$\boldsymbol{S}_u = -(\mu_g/K_g)\boldsymbol{u}_g \tag{3-45}$$

式中: K_g 为多组分气体在孔隙介质中的等效渗透率。

在双极板气道中

$$S_u = 0 \tag{3-46}$$

3) 混合气体组分输运方程

燃料电池内混合气体组分输运方程：

$$\frac{\partial}{\partial t}[\varepsilon(1-s_l-s_i)\rho_g Y_n] + \nabla \cdot (\rho_g \boldsymbol{u}_g Y_n) = \nabla \cdot (\rho_g \boldsymbol{D}_{\text{eff},n} \nabla Y_n) + S_n \tag{3-47}$$

对质子交换膜燃料电池来说，方程(3-47)仅在混合气体发生流动的催化剂层、气体扩散层和双极板气道中成立。组分 n 可表示氢气、氧气或水蒸气，$\boldsymbol{D}_{\text{eff},n}$ 为气体组分 n 的有效扩散系数。质子交换膜燃料电池的催化剂层和气体扩散层由孔隙介质组成，其内部气体流动速度较低，气体浓度梯度引起的扩散成为气体的主要输运方式。若燃料电池内部催化剂层和气体扩散层结构呈现空间各向同性，那么 $D_{\text{eff},n}$ 可视为一个标量。表 3-2 给出了质子交换膜燃料电池中常见气体组分在空气中的双组分气体扩散系数取值。对于水蒸气而言，通常采用如下公式：

$$D_{v,\text{air}} = 1.97 \times 10^{-5} \left(\frac{p_0}{p}\right) \left(\frac{T}{T_0}\right)^{1.685}, \quad 273 \text{ K} \leqslant T \leqslant 373 \text{ K} \tag{3-48}$$

这里参数 $p_0 = 1$ atm (1 atm = 101.325 kPa)，$T_0 = 256$ K。当水蒸气温度变化范围更大时，也可采用如下公式：

$$D_{v,\text{air}} = \begin{cases} 1.87 \times 10^{-10} \dfrac{T^{2.072}}{p}, & 280 \text{ K} \leqslant T \leqslant 450 \text{ K} \\ 2.75 \times 10^{-9} \dfrac{T^{1.632}}{p}, & 450 \text{ K} \leqslant T \leqslant 1070 \text{ K} \end{cases} \tag{3-49}$$

式(3-48)和式(3-49)中 p 与 T 的单位分别为 atm 和 K。

表 3-2　单位大气压下燃料电池中常见气体在空气中的扩散系数随温度的变化

温度/K	双组分气体扩散系数/($10^4 \times \text{m}^2/\text{s}$)				
	O_2	CO_2	CO	H_2	H_2O(气)
200	0.095	0.074	0.098	0.375	0.1095
300	0.188	0.157	0.202	0.777	0.2538
400	0.325	0.263	0.332	1.25	0.4606
500	0.475	0.385	0.485	1.71	0.6983
600	0.646	0.537	0.659	2.44	0.9403
700	0.838	0.684	0.854	3.17	1.2093

需要指出的是，表 3-2 给出的气体扩散系数是在空间各向同性条件下的。然而，在纤维组成的气体扩散层中，空间结构存在明显的方向性，不再满足各向同性假设。此时气体扩散系数为一个二阶张量 $\boldsymbol{D}_f^n = [D_f^n]_{3\times 3}$，代表不同方向上气体扩散传输的能力各不相同。方程(3-47)中源项 S_n 包括氢气、氧气消耗或水蒸气相变引起的质量变化量，表达式为：

在阳极催化剂层中

$$\begin{cases} S_{H_2} = -(i_{\text{an}}/2F) M_{H_2} \\ S_{H_2O} = -S_{v\text{-}l} - S_{v\text{-}i} + S_{\text{mw-v}} M_{H_2O} \end{cases} \tag{3-50}$$

在阴极催化剂层中

$$\begin{cases} S_{O_2} = -(i_{\text{ca}}/4F) M_{O_2} \\ S_{H_2O} = -S_{v\text{-}l} - S_{v\text{-}i} + S_{\text{mw-v}} M_{H_2O} \end{cases} \tag{3-51}$$

在气体扩散层和双极板气道中

$$S_{H_2O} = -S_{v\text{-}l} - S_{v\text{-}i} \tag{3-52}$$

4)冰的质量守恒方程

若燃料电池在低温环境下运行且燃料电池内出现过冷水结冰现象,相应的冰的质量守恒方程为

$$\frac{\partial(\varepsilon s_i \rho_i)}{\partial t} = S_i \tag{3-53}$$

通常情况下,燃料电池内液态水结冰现象可发生在催化剂层、气体扩散层和双极板气道中,即方程(3-53)在催化剂层、气体扩散层和双极板气道中均成立。源项 S_i 为冰的相变引起的质量变化量,表达式为:

在催化剂层中

$$S_i = S_{v\text{-}i} + S_{l\text{-}i} + S_{mw\text{-}i} M_{H_2O} \tag{3-54}$$

在气体扩散层和双极板气道中

$$S_i = S_{v\text{-}i} + S_{l\text{-}i} \tag{3-55}$$

5)燃料电池的能量守恒方程

燃料电池虽具有较高的能量转换效率,但其运行过程中依然会有大量的热产生。燃料电池内部不同组件的热力学属性各不相同,且其内部热源的分布状态与其温度分布相互耦合。相应的能量守恒方程如下

$$\frac{\partial}{\partial t}[(\rho C_p)_{\text{eff,fl-sl}} T] + \nabla \cdot [(\rho C_p)_{\text{eff,fl}} \boldsymbol{u}_g T] = \nabla \cdot (k_{\text{eff,fl-sl}} \nabla T) + S_T \tag{3-56}$$

与方程(3-40)、方程(3-44)、方程(3-47)和方程(3-53)不同,热量可以在质子交换膜和固体双极板中传输。方程(3-56)在质子交换膜燃料电池的催化剂层、气体扩散层和双极板气道,以及质子交换膜和双极板中均成立。式中:$(\rho C_p)_{\text{eff,fl-sl}}$ 为流体和固体介质的有效体积比热容;$k_{\text{eff,fl-sl}}$ 为流体和固体介质的有效热导率;源项 S_T 包括可逆热、活化热、欧姆热和相变热,具体表达式为

在质子交换膜中

$$S_T = \kappa_{\text{eff,e}} |\nabla \phi_e|^2 \tag{3-57}$$

在阳极催化剂层中

$$S_T = \kappa_{\text{eff,e}} |\nabla \phi_e|^2 + \kappa_{\text{eff,s}} |\nabla \phi_s|^2 + ti_{\text{an}} |\eta_{\text{an}}| + S_{\text{pc}} \tag{3-58}$$

式中:$\kappa_{\text{eff,s}}$ 为电子有效电导率;燃料电池内 ϕ_s 为电子电势;$\eta_{\text{an}} = \phi_s - \phi_e$ 为阳极过电势;S_{pc} 为催化剂层中产物水不同形态之间发生相变所引起的相变吸热或放热。

在阴极催化剂层中

$$S_T = \kappa_{\text{eff,e}} |\nabla \phi_e|^2 + \kappa_{\text{eff,s}} |\nabla \phi_s|^2 + i_{\text{ca}} |\eta_{\text{ca}}| - i_{\text{ca}} T(\Delta S/2F) + S_{\text{pc}} \tag{3-59}$$

式中:$\eta_{\text{ca}} = \phi_s - \phi_e - V_{\text{open}}$ 为阴极过电势,V_{open} 为燃料电池开路电压;ΔS 为电化学反应过程熵增。

在气体扩散层中

$$S_T = \kappa_{\text{eff,s}} |\nabla \phi_s|^2 + S_{\text{pc}} \tag{3-60}$$

在双极板气道中

$$S_T = S_{\text{pc}} \tag{3-61}$$

在双极板中

$$S_T = \kappa_{\text{eff,s}} |\nabla \phi_s|^2 \tag{3-62}$$

式(3-57)~式(3-60)及式(3-62)均考虑了欧姆热。在式(3-61)中,由于气体不导电,因此在双极板气道中仅考虑了冰、液态水和水蒸气之间相变引起的吸热或放热。

6) 电子与质子守恒方程

在燃料电池内,除存在气体流动和热量传递外,还存在质子和电子的传导和输运过程。质子仅在催化剂层和质子交换膜中进行输运,电子在催化剂层、气体扩散层和双极板中进行传递。电子和质子守恒方程如下。

(1) 电子守恒方程:

$$-C_{dl}\frac{\partial \eta}{\partial t}+\nabla \cdot (\kappa_{eff,s}\nabla \phi_s)+S_s=0 \tag{3-63}$$

式中:ϕ_s 为电子电势;$\kappa_{eff,s}$ 为电子有效电导率。源项 S_s 为电荷源项,表达式如下:

在阳极催化剂层中

$$S_s=-i_{an} \tag{3-64}$$

在阴极催化剂层中

$$S_s=i_{ca} \tag{3-65}$$

(2) 质子守恒方程:

$$C_{dl}\frac{\partial \eta}{\partial t}+\nabla \cdot (\kappa_{eff,e}\nabla \phi_e)+S_e=0 \tag{3-66}$$

式中:ϕ_e 为质子电势;$\kappa_{eff,e}$ 为质子有效电导率。源项 S_e 为质子源项,表达式如下:

在阳极催化剂层中

$$S_e=i_{an} \tag{3-67}$$

在阴极催化剂层中

$$S_e=-i_{ca} \tag{3-68}$$

阳极和阴极的电流密度 i_{an} 和 i_{ca} 反映了质子交换膜燃料电池中电化学反应的速率,可以通过巴特勒-福尔默(Butler-Volmer)方程来描述,表达式如下:

$$i_{an}=i_{an}^{ref}(1-s_l-s_i)\left(\frac{C_{H_2}}{C_{H_2}^{ref}}\right)^{1/2}\left[\exp\left(\frac{2\alpha_{an}F}{RT}\eta_{an}\right)-\exp\left(-\frac{2\alpha_{ca}F}{RT}\eta_{an}\right)\right] \tag{3-69}$$

$$i_{ca}=i_{ca}^{ref}(1-s_l-s_i)\left(\frac{C_{O_2}}{C_{O_2}^{ref}}\right)\left[\exp\left(-\frac{4\alpha_{an}F}{RT}\eta_{ca}\right)-\exp\left(\frac{4\alpha_{ca}F}{RT}\eta_{ca}\right)\right] \tag{3-70}$$

上两式中:C_{H_2} 和 C_{O_2} 分别为氢气和氧气的摩尔浓度,$C_{H_2}^{ref}$ 和 $C_{O_2}^{ref}$ 为参考摩尔浓度;F 为法拉第常数,$F=96\,485\,C/mol$;R 为摩尔气体常数,$R=8.314\,J/(mol \cdot K)$;i_{an}^{ref} 和 i_{ca}^{ref} 分别为阳极和阴极参考电流密度;α_{an} 和 α_{ca} 分别为阳极和阴极的传递系数,其取值大小分别与燃料电池阳极和阴极催化剂层的电化学性能相关。

方程(3-63)和方程(3-66)考虑了燃料电池内部电解质与电极接触面之间存在的双电层效应,在进行质子交换膜燃料电池快速非定常动态特性分析时,需要考虑此效应[16]。$C_{dl}=\xi C_{df}$,为双电层效应引起的单位体积电容,其中,ξ 为燃料电池催化剂层的比表面积(与电极孔隙介质结构有关),C_{df} 为燃料电池催化剂层的微分电容(与催化剂属性有关)。通常情况下,C_{dl} 仅在燃料电池催化剂层内取值,在其余结构中均取 $C_{dl}=0$。

5. 质子交换膜燃料电池多场耦合流动与传热仿真

前面给出了质子交换膜燃料电池多场耦合流动与传热模型,接下来将以图3-10所示的单气道质子交换膜燃料电池模型为例,对燃料电池多场耦合流动与传热仿真过程进行介绍。通过仿真,可以获得燃料电池工作过程中内部电流密度、温度分布的规律,进而可以对燃料电池双极板结构、运行参数等进行优化设计,进一步提升燃料电池能量转换效率。图 3-11(a)所示为质子交换膜燃料电池的基本结构,阳极和阴极气体采用同向流动布置。

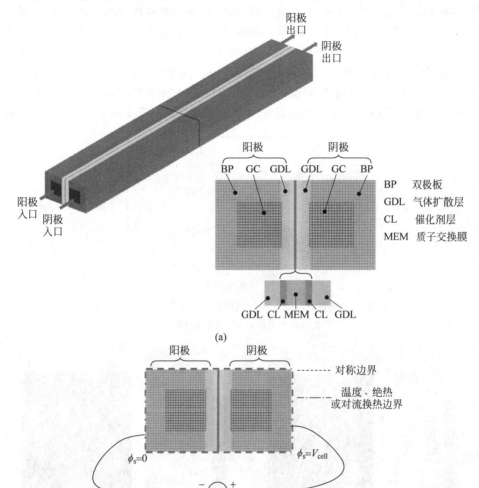

彩图 3-11

图 3-11 单气道质子交换膜燃料电池模型
(a) 基本结构;(b) 边界条件设置

在模型仿真过程中,根据燃料电池工作状态,如输出电流等,在一定的气体过量系数条件下,给定燃料电池阴极和阳极入口气体流量和出口气体的压强;在气道壁面上,给定气体运动速度为零的黏附边界条件;在双极板两侧,可根据实际情况设置温度、绝热或对流换热边界条件,如图 3-11(b)所示。燃料电池双极板阴极为外电路正极,双极板阳极为外电路负极,因此,在阳极双极板通常将电子电势设为 $\phi_s=0$,在阴极双极板通常将电子电势设置为燃料电池工作电压 $\phi_s=U_{cell}$(恒定电压模式),也可以在阴极设置电子电势的导数 $\bm{n}\cdot\nabla\phi_s=-I/(\kappa_{eff,s}A)$(恒定电流模式),其中 $\bm{n}$ 代表阴极双极板外法线方向单位矢量,I 为燃料电池工作电流,A 为双极板集流区面积。由于电子、液态水、水蒸气及反应混合气体通常视为无法穿透质子交换膜,在质子交换膜和催化剂层交界面上,应设置电子、液态水、水蒸气及反应混合气体的法向通量为零。膜态水和质子仅在催化剂层和膜电极中进行输运和传导,因此在催化剂层和气体扩散层交界面上,应设置膜态水和质子的法向通量为零。

在完成上述边界条件的设置后,可采用有限体积法、差分法或者有限元方法对上述质子交换膜燃料电池多场耦合流动和传热模型进行求解,获得燃料电池输出电压和电流之间的关系曲线(即极化曲线),如图 3-12 所示。同时,还可以获得燃料电池内部反应气体摩尔浓度、液态水等的分布情况,如图 3-13 所示。从图 3-12 中可以看出,由于燃料电池内部反应气体不断被电化学反应所消耗,沿气体流动方向反应气体摩尔浓度不断下降,液态水含量不断上升。与双极板气道区域相比,脊部区域反应气体的摩尔浓度相对较低,而液态水含量相对较高。通过优化气道长度、气道与脊部宽度比,可有效地提高额定工况下的电池输出功率。

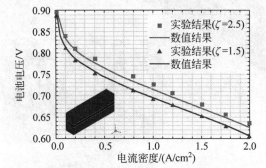

彩图 3-12

图 3-12　燃料电池极化曲线数值仿真结果和实验结果对比

注: ζ 为燃料电池入口气体过量系数。

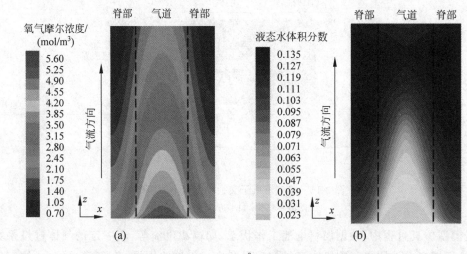

彩图 3-13

图 3-13　电流密度为 1.0 A/cm² 时燃料电池内物质浓度分布

(a) 氧气摩尔浓度分布; (b) 液态水体积分数

图 3-14 给出了反应面积为 5 cm×5 cm 且具有蛇形气体流道的质子交换膜燃料电池结构和数值仿真所得极化曲线。从中可以明显看出随着燃料电池电流密度的增加,燃料电池分别呈现出极化损失、欧姆损失和传质损失三个阶段。

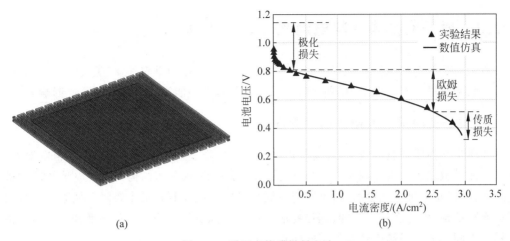

图 3-14 质子交换膜燃料电池
(a) 双极板和燃料电池结构；(b) 极化曲线

图 3-15 给出了单燃料电池膜电极内阴极液态水含量(体积分数)和质子交换膜内膜态水含量分布情况。阳极和阴极气体采用同向流动，入口气体相对湿度为 90%，燃料电池输出电流密度为 2.95 A/cm^2。在靠近出口位置附近，燃料电池内液态水和膜态水含量均会有所增大。在此条件下燃料电池输出电流较大，燃料电池内部质子迁移引起的电渗作用较强，导致燃料电池内部的膜态水向阴极催化剂层迁移。如图 3-15(b) 所示，虽然燃料电池入口气体湿度为 90%，但在电渗作用下，燃料电池内部质子交换膜中的膜态水在气体入口区域会出现膜干现象。针对上述仿真结果，在燃料电池实际运行操作过程中，通过采用阳极和阴极气体对向流动的设置，可以在一定程度上有效缓解气体入口区域的膜干现象，改善燃料电池性能。

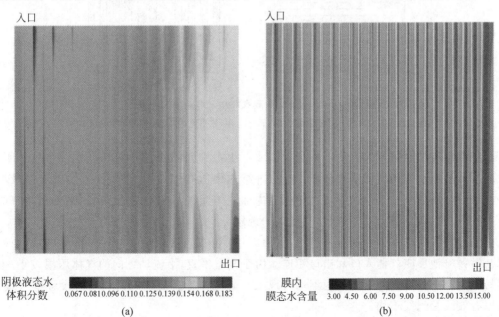

图 3-15 平均电流密度为 2.95 A/cm^2 时质子交换膜燃料电池内的水分布
(a) 阴极液态水分布；(b) 膜态水分布

3.2.3 质子交换膜燃料电池气、水、热管理

质子交换膜燃料电池在运行过程中需不断消耗一定量的反应气体(氢气和氧气)并产生大量的水和热量。燃料电池内部的气、水和热管理对其性能和稳定性具有重要影响。

1. 质子交换膜燃料电池的气管理

在质子交换膜燃料电池中,反应气体从气体入口经过双极板气道配送到燃料电池内部,经过气体扩散层进入催化剂层并参与电化学反应。双极板气道结构与燃料电池的性能密切相关,通过优化双极板气道结构,可以有效提高燃料电池性能和工作效率。气道布局结构主要有点阵结构、平行直流道结构、(多)蛇形流道结构和交错流道结构等多种形式,如图 3-16 所示。不同气道布局结构具有不同的优缺点。

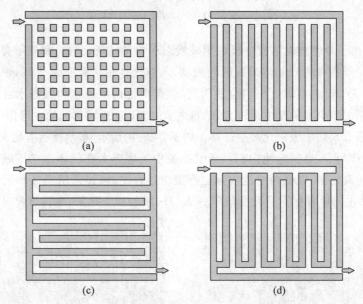

图 3-16 质子交换膜燃料电池气道布局结构
(a) 点阵结构;(b) 平行直流道结构;(c) (多)蛇形流道结构;(d) 交错流道结构

点阵结构的双极板气道由一系列规则或不规则排列的柱状体构成,如图 3-16(a)所示,反应气体沿流动方向气体压损较小。但点阵结构中所有气道均相连,气体易沿压损最小路径流动,形成流动滞止区域,导致燃料电池内部气体配送不均匀,在大电流、高输出功率的工作条件下,容易出现电池工作状态不稳定的现象。

平行直流道结构的双极板气道由一系列平行气道组成,如图 3-16(b)所示,气道两端分别与燃料电池反应气体入口和出口相连。由于气道平直,沿流动方向的气体压损较小,但也容易出现燃料电池内部气体配送不均匀现象。通过在平行流道入口和出口设计配气歧管,可以有效改善配气不均匀性。

与平行直流道结构不同,在蛇形流道结构中,相邻气道之间通过转折结构相连,如图 3-16(c)所示,气体沿气道流动的压损较大,燃料电池及内部气体配送较为均匀。但该结

构不适用于具有较大反应面积的燃料电池。将蛇形流道结构中的单一气道改为多个气道，就可以得到多蛇形流道结构，可以缓解具有较大反应面积的燃料电池中单一气道蛇形流道结构带来的流动压损较高的问题。多蛇形流道结构在一定程度上可以增大燃料电池排气压强，有利于提高燃料电池涡轮发电系统效率。

交错流道结构由两组交叉排列的气道组成，如图 3-16(d) 所示，两组气道的一端分别与反应气体入口或出口相连接，而另一端封闭。反应气体从入口进入，在压力作用下流过气体扩散层和催化剂层，进入与出口相连接的气道并最终流出。反应气体需流经气体扩散层和催化剂层，流动的压损较高，但却可以有效地提高燃料电池内部的反应气体配送的均匀性，在大电流负载情况下，依然可以获得较好的燃料电池性能。

除上述常见的气道布局结构外，随着燃料电池的发展，还逐渐出现了一些极具创新性的设计。如图 3-17(a) 所示，气体从入口到出口不再沿单一的气道流动，内部有分流与合并过程，极大地增强了流动的掺混效应。在绝大部分的设计中，气体均在气道分布的平面内做二维流动，沿燃料电池厚度方向的气流流动速度几乎为零。图 3-17(b) 为日本丰田公司设计的金属双极板，通过合理设计，使得气道中的气体具有沿燃料电池厚度方向的流动分量，一方面增强了反应物向气体扩散层和催化剂层的输运强度，另一方面也大大提升了反应产物的排出能力。还有一些气道布局结构从仿生学的角度，基于树叶、人体肺部气管分布，设计了与之相似的气道分布形式，以期获得较好的配气均匀性和燃料电池性能。这一类型的设计，由于其结构相对复杂，给生产和加工带来了较大的难度，目前还未得到实际运用。同时与交错流道结构类似，该类型设计的流动压损较高，使燃料电池排气压强有所降低，这给提高燃料电池涡轮发电系统的效率带来了不利的影响。综上所述，采用何种气道布局结构的双极板需要综合进行考虑。

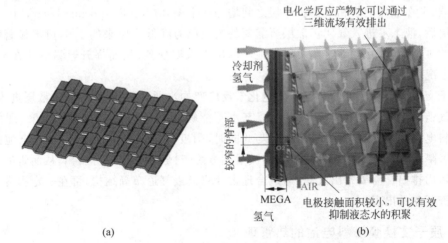

彩图 3-17

图 3-17 其他质子交换膜燃料电池气道布局结构
(a) 创新气道结构；(b) 日本丰田三维气道结构

2. 质子交换膜燃料电池的水管理

质子交换膜燃料电池中水的形态包括膜态水、液态水和水蒸气。在低温情况下，燃料电池内部可能还有固态冰存在。膜态水含量与质子交换膜的质子导电性能密切相关，而膜态水与燃料电池内水蒸气、液态水甚至冰的分布与含量直接相关。通过控制燃料电池内水蒸气、液态水或冰的含量与分布,可以间接地实现对质子交换膜内膜态水含量的管理,进而影响燃料电池的对外输出性能。

当燃料电池内部水蒸气未达到饱和(水蒸气分压未达到饱和蒸气压)前,燃料电池内部通常不会有液态水(或冰)出现,此时燃料电池内的质子交换膜处于部分润湿状态,水蒸气在燃料电池内部的对流和扩散输运过程与反应气体相似。当燃料电池内水蒸气达到饱和后,质子交换膜完全润湿且质子电导率有所提高。在燃料电池催化剂层、气体扩散层甚至双极板气道中将会有液态水(或冰)析出。液态水的存在可能会阻塞燃料电池内催化剂层和气体扩散层中气体传输的微孔隙,导致燃料电池性能下降。液滴尺寸大小与孔隙介质的结构有关。通常在碳纸表面凝结的水滴直径大约为 $200~\mu m$,而在碳衣表面凝结的水滴直径可以达到 $10~\mu m$ 左右。水滴在表面张力的作用下,逐渐汇聚形成树根状的液态水流动分支,分支进一步汇聚形成主流并在表面张力的作用下向气道输运,最终在气体扩散层与气道的交界面析出肉眼可见的液滴。通过上述过程,在催化剂层和气道之间建立起一条液态水的输运通道,电化学反应产生的液态水在表面张力的作用下不断向气道输运。通过合理设计燃料电池内催化剂层与气体扩散层孔隙介质的孔隙率、渗透率、微孔通道尺寸和亲疏水性,可以对输运通道中液态水的输运过程进行控制。如果输运通道壁面具有亲水性,在表面张力的作用下,会将水吸入通道。反之,如果输运通道壁面具有疏水性,在表面张力的作用下,会将通道中的水排出。通常情况下,质子交换膜燃料电池内部催化剂层与气体扩散层孔隙介质的孔隙率、渗透率、微孔通道尺寸、亲疏水性会存在一定差异。当液态水从催化剂层流入不同属性的气体扩散层时,需要在催化剂层和气体扩散层交界面两侧"施加"一定的压强差(即突破压力),才能够将液态水推入疏水的气体扩散层。为了减小突破压力对燃料电池排水性能的影响,可在催化剂层和气体扩散层之间增加一个微孔层(microporous layer, MPL)。引入微孔层后,液态水进入气体扩散层所需要的突破压力降低为原来的 1/5,可以显著增强燃料电池的排水能力,有效地避免燃料电池内部出现水淹现象,从而提升燃料电池在高功率、大电流工况下的性能。

质子交换膜燃料电池催化剂层中电化学反应产物水通过微孔层、气体扩散层进入气道,并经过气道排出。若燃料电池气道内液态水不能够顺利排出并出现大量积聚(即气道水淹),燃料电池输出电压将会出现振荡,与此同时,阴极气道压损快速增大,燃料电池的性能将会显著降低。通常采用提高阴极气体流量的方法,对燃料电池进行吹扫,从而将液态水从阴极气道内排出。需要指出的是,通过合理设计双极板气道布局结构,可在一定程度上避免气道水淹现象的出现。

3. 质子交换膜燃料电池的热管理

质子交换膜燃料电池虽具有较高的能量转换效率,但在其运行过程中仍然会有大量的热量产生,产热总量甚至可与其发电量相当。由于燃料电池的运行温度范围一般在 $60\sim90℃$,通过反应排放物带走的热量几乎可以忽略不计,因此需要采取有效手段将燃料电池运行过程中产生的热量及时从燃料电池内部带走,使燃料电池运行温度维持在适宜范围内,以避免燃料电池组件(特别是质子交换膜)出现过热现象。

燃料电池内部热量的产生主要来自电化学反应热、欧姆热和相变热。由于燃料电池内部不同组件的热力学属性各不相同,并且燃料电池内部热源的分布状态与其温度分布相互耦合,这使得燃料电池冷却系统的设计及热管理过程变得较为复杂。质子交换膜燃料电池常见的冷却方式主要有双极板直接冷却、热管相变冷却和冷却液冷却等方式,如图 3-18 所示。

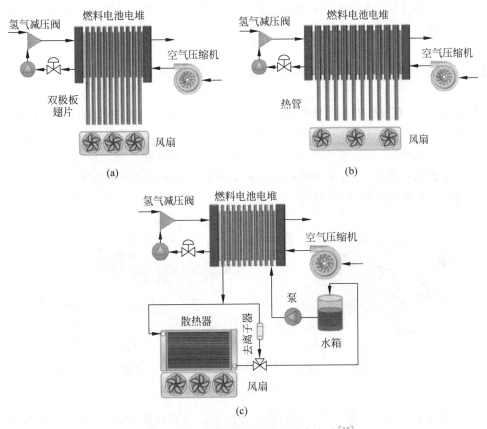

图 3-18　质子交换膜燃料电池冷却方式[17]
(a) 双极板直接冷却；(b) 热管相变冷却；(c) 冷却液冷却

双极板直接冷却方式是指通过采用具有高热导率的材料制作双极板,使其能够将燃料电池内部产生的热量通过热传导的方式导出,然后通过双极板周围的冷却空气或其他冷却介质带走。该冷却方式的优点是结构简单、无需额外的冷却系统或者冷却液、无需额外耗功。由于燃料电池内部热量完全依靠热传导导出,传递的热量与温度梯度成正比,当燃料电池工作在大电流负载情况下,燃料电池内部温差较大。另外,该设计对反应面积较大的质子交换膜燃料电池也不适用。热管相变冷却方式是指在双极板中布置热管,将燃料电池内部的热量导出。该冷却方式具有结构简单、无需额外冷却系统或者冷却液、无需额外循环和耗功等特点。与双极板直接冷却方式相比,采用热管相变冷却方式后,燃料电池内部温度分布的均匀性可以大幅提升。

为了进一步提高燃料电池内部温度分布的均匀性和热管理系统的调节能力,通常情况下可在燃料电池内部布置冷却板,冷却板内部充满冷却液并与外部循环系统相连形成冷却系统。与前面两种冷却方式相比,冷却液冷却方式的温度控制能力强,可根据燃料电池运行状态,优化设计冷却板内冷却流道的结构和尺寸,提高燃料电池反应面内温度分布的均匀性。另外,通过合理布置燃料电池电堆中冷却板的数目和位置,可以有效提升燃料电池电堆单元燃料电池间温度分布均匀性,保证燃料电池运行的安全性、稳定性和寿命。然而,冷却液冷却方式需要外部冷却液循环和散热系统且需要额外耗功以维持冷却液循环系统的运行,同时,冷却系统的密封、绝缘等问题也需要一并考虑。这在一定程度上增加了燃料电池系统的复杂性。

3.2.4 质子交换膜燃料电池热管双极板技术

如前所述,在双极板中布置热管进行散热,可以改善燃料电池内部温度分布均匀性,同时具有结构简单、无需额外耗功等特点。然而如图3-19所示,无论是采用传统柱状热管还是平板热管,均会导致单个燃料电池的厚度增加,从而降低其功率密度。若通过减小柱状热管直径或平板热管厚度,以及减小燃料电池体积来提升燃料电池功率密度,则又会导致热管与热源有效接触面积减小或导热极限降低等问题。

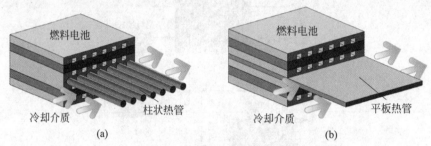

图3-19 典型热管式燃料电池热管理系统示意图
(a) 柱状热管;(b) 平板热管

为了解决上述燃料电池功率密度和热管理性能之间存在的矛盾,清华大学科研团队提出了热管双极板技术[17],实现超薄平板热管和燃料电池双极板的一体化。热管双极板主要由管壳、毛细芯和蒸气腔组成。由燃料电池的两个单极板构成热管的管壳,在单极板的内表面附着有金属毛细芯。两个单极板之间的通道形成密封空腔,内部填充热管工质。在热管双极板的蒸发段,如图3-20所示,燃料电池反应物和热管工质的流道位于热管双极板的相

彩图3-20

图3-20 热管双极板蒸发段工作原理示意图[17]

对侧。燃料电池在运行过程中反应所产生的热量主要通过热传导传递至热管双极板的蒸发端脊部区域,随后毛细芯内的液态工质吸收热量并在脊部附近发生相变(转变)为蒸气,由此产生的压力差驱动工作介质蒸气向热管双极板的冷凝端迁移。到达冷凝段后,气态工质释放热量后凝结为液态,在毛细芯内部表面张力的作用下,液态工作介质自冷凝段回流至蒸发段,完成工质的循环。通过工质在蒸发段的吸热和在冷凝段的放热过程,将热量从燃料电池内部导出。

图 3-21 显示了液体冷却、热管双极板冷却和超薄平板热管冷却下燃料电池的结构差异。在热管双极板冷却方案中,热管管壳与双极板是一体化部件;而在超薄平板热管冷却方案中,两者为不同的部件。对于液体冷却方式,双极板厚度(t_{BP})等于两个单极板高度的总和。在热管双极板冷却方式中,双极板的厚度(t_{HPBP})不仅包括两个单极板的高度,还包括两侧毛细芯的厚度(t_w),为它们之和。在超薄平板热管冷却方式中,双极板的厚度(t_{BP})是两个单极板的厚度与超薄平板热管的厚度(t_{UTFPHP})的和,后者为两倍的管壳厚度、两倍的毛细芯厚度以及蒸气腔厚度的和。一般情况下,相较于液体冷却方式,采用热管双极板冷却方式后,单个燃料电池厚度增加幅值仅为 14%,而采用超薄平板热管冷却方式后,单个燃料电池厚度增加幅值约为 114%。

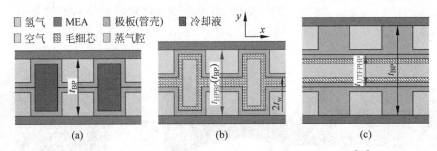

图 3-21 三种燃料电池冷却方式电池横截面尺寸对比图[17]
(a) 液体冷却;(b) 热管双极板冷却;(c) 超薄平板热管冷却

综合来看,热管冷却方式无需额外耗功,能够省却液体冷却式热管理系统中的冷却液循环回路,为系统功率密度的提高创造条件。而采用热管双极板技术,能够有效降低传统热管冷却式燃料电池电堆的体积。以电极面积功率密度为 1.60 W/cm² 的燃料电池为例,采用热管双极板技术后,相比液体冷却方式,通过去除液体循环回路附件,燃料电池系统的质量功率密度和体积功率密度分别提高约 16% 和 25%。

3.3 高排温质子交换膜燃料电池新技术

质子交换膜燃料电池的运行温度通常在 60~90℃,较低的运行温度使得质子交换膜燃料电池具有较好的系统响应速度和动态性能。但是较低的燃料电池排气温度,会使得燃料电池与燃气涡轮的匹配运行困难,导致系统效率降低。为了提高质子交换膜燃料电池涡轮发电系统的效率,通过基于氢气燃烧的高排温质子交换膜燃料电池新技术,提高燃料电池排气温度,实现与涡轮发电系统匹配,达到提高燃料电池涡轮发电系统整体效率和功率密度的目的。

氢气燃烧具有着火范围宽、火焰传播速度快和点火能量低等特性。燃烧的方式主要有火焰燃烧和催化燃烧。为降低其燃烧对环境造成的污染，火焰燃烧以氢气微混燃烧技术为主。通过微通道将大尺度火焰转化为多个微小尺度火焰，增强空气和氢气局部混合强度，提升火焰温度分布的均匀性。对于微混燃烧，燃烧组织方式包括预混燃烧和非预混燃烧。预混燃烧是指氢气和空气在微通道内预先掺混，然后通过同一喷孔共同射流喷出。非预混燃烧也称为扩散燃烧，氢气通过微小喷孔横向喷射进入，并与主流高速空气进行混合燃烧，形成多个微小尺度的扩散火焰。在每个扩散火焰中实现贫氢燃烧，在对火焰温度进行控制的同时减少氮氧化物的排放。

图 3-22 所示为氢气的微混扩散燃烧与燃烧器喷头示意图。空气进入燃烧器后，流经氢燃烧喷头时，在喷头的微孔道中发生微混合，并在燃烧喷头出口附近发生燃烧，使出口气体温度迅速升至 1200℃ 甚至更高。为了有效实现氢气的微混扩散燃烧，这里设计了如图 3-23 所示的燃烧器。由于氢燃烧温度较高，为确保燃烧器结构的安全性，引入冷却气体对氢燃烧器的燃烧室外壁进行冷却。

图 3-22 氢气的微混扩散燃烧

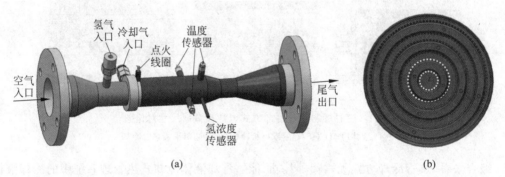

图 3-23 氢气的微混扩散燃烧器及氢燃烧器喷头
(a) 微混扩散燃烧器；(b) 燃烧器喷头

与火焰燃烧相比，氢气催化燃烧是通过催化剂促使氢气与氧气发生反应，生成水蒸气并释放热量的过程。催化燃烧是一种预混的无火焰燃烧方式，具有多个优点。首先，催化剂可以降低反应的活化能，使反应可以在较低的温度下进行（通常在 500~600℃），从而节省燃料；其次，催化剂可以提高反应的选择性，使反应产物更纯净，减少环境污染；此外，催化燃烧反应通常具有较高的反应速率和较低的副反应产物生成，具有较高的反应效率。

图 3-24 所示为氢气催化燃烧器和催化芯体的结构。氢气进入燃烧器后，通过掺混器与进入燃烧器的空气充分混合。混合均匀后的预混气体流经催化芯，在催化芯体表面的催化剂作用下发生催化反应，释放热量并生成水蒸气。试验结果表明，经过合理设置空气和氢气的流量，经催化反应后，出口尾气温度可达 800℃。在进行氢氧混合气体的催化燃烧时，需注意催化反应存在起燃温度，即氢氧混合气体进入燃烧器时，需要具备一定的温度才能发生催化反应。此外，由于氢氧混合气体的爆炸极限范围在 4%~75% 的氢气浓度范围内，必须

严格控制混合比例,确保氢气浓度在爆炸极限的安全范围内,避免过低或过高浓度下燃烧器内部发生的爆燃现象。

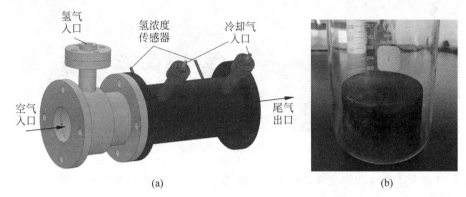

图 3-24　氢气的催化燃烧器及催化芯体
(a) 催化燃烧器；(b) 催化芯体

由于质子交换膜燃料电池与氢燃烧器采用串联结构,为确保系统安全稳定运行,需要在流量、压力、温度和效率等方面进行耦合匹配设计。与此同时,必须充分考虑燃料电池、氢燃烧器以及其他组件之间的布局、连接和控制策略,以实现最佳性能。图 3-25 展示了高排温质子交换膜燃料电池系统的设计图。氢燃烧器采用了两级催化燃烧设计,通过氢气质量流量计分别控制氢气流量,以确保每级燃烧器入口前氢氧预混气体中的氢气浓度不在爆炸极限范围内。由于两级催化燃烧器中氢气燃烧的温度各不相同,可以采用不同的催化剂,降低一级催化燃烧反应的起燃温度并提高二级催化燃烧排气温度。

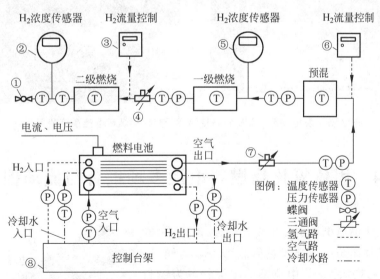

图 3-25　高排温质子交换膜燃料电池系统设计图

图 3-26 显示了发电功率为 1 kW 的质子交换膜燃料电池排气管理装置图。装置集成了 1 kW 质子交换膜燃料电池和氢催化燃烧器。质子交换膜燃料电池采用液冷方式进行热管理,燃料电池尾气直接流经二级催化燃烧器,通过催化燃烧升温。经过试验测量,该燃料电池输出功率为 1.0 kW。经过该排气管理装置,燃料电池尾气排温可升至 650℃。

图 3-26　发电功率 1 kW 的高排温质子交换膜燃料电池排气管理装置图

图 3-27 显示了发电功率为 5 kW 的高排温质子交换膜燃料电池系统装置图。与图 3-26 中的装置相似，燃料电池同样采用液冷方式。燃料电池尾气经过氢气微混扩散燃烧器进行升温。经过试验测量，该燃料电池输出功率为 5.1 kW，尾气排温可达 1250℃。氢燃烧器的工作温度远高于质子交换膜燃料电池的工作温度，为避免氢燃烧器产生的高温对燃料电池单元组件造成影响甚至损坏，这里采用上、下分层设计方式，确保燃料电池单元组件远离高温热源，并且允许对每个区域进行独立的温度控制。由于在燃料电池运行时，产生的水主要在阴极生成并通过空气排出，为确保燃烧器入口气体的干燥度，在燃烧器入口安装了汽水分离器，以避免过多水分导致的供气不畅、局部湿度过高或燃烧器点火失败等问题。

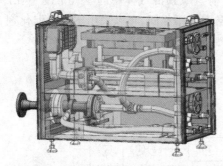

图 3-27　发电功率 5 kW 的高排温质子交换膜燃料电池系统装置图

3.4　固体氧化物燃料电池多场耦合与流动控制

固体氧化物燃料电池主要由多孔阳极、电解质、多孔阴极和连接体组成。以典型的管式 SOFC 为例，具体结构如图 3-28 所示。其中典型的阳极材料为镍和氧化钇稳定的氧化锆（Ni-YSZ），电解质材料为氧化钇稳定的氧化锆（YSZ），阴极材料为锰酸镧（LSM）或镧锶钴铁（LSCF）等，连接体为高导电率的合金材料。在运行过程中，SOFC 内部伴随有电化学反应、反应物流动、传热传质等现象，涉及流场、温度场、电场等多场耦

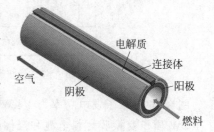

图 3-28　典型管式固体氧化物燃料电池示意图

合过程。通过同时求解质量守恒、动量守恒、组分守恒、能量守恒、电荷守恒等偏微分方程组，可以获得 SOFC 内的反应物速度分布、浓度分布、温度分布和电势分布等信息。通过设计 SOFC 流道与多孔电极结构改变反应物热质传输特性，可有效提升 SOFC 的功率密度。

3.4.1 固体氧化物燃料电池电化学热力学基础

固体氧化物燃料电池涡轮发电系统的核心部件为 SOFC 电堆，但目前 SOFC 电堆的功率密度远低于动力应用的基本需求。SOFC 功率密度随功率等级增大而衰减严重是导致其功率密度低，难以应用于涡轮电动力系统的核心瓶颈。SOFC 功率密度随功率等级增大而衰减的主要原因是 SOFC 阳极与阴极电化学反应速率极限不匹配。多孔电极中的电化学反应速率由反应物浓度、反应温度及其活性面积决定，若想降低 SOFC 阳极与阴极电化学反应速率极限间的差异则需对 SOFC 电堆中的热质传输过程进行详细研究与深入探讨。反应物在 SOFC 电堆中的流动特性是决定流道与多孔电极内热质传输过程的关键，阐明 SOFC 中反应物流动特性需了解 SOFC 内的电化学热力学基础[18]，建立反映 SOFC 内部反应物流动与传热传质过程的多场耦合模型，从而提出可提升 SOFC 电堆性能的多场耦合流动控制方法。

SOFC 燃料适应性广，其电化学反应无需使用铂等贵金属催化，氢气和一氧化碳均可作为燃料直接参与 SOFC 电堆的电化学反应，其他碳氢燃料也可经过重整反应变为氢气和一氧化碳参与电化学反应。SOFC 电堆的电化学反应发生在多孔电极的三相界面处（气相-电极相-电解质相）。在阳极侧，H_2 和 CO 在多孔电极内与 O^{2-} 发生反应生成 H_2O、CO_2 和电子，分别如式(3-71)和式(3-72)所示：

$$H_2 + O^{2-} \longrightarrow H_2O + 2e^- \tag{3-71}$$

$$CO + O^{2-} \longrightarrow CO_2 + 2e^- \tag{3-72}$$

在阴极侧，O_2 扩散至三相界面和电子反应生成 O^{2-}，O^{2-} 穿过致密电解质到阳极，阴极反应如式(3-73)所示：

$$O_2 + 4e^- \longrightarrow 2O^{2-} \tag{3-73}$$

SOFC 的电化学反应速率是决定其性能的关键，反应物浓度与 SOFC 温度则是决定电化学反应速率的关键。SOFC 中的反应物流动特性直接影响反应物在流道与多孔电极中的热质传输特性及电化学反应速率，是影响燃料电池电化学-传热-传质过程的核心因素。

由于 SOFC 燃料适应性广，碳氢燃料经由 SOFC 中的镍催化也可转变为 H_2 和 CO，但直接进行重整可能涉及严重的积碳问题。本章以甲烷为例，阐述其中的电化学热力学基础。以甲烷为主要燃料的 SOFC 电堆，可发生内重整反应生成氢气和一氧化碳，并同时发生水煤气变换反应，这两种化学反应如式(3-74)和式(3-75)所示：

$$CH_4 + H_2O \longleftrightarrow 3H_2 + CO \tag{3-74}$$

$$CO + H_2O \longleftrightarrow H_2 + CO_2 \tag{3-75}$$

其反应速率分别由式(3-76)和式(3-77)计算[19]：

$$R_{MSR} = k_{rf} \left[p_{CH_4} p_{H_2O} - \frac{p_{CO}(p_{H_2})^3}{k_{pr}} \right] \tag{3-76}$$

$$R_{\text{WGSR}} = k_{\text{sf}}\left(p_{\text{CO}}p_{\text{H}_2\text{O}} - \frac{p_{\text{H}_2}p_{\text{CO}_2}}{k_{\text{ps}}}\right) \quad (3\text{-}77)$$

式中：p 为反应物分压；k_{pr} 与 k_{ps} 分别为甲烷重整反应与水煤气变换反应的反应平衡常数；k_{rf} 与 k_{sf} 分别为甲烷重整反应与水煤气变换反应的前置催化反应系数。它们的表达式分别为

$$k_{\text{rf}} = 2395\exp\left(\frac{-231\ 266}{RT}\right) \quad (3\text{-}78)$$

$$k_{\text{pr}} = 1.0267 \times 10^{10}\exp(-0.2513Z^4 + 0.3665Z^3 + 0.581Z^2 - 27.134Z + 3.277) \quad (3\text{-}79)$$

$$k_{\text{sf}} = 0.0171\exp\left(\frac{-103\ 191}{RT}\right) \quad (3\text{-}80)$$

$$k_{\text{ps}} = \exp(-0.2935Z^3 + 0.6351Z^2 + 4.1788Z + 0.3169) \quad (3\text{-}81)$$

式中：T 与 R 分别为 SOFC 局部的热力学温度与摩尔气体常数；Z 值由式(3-82)计算得到。可以看出：重整反应速率大小也由温度和浓度决定。

$$Z = \frac{1000}{T} - 1 \quad (3\text{-}82)$$

SOFC 电堆工作温度通常在 600～1000℃，其理论效率 η 可由式(3-83)计算：

$$\eta = \frac{\Delta G}{\Delta H} \quad (3\text{-}83)$$

式中，ΔG 和 ΔH 分别为 SOFC 反应过程中吉布斯自由能的变化量和焓的变化量。以氢气、一氧化碳与甲烷举例（甲烷一般不会直接参与电化学反应，此处只是热力学分析理论效率），图 3-29 所示为 600～1000℃ 温度范围内的 SOFC 的理论效率。可以看出：以氢气和一氧化碳为燃料的 SOFC 理论效率随工作温度升高而降低，而以甲烷为燃料的理论效率基本保持不变。

在实际条件下，SOFC 的效率需要进一步考虑其工作电压与燃料利用率带来的影响，SOFC 实际效率可表示为

$$\eta_{\text{real}} = \frac{\Delta G}{\Delta H} \times \frac{U}{U_0} \times \eta_{\text{fuel}} \quad (3\text{-}84)$$

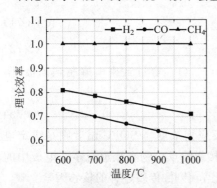

图 3-29　不同燃料发生电化学反应的理论效率

式中：η_{real} 为 SOFC 实际效率；U 为 SOFC 的工作电压；U_0 表示 SOFC 的开路电压；η_{fuel} 为燃料利用率。

3.4.2　固体氧化物燃料电池多场耦合流动与传热传质建模

固体氧化物燃料电池（SOFC）的功率密度和温度分布是表征其电化学特性和热特性的重要因素。SOFC 功率密度取决于电化学反应速率，而 SOFC 温度、反应物浓度则是决定电化学反应速率大小的关键。求解不同工况下燃料电池的功率密度，需要同时求解质量守恒方程、动量守恒方程、组分守恒方程、能量守恒方程和电荷守恒方程，从而实现对燃料电池电

化学-传热-传质多场耦合流动的定量描述。

SOFC中的反应物流动包括流道中的宏观尺度流动与多孔电极中的渗流,求解其在流道与多孔电极中的速度分布需要求解质量守恒方程与动量守恒方程[20]:

$$\nabla \cdot (\rho \boldsymbol{V}) = S_i \tag{3-85}$$

$$\rho (\boldsymbol{V} \cdot \nabla) \boldsymbol{V} = \nabla \left\{ -p + \mu \left[\nabla \boldsymbol{V} + (\nabla \boldsymbol{V})^{\mathrm{T}} - \frac{2}{3}(\nabla \cdot \boldsymbol{V}) \right] \right\} \tag{3-86}$$

$$\frac{\rho}{\varepsilon} \left((\boldsymbol{V} \cdot \nabla) \frac{\boldsymbol{V}}{\varepsilon} \right) = \nabla \cdot \left[-p + \frac{\mu}{\varepsilon}(\nabla \boldsymbol{V} + (\nabla \boldsymbol{V})^{\mathrm{T}}) - \frac{2}{3} \frac{\mu}{\varepsilon}(\nabla \cdot \boldsymbol{V}) \right] - \mu K^{-1} \boldsymbol{V} \tag{3-87}$$

式中:$\mu,\boldsymbol{V},p$分别表示电极流道中反应物气体的动力黏度、速度和压力;S_i为由电化学反应或重整反应引起的质量源项,SOFC流道中通常不涉及这些反应,S_i为0;ε与K分别表示SOFC多孔电极内的孔隙率与渗透率;ρ为反应物密度。在多孔电极中,基于理想气体假设,反应物密度可由式(3-88)计算:

$$\rho = \frac{PM_{\mathrm{mix}}}{RT}$$
$$\mu = \sum_{i=1}^{N} \frac{x_i \mu_i}{\sum_{j=1}^{n} x_j (M_i/M_j)^{1/2}} \tag{3-88}$$

式中:M_{mix}为混合气体的平均摩尔质量;x_i表示反应物i的摩尔分数。

SOFC的电化学反应通常涉及多组分(如H_2或CO等),其多孔电极与流道内的反应物浓度分布可通过求解组分守恒方程得出[20-21]:

$$\nabla \left\{ -\rho \cdot y_i \sum_{j \neq i}^{n} \left[D_{ij,\mathrm{eff}} (\nabla x_j + (x_j - y_j) \cdot \nabla p \cdot p^{-1}) \right] \right\} + \rho (\boldsymbol{V} \cdot \nabla) y_i = R \tag{3-89}$$

式中:y_i和x_i分别表示反应物i的质量分数与摩尔分数;$D_{ij,\mathrm{eff}}$表示等效扩散系数,包括在SOFC中发生的二元扩散与克努森扩散,i和j分别代表混合物中的不同组分。在流道内,需要同时考虑反应物对流传质与扩散传质,其等效扩散系数与二元组分扩散系数计算方式相同,表达式为

$$D_{ij,\mathrm{eff}} = D_{ij} = \frac{101 T^{1.75} \left(\frac{1}{M_i} + \frac{1}{M_j} \right)^{1/2}}{p (v_i^{\frac{1}{3}} + v_j^{\frac{1}{3}})^2} \tag{3-90}$$

式中:M和v分别表示气体摩尔质量(单位为g/mol)和扩散体积(单位为cm^3);T和p分别表示热力学温度(单位为K)与压强(单位为Pa)。

反应物在多孔电极中流速较小,主要考虑反应物在孔隙间的扩散传质,其等效扩散系数的计算公式如下的式(3-91)所示。该系数同时包括二元组分扩散与克努森扩散,克努森扩散系数$D_{ij,\mathrm{K}}$的大小主要由多孔电极孔径大小r_p决定。它们的表达式分别为

$$D_{ij,\mathrm{eff}} = \frac{\varepsilon}{\tau} \left(\frac{D_{ij} \cdot D_{ij,\mathrm{K}}}{D_{ij} + D_{ij,\mathrm{K}}} \right) \tag{3-91}$$

$$D_{ij,\mathrm{K}} = \frac{8}{3} r_\mathrm{p} \sqrt{\frac{RT}{\pi (M_i + M_j)}} \tag{3-92}$$

计算SOFC的温度分布需要对其阳极、阴极流道与多孔电极内的能量守恒方程进行

求解：

$$\rho c_{p,\text{eff}} \boldsymbol{V} \nabla T - \nabla \cdot (k_{\text{eff}} \nabla T) = Q_{\text{total}} \tag{3-93}$$

式中，$c_{p,\text{eff}}$ 和 k_{eff} 分别表示多孔电极的等效比热容与等效热导率，通常可分别由式(3-94)和式(3-95)计算：

$$c_{p,\text{eff}} = (1-\varepsilon) c_{p,s} + \varepsilon c_{p,g} \tag{3-94}$$

$$k_{\text{eff}} = (1-\varepsilon) k_s + \varepsilon k_g \tag{3-95}$$

式中：$c_{p,s}$ 和 $c_{p,g}$ 分别为固体与气体的比热容；k_s 和 k_g 分别代表固体与气体的热导率；ε 为电极孔隙率。

在 SOFC 中，产热源项 Q_{total} 一共由四部分组成，分别为电化学反应熵变产热、欧姆产热、极化产热及其他化学反应引起的能量变化，通常可由式(3-96)计算[18]：

$$Q_{\text{total}} = i\left(\frac{T\Delta S}{n_e F}\right) + \frac{i^2}{\kappa_{\text{eff}}} + i U_{\text{act}} + Q_{\text{reac}} \tag{3-96}$$

式中：κ_{eff} 表示等效电导率；ΔS 表示电化学反应引起的熵变；n_e 为电化学反应的电子转移数；F 为法拉第常数。

通常情况下由电化学反应引起的熵变带来的产热在这四项中最大。若对以甲烷作为燃料的 SOFC 建模，需考虑在 SOFC 阳极中发生的甲烷重整反应与水煤气变换反应，化学反应的能量变化可由式(3-97)计算：

$$Q_{\text{reac}} = -\Delta H_{\text{MSR}} R_{\text{MSR}} - \Delta H_{\text{WGSR}} R_{\text{WGSR}} \tag{3-97}$$

式中，ΔH_{MSR} 和 ΔH_{WGSR} 分别表示甲烷重整反应与水煤气变换反应引起的焓变，其具体值可由式(3-98)和式(3-99)计算：

$$\Delta H_{\text{MSR}} = -(206\,205.5 + 19.5175T) \tag{3-98}$$

$$\Delta H_{\text{WGSR}} = 45\,063 - 10.28T \tag{3-99}$$

质量守恒方程、动量守恒方程与能量守恒方程中的源项大小由 SOFC 电化学反应决定，而电化学反应速率大小又由反应物浓度与反应温度决定，体现出极强的多场耦合过程。SOFC 电化学模型主要用于计算其输出电流与电压间的关系。SOFC 发电的主要来源为发生在三相界面处的氧化还原反应，其工作电压计算公式为

$$U = U_0 - U_{\text{act,an}} - U_{\text{act,ca}} - U_{\text{ohm}} \tag{3-100}$$

$$U_{\text{act,an}} = E_s - E_1 - E_{\text{eq,an}} \tag{3-101}$$

$$U_{\text{act,ca}} = E_s - E_1 - E_{\text{eq,ca}} \tag{3-102}$$

式中：U 为 SOFC 的工作电压；U_0 表示 SOFC 的开路电压，即能斯特电势；$U_{\text{act,an}}$，$U_{\text{act,ca}}$，U_{ohm} 分别表示阳极活化极化、阴极活化极化与欧姆极化；E_s 和 E_1 分别表示 SOFC 中的电极相电势与电解质相电势；$E_{\text{eq,an}}$ 和 $E_{\text{eq,ca}}$ 分别表示阳极和阴极的平衡电势。SOFC 的燃料可为 H_2 或 CO，两种燃料对应的平衡电势可由式(3-103)和式(3-104)计算[20-21]：

$$E_{H_2} = 1.253 - 0.000\,245\,16T + \frac{RT}{2F} \ln\left[\frac{p_{H_2}}{p_{H_2O}} \left(\frac{p_{O_2}}{p_{\text{atm}}}\right)^{0.5}\right] \tag{3-103}$$

$$E_{CO} = 1.467\,13 - 0.000\,452\,7T + \frac{RT}{2F} \ln\left[\frac{p_{CO}}{p_{CO_2}} \left(\frac{p_{O_2}}{p_{\text{atm}}}\right)^{0.5}\right] \tag{3-104}$$

式中：T 代表热力学温度；p_{atm} 和 p 分别为标准大气压和不同气体在多孔电极三相界面处

的气体分压;R 和 F 分别代表摩尔气体常数与法拉第常数。此处的平衡电势已包含浓差极化带来的影响。

SOFC 多孔电极中三相界面的活化极化电压与局部电流密度的关系可以由 Butler-Volmer 方程计算。由下式可以看出:反应温度是影响电流密度的关键因素。它们的关联关系为

$$i_{an,H_2} = A_{v,an} \cdot i_{0,H_2} \left[\exp\left(\frac{\alpha_{an} n_{an} F \eta_{act,an}}{RT}\right) - \exp\left(-\frac{(1-\alpha_{an}) n_{an} F \eta_{act,an}}{RT}\right) \right] \tag{3-105}$$

$$i_{an,CO} = A_{v,an} i_{0,CO} \left[\exp\left(\frac{\alpha_{an} n_{an} F \eta_{act,an}}{RT}\right) - \exp\left(-\frac{(1-\alpha_{an}) n_{an} F \eta_{act,an}}{RT}\right) \right] \tag{3-106}$$

$$i_{ca} = A_{v,ca} i_{0,O_2} \left[\exp\left(\frac{\alpha_{ca} n_{ca} F \eta_{act,ca}}{RT}\right) - \exp\left(-\frac{(1-\alpha_{ca}) n_{ca} F \eta_{act,ca}}{RT}\right) \right] \tag{3-107}$$

$$i_{total} = i_{an,H_2} + i_{an,CO} \tag{3-108}$$

式中:i_{an} 与 i_{ca} 分别表示 SOFC 阳极和阴极中的局部电流密度;i_0 为参考交换电流密度。上述等式可将阳极极化电压、阴极极化电压与局部电流密度关联,用于 SOFC 多场耦合仿真的迭代求解。其中,阳极与阴极的交换电流密度可表达为

$$i_{0,H_2/CO} = i_{H_2/CO,ref} \exp\left[\frac{-E_{an}}{R}\left(\frac{1}{T} - \frac{1}{T_{ref}}\right)\right] \tag{3-109}$$

$$i_{0,O_2} = i_{O_2,ref} \exp\left[\frac{-E_{ca}}{R}\left(\frac{1}{T} - \frac{1}{T_{ref}}\right)\right] \tag{3-110}$$

式中:i_{ref} 表示参考温度下的交换电流密度;T_{ref} 为参考温度,单位为 K;E_{an} 和 E_{ca} 分别表示阳极和阴极反应的活化能。

除 SOFC 活化极化外,在电解质和电极中的欧姆极化可由式(3-111)和式(3-112)计算:

$$i_l = -\kappa_l \frac{S_l}{\tau} \nabla \phi_l \tag{3-111}$$

$$i_s = -\kappa_s \frac{S_s}{\tau} \nabla \phi_s \tag{3-112}$$

式中:i_l 和 i_s 分别为离子电流密度与电子电流密度;κ_l 和 κ_s 分别为电解质离子电导率和电极电子电导率;S 和 τ 分别代表体积分数和曲折度。以典型的 SOFC 材料为例,其中 Ni、LSM 和 YSZ 的电导率分别表达为

$$\kappa_{Ni} = \frac{9.5 \times 10^7}{T} \exp\left(\frac{-1150}{T}\right) \tag{3-113}$$

$$\kappa_{LSM} = \frac{4.2 \times 10^7}{T} \exp\left(\frac{-1200}{T}\right) \tag{3-114}$$

$$\kappa_{YSZ} = 3.34 \times 10^4 \exp\left(\frac{-10300}{T}\right) \tag{3-115}$$

由于 SOFC 模型涉及流场、浓度场、温度场、电场等复杂的多场耦合,其仿真结果准确度的验证除需验证网格独立性外,还建议进一步与不同工况下的 SOFC 极化曲线实验数据对比,并基于单个工况进一步对比 SOFC 温度分布等结果。

本节以管式 SOFC 多场耦合仿真验证为例阐述模型验证。关于管式 SOFC 的实验数

据来自 Mirahmadi 等的研究[22]。Mirahmadi 等通过实验测量了 SOFC 在不同工况下的极化曲线与温度分布。其中极化曲线可以表明 SOFC 电流与电压之间的关系,通过对比,可以一定程度上验证 SOFC 多场耦合模型的准确性。从图 3-30 可以看出:仿真计算结果与实验结果对比良好,误差可控制在 2% 以内,证明仿真设置具备一定可信度。

除极化曲线外,SOFC 温度分布也是验证多场耦合仿真准确性的手段。但由于 SOFC 温度分布较难测量,所以介绍通过实验测量 SOFC 温度分布的文献较少。图 3-31 所示为课题组建立的多场耦合模型与 Mirahmadi 等实验测试数据对比图。从图 3-29 可以看出:多场耦合模型计算出的燃料电池温度分布与实验数据对比情况良好,模拟得出的 SOFC 温度分布与实验数据相差在 3% 以内。仿真计算得出的最后一个靠近燃料流道出口点的温度高于实验测量值,可能是由绝热边界条件设置所导致,模型并未考虑实际实验中的热量耗散与辐射换热,可能造成一些偏差。

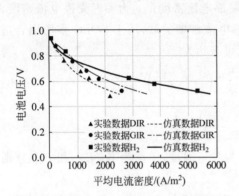

图 3-30 SOFC 极化曲线仿真与实验对比图

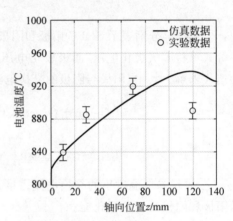

图 3-31 管式 SOFC 温度分布仿真与实验对比图[21]

3.4.3 固体氧化物燃料电池多场耦合流动控制

应用于固体氧化物燃料电池涡轮发电系统的 SOFC 电堆需具备高功率密度的特点。SOFC 内反应物多场耦合流动特性是影响其功率密度的关键,而 SOFC 电堆内反应物浓度分布不均是影响其功率密度的重要因素。研究表明:当将纽扣式 SOFC 直径从 2.5 cm 扩大至 7 cm 时,由于反应物浓度分布不均,SOFC 的功率密度反而下降了 35.7%[23];若考虑集流损失,其功率密度会进一步下降。当直径 2.5 cm 的纽扣式 SOFC 功率放大至电堆规模时,SOFC 电堆功率密度直接从 1.4 W/cm^2 降至 0.4 W/cm^2。SOFC 阳极与阴极电化学反应速率极限不匹配是导致其功率密度随功率等级增大而严重衰减的关键因素,研究 SOFC 多场耦合传热传质过程,可以降低阴阳极反应速率极限差别。

当提升 SOFC 功率密度时,电堆内单位体积产生的热量也随之增大,导致高功率密度 SOFC 温度分布不均而严重影响其循环寿命。SOFC 工作温度通常在 600~1000℃,在运行过程中,SOFC 多孔电极内电化学反应产热不均与局部传热特性不同会导致电极-电解质中产生极大的温度梯度,可达 50~60℃/cm,而高温度梯度会影响电堆在热循环条件下的运行稳定性和寿命。研究表明:当 SOFC 多孔电极内的温度梯度大于 30℃/cm 时,由于电极内热应力分布不均,在热循环过程中容易形成微裂纹而最终导致电极剥落,造成 SOFC 结构损坏与密封失效。研究高功率密度 SOFC 内的反应物流动特性与控制方法,可有效影响 SOFC 电化学反应产热与多孔电极传热过程,从而降低 SOFC 在运行过程中的温度梯度,保障高功率密度 SOFC 运行。

由此可见,研究 SOFC 多场耦合流动与热质传输机理,提出合理的反应物多场耦合流动控制方法,可有效提升涡轮发电系统内的 SOFC 电堆功率密度。现阶段适合 SOFC 涡轮发电系统的两类 SOFC 电堆分别为金属板式 SOFC 和微管式 SOFC,两类 SOFC 电堆在系统中也可进行耦合,从而拓宽整个动力系统的电化学反应温度,进一步提升 SOFC 涡轮发电系统效率。

1. 板式固体氧化物燃料电池流动控制

金属板式固体氧化物燃料电池工作温度通常在 500~700℃,与传统陶瓷板式 SOFC 相比,金属板式 SOFC 具备更高的机械强度与抗热循环能力。SOFC 可使用不锈钢作为支撑体,板式单元与单元间的密封和连接可以通过激光焊接实现,金属板式 SOFC 因此具有更快的启动速度和更强的热循环能力。金属板式 SOFC 与陶瓷板式 SOFC 结构相似,均由结构重复性高的连接体(流道)和电极、电解质组成,其气体流道一般呈现规则且细密状态,旨在提升 SOFC 单体的功率密度。对板式 SOFC 流动控制的关键在于降低反应物的流动阻力,提升反应物在流道内的浓度均一性,同时可在低阻条件下实现更高的燃料利用率以增大 SOFC 的功率密度。

板式 SOFC 流道与多孔电极中的反应物的流动特性是影响其电化学性能与功率密度的主要因素,合理的流道结构设计可使反应物速度与浓度分布更均匀。流道形状是影响反应物热质传输的关键因素之一。横截面为矩形、梯形、三角形的气体流道对反应物气体浓度和 SOFC 温度分布的影响各不相同。研究表明:具有矩形流道的 SOFC 最高温度更低且氢气浓度分布更均匀,而具有三角形流道的 SOFC 由于流道和电极连接处存在锐角,容易形成局部热点和较大的浓度梯度。除流道几何形状外,相同形状的气体流道结构参数也具有优化空间的作用,以矩形横截面的气体流道为例,其高度和宽度均会影响 SOFC 内的反应物浓度分布与电化学反应速率,在固定的流道宽度下,减小气体流道高度会造成更大的温度梯度。除流道构型外,改变燃料和空气的相对流动方向也可改善 SOFC 电堆中的温度和浓度分布。常见的板式 SOFC 流动方式可分为顺流(燃料流动方向与空气流动方向一致)、逆流(燃料流动方向与空气流动方向相反)与叉流(燃料流动方向与空气流动方向垂直),如图 3-32 所示。在这三种流动方式中,顺流流动方式下电堆整体温差最小,这主要是因为顺

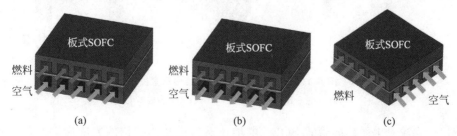

图 3-32 三种常见的固体氧化物燃料电池流动方式
(a)顺流流动方式;(b)逆流流动方式;(c)叉流流动方式[18]

流流动方式可保证低温空气对多孔电极产热量大的位置进行冷却；由于燃料电池电化学反应和电极表面反应物浓度成正比，位于燃料入口处附近的电化学反应会释放出大量热量，而空气的温度在入口处最低，顺流流动可保证低温空气与电极产热量大的位置进行接触。叉流流动方式与逆流流动方式下电堆整体温差往往更大，但一般会带来更高的功率密度，且采用叉流流动方式可将燃料与空气的进气管路排布在电堆两侧，有效降低电堆生产成本和加工难度。

优化整体流道板结构也可改善反应物浓度和 SOFC 温度分布。通过设计放射状进气结构，可解决传统进气结构引起的回流或反应物浓度分布不均的瓶颈问题，使电化学反应更均匀。规整的流道板中也可加入插入物，通过引起与主流方向垂直的流动实现 SOFC 多孔电极内的强化传质，提升反应物在多孔电极中的浓度以增大电化学反应速率。同时该方法还可以有效扩大电化学反应面积，增大电堆的功率密度。由此可见，合理地设计板式 SOFC 的流道几何结构与流动方式可以有效增大板式 SOFC 的功率密度，降低流动阻力并消除局部热点。金属支撑板式 SOFC 具备良好的热特性，但其主要的支撑结构为不锈钢等金属，电堆整体质量较大，电堆功重比较低。可以通过减小支撑体厚度减重，也可以通过设计流道实现强化传质传热以增大金属支撑板式 SOFC 功率密度。

2. 管式固体氧化物燃料电池流动控制

与具有规则几何形状的流道的板式 SOFC 相比，管式 SOFC 电堆中的流场更加复杂，在大部分情况下无法进行有效的简化。每个管式 SOFC 单体附近的反应物的流动与热质传输均会相互作用，在仿真设计层面也难以选择出一个有代表性的重复单元作为仿真域，尤其是对于存在和管式单元有交叉流动形式的情况，如图 3-33 所示。反应物进出口的歧管结构设计是影响管式 SOFC 性能的关键[24]。当 SOFC 电堆采用一进一出式的空气流道设计时，会导致电堆内通过单根管的空气质量流量相差 5~10 倍，使电堆的电化学反应速率分布严重不均；二进二出式的空气流道可改善空气的速度分布，但大部分空气在二进二出式的管式电堆的下半部分流过。基于伯努利原理设计的四进四出式流道可保证各入口的流速相同，也可以使反应物在电堆内的速度与浓度分布更均匀，提升电堆内各个微管燃料电池电化学反应速率分布的均匀性，进一步提升 SOFC 电堆功率密度。

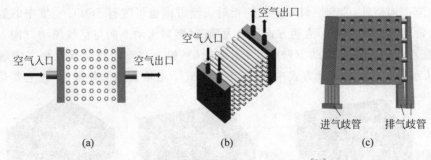

图 3-33 管式 SOFC 电堆的结构示意图[24]
(a) 一进一出式；(b) 二进二出式；(c) 多进多出式

应用于涡轮发电系统的管式 SOFC 电堆还需考虑整体结构的紧凑性以及与系统其余关键部件的耦合。与板式 SOFC 电堆不同，管式 SOFC 电堆流动结构较为复杂，进气结构难以设置。针对固定翼微型无人机动力设计的一体式管式 SOFC 电堆可以体现结构设计紧凑的重要性与难点[25],该方案在 SOFC 电堆的轴心位置布置了一个具有多孔管壁的空气进气管,空气首先沿进气管从电堆中心流入,气流从多孔管壁沿电堆半径方向流出,为微管式 SOFC 提供氧气。尽管该设计可以实现高体积功率密度,但空气进气管并未贯穿整个电堆,导致从进气管小孔向外流出的空气只影响到了进气管附近的区域,不同位置的燃料电池单体或同一单体附近的速度分布差异较大。对于温度分布的仿真结果显示:某些管式 SOFC 反应单元的最高轴向温度梯度超过了 30℃/cm。进气管路也占用了部分 SOFC 电堆空间,使可以布置 SOFC 单元的空间减小。可以看出:同时保证管式 SOFC 电堆性能与紧凑性设计较为困难。在 SOFC 涡轮发电系统中,管式 SOFC 电堆进气口结构设计要考虑和上游压缩机出口的高压空气进行耦合,出气口结构设计需要考虑和下游燃烧室进行耦合,同时还需考虑整体空间利用率,在保证高功率密度的基础上,合理设计进出口结构具有一定挑战。由于管式 SOFC 电堆内各个单体间相互作用显著,提出合理的高功率密度管式 SOFC 电堆流动控制方法比板式 SOFC 电堆更具有挑战性。

3.5 管翅式固体氧化物燃料电池新技术

3.5.1 管式固体氧化物燃料电池传热传质强化

固体氧化物燃料电池中的反应物的流动特性是影响热质传输过程与功率密度的主要因素。相比于板式 SOFC 电堆中的反应物的流动,管式 SOFC 电堆中的流动更复杂,本小节以管式 SOFC 电堆为例,阐述应用于涡轮发电系统的管式 SOFC 多场耦合流动控制研究。管式 SOFC 具备管式构型抗热震性强的优点,在循环寿命方面具备一定的优势。当管式 SOFC 电堆内每个管式单元的直径减小时,在单位体积内可布置更多的管式 SOFC 单元以提供更大的活性面积发生电化学反应,有望实现更高的 SOFC 电堆功率密度。

针对涡轮发电系统设计的管式 SOFC 电堆需保证其结构的紧凑性,并与 SOFC 电堆下游燃烧室进行匹配集成。设计的管式 SOFC 电堆结构如图 3-34 所示,其中电堆核心部件由工作温度在 600~1000℃ 的阳极支撑的管式 SOFC 构成,燃料在管内流动,空气在管外流动。在靠近 SOFC 电堆入口处,采用叉流流动方式(燃料与空气流动方向垂直),以便从压气机出来的高压热空气可以充分进入管式 SOFC 电堆发生电化学反应,同时保证电堆进气结构紧凑。高压热空气先以叉流流动方式进入电堆,而后以平行于燃料流动的方向流出,与未参与电化学反应的剩余燃料一并流入燃烧室进行燃烧[26],该设计方法可以有效提升系统的体积功率密度。

图 3-35 所示为进气流速为 3 m/s 时 SOFC 电堆内的空气流线图,图中右上指向管束的箭头为空气入口,箭头方向为空气流入方向。空气和燃料在空气入

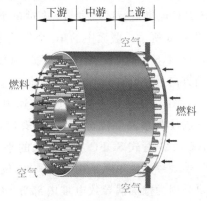

图 3-34 涡轮发电系统中管式 SOFC 电堆

口的上游区附近呈叉流形式(流动方向相互垂直)。空气流经管束并在管壁边界层发生了流动分离,在管式 SOFC 单元背侧(远离空气入口)形成了尾流旋涡。在靠近空气出口的下游区域,燃料和空气沿同一方向流动,呈顺流形式。上游叉流区的尾流旋涡促使沿轴向流动的下游空气产生一个与反应单元轴向平行的旋度,空气在管束间以螺旋流的形式流向管堆出口。空气主流在中游区域由垂直管束的方向逐渐变为平行管束的方向,在入口附近的管壁处造成了低压区,形成了一个沿外壁发展的旋涡(壁面涡),旋度方向沿着 SOFC 电堆的周向。图 3-35(b)为管式 SOFC 电堆的温度分布图。图示 10 个管式 SOFC 反应单元的温度都是从燃料入口到出口单调升高,大致符合顺流工况下反应单元的温度分布;但复杂流场结构导致的局部对流换热特性不同,每个管式 SOFC 反应单元具有不同的温度分布和最高温度。反应单元的最低温度值与燃料入口温度相同,即 800℃;管式 SOFC 反应单元的最高温度在 1000~1120℃,在同一轴向位置上的管式 SOFC 反应单元也有一定的温差。可以看出:在高功率密度管式 SOFC 电堆设计方案中,需要一定的热管理策略来降低反应单元的最大温度,以防止电堆损坏。

彩图 3-35

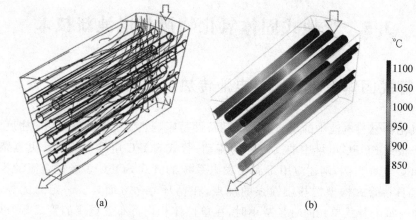

图 3-35 管式 SOFC 电堆的空气流线图与温度分布图[26]
(a) 流线图;(b) 温度分布图

为便于阐明管式 SOFC 电堆中的反应物的流动特性和温度分布,基于对称原则对管式 SOFC 电堆进行区域划分,并对单个区域的 10 个管式 SOFC 反应单元进行序号标记,如图 3-36 所示。截面中的 10 个管式 SOFC 反应单元按照从内到外的顺序,每层分别被标为 1,2~4,5~6 和 7~10。将管式 SOFC 反应单元轴向方向定为 z 轴方向,沿纸面向下为 y 轴方向,沿纸面向右为 x 轴方向。

图 3-37 所示为空气进气流速为 3 m/s 时对应的电堆内 10 个管式 SOFC 反应单元的平均温度和最高温度分布,可以看出:管式 SOFC 反应单元平均温度变化的范围是 928~1000℃。管式 SOFC 反应单元的平均温度和最高温度都存在分组现象,靠近电堆内壁的 2 号、3 号反应单元平均温度最低,位于最外层的 9 号和 10 号反应单元平均温度最高。这主要是因为壁面涡导致电堆内部分 SOFC 单元的均温性恶化,但管束间空气螺旋流逐渐形成,改善了附近反应单元的均温性,引起了温度分组效应。与低流量的情况相比,进气流速为 3 m/s 的管束平均温度的标准方差是 23.3℃,电堆均匀性变差;但多数管式 SOFC 反应

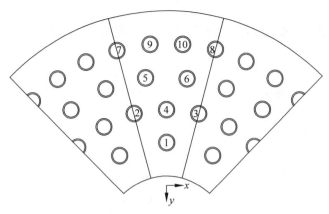

图 3-36 管式 SOFC 电堆的仿真域示意图标号

单元的平均温度在整体均值±12℃内浮动，只有 2 号、3 号和 9 号、10 号反应单元的温度偏差较大。9 号和 10 号 SOFC 的最高温均超过 1100℃，需要进一步进行热管理流动控制，降低局部温度或者温度梯度。图 3-37(a)、(b) 分别体现了进气流速为 3 m/s 的电堆中 10 个管式 SOFC 反应单元的温度和平均电流密度分布。管式 SOFC 反应单元的平均电流密度分布和平均温度分布比较接近，9 号和 10 号反应单元的平均电流密度最高，2 号和 3 号反应单元的平均电流密度最低。平均电流密度的标准差为 0.044 A/cm^2，与低流量的工况相比，该电堆电化学性能的均匀性恶化。除了 2 号和 3 号反应单元，其余的管式反应单元的输出电流密度均在 0.9 A/cm^2 附近。

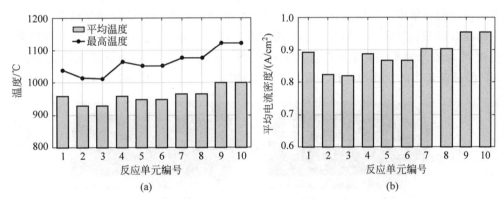

图 3-37 管式 SOFC 电堆内反应单元温度与平均电流密度分布[26]
(a) 反应单元温度分布；(b) 反应单元电流密度分布

针对管式 SOFC 电堆内电流密度与温度分布不均的瓶颈，需通过有效的反应物流动控制手段在 SOFC 电堆内实现局部传质与传热强化。对于电堆内功率密度偏低的管式反应单元，需要通过流动控制方法以实现局部强化传质，提升 SOFC 多孔电极内活性界面处的反应物浓度，从而提高局部电化学反应速率以实现功率密度提升。而当功率密度提升时，在高功率密度 SOFC 电堆内会存在局部温度高且温度梯度大的管式 SOFC 反应单元，也需要通过流动控制方法以实现局部强化传热[27]，降低 SOFC 的温度梯度从而保障高功率密度管式 SOFC 电堆的运行稳定性。

3.5.2 管翅式固体氧化物燃料电池结构组成及特点

管翅式固体氧化物燃料电池通过在 SOFC 燃料或空气流道中布置扰流翅片以控制反应物的流动特性,实现局部传质强化与传热强化效果,从而增加 SOFC 活性界面处的反应物浓度以提升燃料电池的功率密度,或降低高功率密度 SOFC 电堆内的温度梯度以保证电堆在热循环条件下稳定运行。管翅式 SOFC 由管式 SOFC 与电极流道中布置的扰流翅片构成。管式 SOFC 的流动涉及反应物在流道和多孔电极中的流动,在其阳极流道或阴极流道中加入扰流翅片可改变多孔电极表面(多孔电极与流道的交界面)的反应物的流动特性。扰流翅片引起的旋涡流或径向流可对多孔电极表面局部边界层进行扰动或破坏,进而影响 SOFC 的局部对流换热特性。扰流翅片同时可以增强多孔电极表面的反应物对流传质,进一步影响多孔电极孔隙间反应物气体分子的扩散,改变多孔电极内反应物的浓度分布,最终影响 SOFC 多孔电极内三相界面上(电极-电解质-气体)的电化学反应。

1. 强化传质管翅式 SOFC 结构组成与特点

强化传质管翅式 SOFC 由管式 SOFC 反应单元和在阳极流道中加入的扰流翅片组成,旨在提升 SOFC 电堆的功率密度。针对管式 SOFC 电堆中功率密度较低的管式 SOFC 单元,在阳极流道中加入扰流翅片可引起径向流或旋涡流,以强化流道与多孔电极中的反应物对流传质。图 3-38 所示为在 SOFC 阳极流道中加入扰流翅片的管翅式 SOFC 示意图。研究表明:在管内加入引起径向流的扰流翅片可促进反应物进入 SOFC 多孔电极,增大活性界面处的反应物浓度与加快电化学反应速率,从而提升管式 SOFC 的功率密度;在管内加入引起旋涡流的扰流翅片可增强反应物在阳极流道中的掺混,但反应物掺混对燃料电池功率密度增大效果影响有限,并不能大幅改变 SOFC 多孔电极内的反应物浓度分布。在 SOFC 阳极流道中的扰流翅片构型设计,应重点考虑可引起径向流的扰流翅片。

引起径向流的扰流翅片　　　　　引起旋涡流的扰流翅片

图 3-38　阳极流道扰流翅片结构示意图[28-29]

以在阳极流道中放置珠串型扰流翅片的管式 SOFC 反应单元为例,图 3-39 对比了传统管式 SOFC 与管翅式 SOFC 阳极流道的反应物流线分布。从图中可以看出:管式 SOFC 阳极流道中的流线几乎全部平行于流道/电极交界面,表明阳极流道中的反应物以对流传质为主;而多孔电极中流线垂直于该界面(图 3-39(b)),表明多孔阳极内部的物质传输以扩散为主。当阳极流道内加入扰流翅片时,翅片可引起垂直于流道/电极交界面的径向流动,增大反应物径向的速度分量,使更多燃料达到多孔阳极三相界面位置,有效增大多孔阳极内局部燃料浓度并促进局部电化学反应。但由于气体分子与多孔阳极之间会产生频繁碰撞,反应物在多孔阳极中的流动阻力高于在流道中的流动阻力,燃料气体在经过扰流翅片顶端时将再次离开 SOFC 多孔阳极。

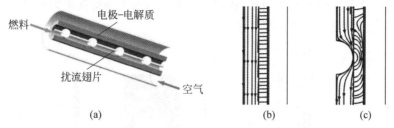

图 3-39　传统管式 SOFC 与管翅式 SOFC 流线分布对比图[20,30]
(a) 管翅式 SOFC 示意图；(b) 管式 SOFC 流线；(c) 管翅式 SOFC 流线

图 3-40(a)所示为管翅式 SOFC 阳极流道与多孔电极交界面处的甲烷摩尔通量和氢气摩尔通量分布。正值和负值分别表示反应物进入或离开多孔阳极。管式 SOFC 中气体摩尔通量的数量级约为 10^{-2} mol/(m²·s),而扰流翅片的增加使甲烷和氢气的摩尔通量最大值增加了近 30 倍,表明径向流的产生使更多燃料进入阳极。由于重整反应将大量甲烷转化为氢气和一氧化碳,甲烷摩尔通量的振幅沿燃料流动方向逐渐降低,而氢气摩尔通量的振幅由于甲烷重整反应逐步增大。一氧化碳的摩尔通量分布与氢气相似,但幅值相对较小,峰值约为 0.15 mol/(m²·s)。图 3-38(b)比较了流道与多孔电极界面处燃料气体组分的浓度分布,径向流的产生对多孔阳极反应层内一氧化碳的浓度分布几乎没有影响,但对氢气和甲烷的局部浓度分布有显著的影响。在扰流翅片顶端位置,局部氢气浓度增加约 13%,甲烷浓度增加约 80%,因为径向流增强了多孔电极扩散层中的对流传质,使更多的甲烷进入多孔阳极进行重整反应,而反应物浓度的增加可以有效增大燃料电池的电化学反应速率,从而增大 SOFC 功率密度。

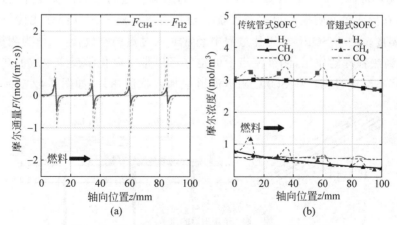

彩图 3-40

图 3-40　传统管式与管翅式 SOFC 传质效果对比图
(a) 管翅式 SOFC 阳极流道/多孔电极界面气体组分摩尔通量；(b) 传统管式和
管翅式 SOFC 阳极扩散层/反应层界面气体组分浓度分布[19]

在阳极流道中布置扰流翅片可增加燃料电池功率密度,但同时也使大量燃料进入多孔电极,反应物流动阻力由于气体分子与多孔介质的频繁碰撞而大幅增大。图 3-41 所示为管翅式 SOFC 阳极流道中的反应物流动压降,而反应物流动压降大幅增加会导致维持燃料电池运行需要更大的泵功率。在设计阳极流道中的扰流翅片时,需要同时考虑其电化学性能的提升和阻力增大引起的泵功率增加,扰流翅片半径与珠串结构间距需要谨慎考虑,以避免增加的泵功率超过电化学性能的提升量。

彩图 3-41

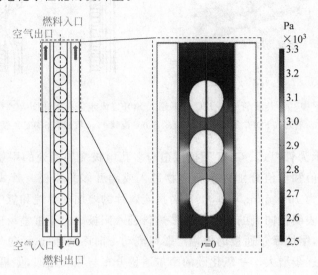

图 3-41　管翅式 SOFC 阳极流道反应物压力分布[20]

2. 强化传热管翅式 SOFC 结构组成与特点

以强化传热为目的的管翅式 SOFC 由管式 SOFC 反应单元与阴极流道中布置的扰流翅片组成,旨在降低高功率密度 SOFC 在运行过程中的电极局部温度梯度,提升 SOFC 运行稳定性与循环寿命。针对管式 SOFC 电堆中局部温度过高或局部温度梯度过大的管式 SOFC 单元,在反应单元阴极流道中布置扰流翅片可以有效实现局部强化传热,从而降低 SOFC 局部温度。由于 SOFC 在工作过程中经常通入过量的空气,空气作为阴极侧反应物的同时还起到热管理的作用,阴极流道中的空气可以带走电化学反应生成的热量,以避免 SOFC 电堆运行温度过高。在 SOFC 阴极流道中加入扰流翅片,如图 3-42 所示,可以有效

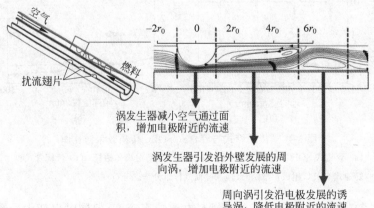

图 3-42　管外凸台型扰流翅片结构与工作原理[31]

地改变 SOFC 阴极表面的空气速度分布，实现局部强化传热[27,31]。

图 3-43 所示为环形扰流翅片（不同半径）对阴极流道中反应物流动特性的影响，可以看出：环形扰流翅片可引起旋涡流动，扰流翅片本身结构可减小空气的横截面积以增大电极表面空气流速，引起的周向涡也可起到同样的效果；若扰流翅片半径过大，则会在阴极表面引起一个小型诱导涡，诱导涡的存在会降低阴极表面流速，从而使对流换热效果变差。从图 3-43 中可以看到三个不同半径（$r = 1.2$ mm、1.6 mm 和 2.0 mm）的环形翅片引起的阴极流道中的空气流线和流速分布。

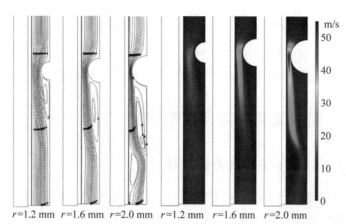

图 3-43　不同扰流翅片半径下的管式 SOFC 空气流线和流速分布[27]

图 3-43 表明：三种扰流翅片均可缩小空气流道的可通过面积以增大阴极表面的空气流速。由于空气在扰流翅片表面发生了流动分离，在下游会形成一个沿外壁发展的旋涡区，旋度方向垂直于纸面，为管式 SOFC 的周向，在此称之为周向涡。周向涡实质上也缩小了 SOFC 电极附近空气流道的可通过面积，在阴极表面形成一条空气高速带，强化了电极表面的局部对流换热能力。横截面中周向涡的面积大小与扰流翅片半径呈正相关关系。在进口空气速度为 5 m/s 的条件下，半径为 1.6 mm 的扰流翅片会引起长度约为 12 mm 的周向涡区。当半径增大至 2 mm 时，在周向涡的下游会形成一个贴近阴极表面的诱导涡。诱导涡的形成是主流和周向涡间剪应力过大导致。当扰流翅片半径进一步增大时，空气主流的平均速度增大，空气的径向速度梯度进一步增大，导致剪应力增大而造成主流的偏转。

当翅片数量由一个增加至两个时，适当布置翅片可将阴极表面的高流速区域有效延长，图 3-44 所示为两个扰流翅片对 SOFC 阴极流道内空气流动特性的影响。当扰流翅片半径为 1.6 mm、进口空气速度为 5 m/s 时，其引起的周向涡长度约为 12 mm。当翅片间距小于或等于 12 mm 时，翅片与周向涡共同缩小空气在阴极流道中的可通行横截面积，有效延长扰流翅片的作用范围；当间距大于 12 mm 时，两翅片对空气流场结构的影响作用相互独立，翅片间会存在不受旋涡流动影响的区域。从图 3-42 可看出：针对需要大面积强化传热的工况，管翅式 SOFC 扰流翅片间距宜设计为单个翅片引起周向涡的长度，可有效延长高流速空气区域，实现对 SOFC 电极高温区域的强化传热。

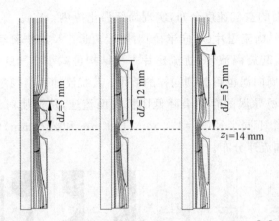

图 3-44　不同扰流翅片间距对空气速度分布影响[27]

3.5.3　管翅式固体氧化物燃料电池设计

1. 强化传质管翅式 SOFC 扰流翅片设计

设计强化传质管翅式 SOFC 扰流翅片应研究扰流翅片的结构参数及其对反应物在多孔阳极内浓度分布与电化学反应速率的影响,同时应考虑功率密度增大后可能引起的局部过热或形成热点造成的电极损坏,从而合理设计出有效增大管式 SOFC 功率密度的扰流翅片。为更进一步量化 SOFC 阳极流道中扰流翅片的影响,可根据反应物局部速度大小的量级将 SOFC 多孔阳极分为三个区域,如图 3-45 所示。区域Ⅰ指靠近扰流翅片顶端附近的区域,该区域反应物局部流速大小的量级约为 0.1 m/s,该区域受到翅片引起的径向流影响较强。区域Ⅱ是区域Ⅰ周围的区域,反应物气体局部速度范围为 0.01~0.1 m/s,该区域受到扰流翅片引起的径向流影响较弱。区域Ⅲ是多孔阳极中两个球形凸台间的区域,其反应物气体局部速度小于 0.01 m/s,该区域受扰流翅片径向流的影响可忽略不计。

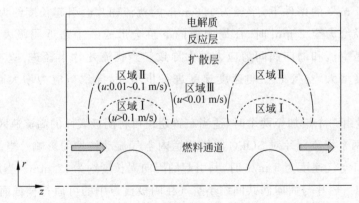

图 3-45　管翅式 SOFC 多孔阳极扩散层内区域划分示意图[19]

在管内布置扰流翅片的管翅式 SOFC 主要影响燃料侧浓度分布,对增大电化学反应速率具有重要意义。扰流翅片引起的径向流是影响多孔电极反应物浓度的重要因素。图 3-46(a)和(b)所示为传统管式 SOFC 和管翅式 SOFC 内甲烷重整反应速率和水煤气变换反应速率。由于径向流将更多的反应物带到区域Ⅰ增加了多孔电极内甲烷局部浓度,区域Ⅰ的甲烷重整反应速率增加约一倍,重整反应速率的增大导致大量 H_2 和 CO 的生成。由于区域Ⅰ的甲烷浓度高,促进了该区域向区域Ⅱ的甲烷扩散,区域Ⅱ内的甲烷重整速率也明显增大。由于多孔电极内反应物传输阻力增大,距离区域Ⅰ更远的区域Ⅲ内甲烷浓度分布受到的影响可忽略不计。此外,管翅式 SOFC 多孔电极区域Ⅰ和区域Ⅱ的水煤气变换反应速率(R_{WGSR})远大于传统管式 SOFC。这是由于燃料流道与多孔阳极之间的燃料掺混过程增强,降低了局部 CO_2 浓度,从而促进了区域Ⅰ和区域Ⅱ内的水煤气变换反应。由于区域Ⅱ内径向流扰流影响较弱,管式 SOFC 和管翅式 SOFC 在该区域内的水煤气变换反应速率差别很小。

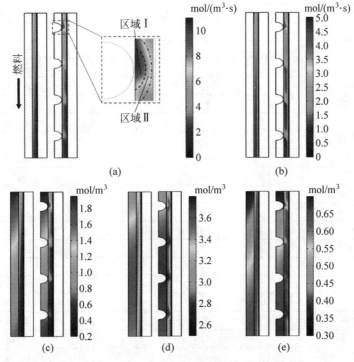

图 3-46 传统管式 SOFC 和管翅式 SOFC 对比
(a)甲烷重整反应速率(R_{MSR});(b)水煤气变换反应速率(R_{WGSR});
(c)甲烷浓度;(d)氢气浓度;(e)一氧化碳浓度[19]

SOFC 阳极流道中扰流翅片对甲烷、H_2、CO 浓度分布的影响如图 3-46(c)、(d)、(e)所示,可以看出:甲烷浓度沿燃料流动方向逐渐降低。在扰流翅片影响下,区域Ⅰ内甲烷局部浓度明显高于其他两个区域。管翅式 SOFC 中区域Ⅰ和区域Ⅱ的 H_2 浓度显著增大,原因是水煤气变换反应产生了大量 H_2,需要注意的是:区域Ⅰ局部 H_2 浓度略低于区域Ⅱ,这是由 SOFC 阳极流道与多孔电极间的燃料掺混导致,在翅片顶端附近的阳极中反应物浓度较低。区域Ⅰ和区域Ⅱ间的 H_2 浓度差也随燃料流动方向逐渐减小,这主要是由于阳极流道和多孔电极间的 H_2 浓度差变小,径向流对区域Ⅰ内 H_2 浓度的影响也较小。受扰流翅片影响的 CO 浓度分布与 H_2 浓度分布类似。

径向流改变了 SOFC 燃料流道和多孔电极内的气体流动特性和反应物浓度分布,直接影响了多孔电极内的电化学反应和重整反应速率。本节同时考虑电化学反应、甲烷重整反应和水煤气变换反应引起的产热或吸热过程，燃料流道入口通入的气体中氢气、甲烷、一氧化碳、二氧化碳和水蒸气质量流量分别为 4.37×10^{-8} kg/s、7×10^{-7} kg/s、3.06×10^{-7} kg/s、4.81×10^{-7} kg/s 和 3.93×10^{-7} kg/s，空气流道入口空气质量流量为 1.02×10^{-4} kg/s，扰流翅片仍为珠串形扰流翅片，并增加至十个半径为 3.39 mm 的珠形凸台，其他参数如表 3-3 所示。

表 3-3 管翅式固体氧化物燃料电池工作参数

变量名称	数值	单位
阳极活化能	120	kJ/mol
阴极活化能	130	kJ/mol
电极孔隙率	0.35	—
迂曲度	4	—
渗透率	1×10^{-10}	m^2
阳极比表面积	2.33×10^5	m^2/m^3
阴极比表面积	2.46×10^5	m^2/m^3
平均孔径	0.5	μm
CH_4 扩散体积	25.14	cm^3
H_2 扩散体积	6.12	cm^3
CO 扩散体积	18.0	cm^3
H_2O 扩散体积	13.1	cm^3
CO_2 扩散体积	26.7	cm^3
O_2 扩散体积	16.3	cm^3
N_2 扩散体积	18.5	cm^3
参考温度	800	℃
阳极热导率	11.0	W(m·K)
阴极热导率	6.0	W(m·K)
电解质热导率	2.7	W(m·K)
扰流翅片热导率	1.1	W(m·K)
阳极比热容	450	J/(kg·K)
阴极比热容	430	J/(kg·K)
电解质比热容	470	J/(kg·K)
扰流翅片比热容	623	J/(kg·K)
工作压力	101.325	kPa
工作电压	0.5	V

图 3-47 比较了传统管式 SOFC 和管翅式 SOFC 内的产热速率或吸热速率。图 3-47(a) 为多孔阳极内甲烷重整反应的吸热速率。研究表明：管翅式 SOFC 多孔阳极内的吸热速率明显增大。这主要是由于径向流使更多的甲烷进入阳极，电极内尤其是扰流翅片顶部区域的甲烷浓度增大，相应的重整反应速率也加快。图 3-47(b) 所示为多孔阳极中水煤气变换反应的产热或吸热速率。需要注意的是，水煤气变换反应的产热或吸热速率比甲烷重整反应的速率小一个数量级。图 3-47(b) 中的正值表示逆水煤气变换反应的吸热过程，出现此现象的部分原因是局部水蒸气浓度低，无法保证水煤气变换反应正向进行。

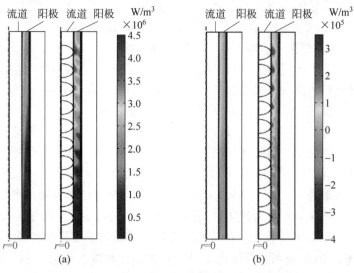

图 3-47 传统管式 SOFC 和管翅式 SOFC 对比

(a) 甲烷重整反应吸热速率；(b) 水煤气变换反应吸热或产热速率（正值表示吸热，负值表示产热）[20]

图 3-48(a)所示为 SOFC 多孔阳极和电解质交界面处电化学反应的产热速率分布。由于电化学反应增强，扰流翅片附近电化学产热的速率显著增加。增强的电化学反应对 SOFC 温度分布的影响如图 3-48(b)所示。在径向流增强电化学反应的区域内，管翅式 SOFC 电极局部温度远高于同一区域的传统管式 SOFC。尽管甲烷重整反应速率也有所增大，但重整反应吸收的热量小于电化学反应产生的热量。通过对管翅式 SOFC 中相应区域的产热速率和吸热速率进行体积积分，其结果表明电化学反应产生的总热量为 16.2 W，而甲烷重整反应的吸热量为 9.8 W，此时 SOFC 内以电化学产热为主。

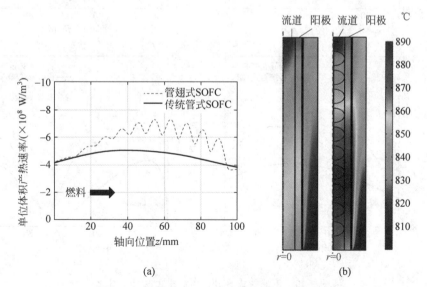

图 3-48 传统管式 SOFC 和管翅式 SOFC 对比

(a) 单位体积电化学产热速率分布；(b) 温度分布[20]

电化学反应产热是影响电极温度分布以及电化学反应的关键因素之一。图 3-49(a)所示为传统管式 SOFC 和管翅式 SOFC 阳极/电解质交界面的轴向电流密度分布。在反应层中,电流密度沿径向的变化可忽略不计。扰流翅片引起的径向流使 SOFC 多孔阳极内局部温度和燃料浓度显著增大,促进了电化学反应并提升了 SOFC 内局部电流密度。使用珠串形扰流翅片可将燃料电池输出功率提升 30%~50%。图 3-49(b)所示为径向流对多孔阳极扩散层和反应层界面氢气、一氧化碳和甲烷轴向浓度分布的影响。与传统管式 SOFC 相比,径向流可促进反应物进入多孔阳极,管翅式 SOFC 阳极中氢气、一氧化碳和甲烷浓度均有所增加。甲烷重整反应的增强使氢气和一氧化碳的局部浓度增大,而重整反应生成的氢气和一氧化碳也促进了电化学反应并提高了 SOFC 的功率密度。电极温度也是影响输出电流密度的关键因素之一。图 3-49(c)比较了传统管式 SOFC 和管翅式 SOFC 的轴向温度分布。由于电化学反应会产生大量热量,管翅式 SOFC 的温度始终高于传统管式 SOFC,最高温度约提高 32℃。燃料电池温度的升高还会导致其局部温度梯度升高,这是径向流带来的负面影响。图 3-49(d)表明:管翅式 SOFC 最大温度梯度出现在燃料入口与出口附近。燃料入口附近的高温度梯度主要受甲烷重整反应吸热增强的影响,而燃料出口附近的高温

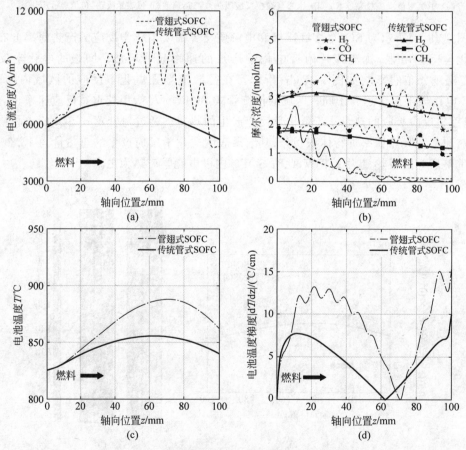

图 3-49 传统管式 SOFC 和管翅式 SOFC 对比

(a) 阳极/电解质交界面的轴向电流密度分布;(b) 多孔阳极扩散层/反应层界面反应气体组分浓度分布;(c) 阳极/电解质交界面的轴向温度分布;(d) 阳极/电解质交界面的轴向温度梯度分布[20]

度梯度是由电化学反应产热速率的增大造成的。需要注意的是:扰流翅片会导致轴向温度梯度分布出现波动,这可能会导致热应力分布不均匀而损坏电极。尽管管翅式 SOFC 电极-电解质中的温度梯度有所增加,但最大温度梯度仍低于 15℃/cm。通过增强局部电化学反应来提高 SOFC 的电化学性能时,应仔细考虑其对电池温度分布的影响,以避免损坏 SOFC 电极-电解质结构。

2. 强化传热管翅式 SOFC 扰流翅片设计

设计强化传热管翅式 SOFC 扰流翅片应研究扰流翅片的大小与位置对管式 SOFC 电堆内反应物的流动特性及对流换热特性的影响,阐明扰流翅片结构参数与电化学反应产热和多孔电极传热的关联关系,从而合理设计出可有效降低局部温度或局部温度梯度的扰流翅片,提升高功率密度 SOFC 电堆的运行稳定性。为定量描述 SOFC 扰流翅片对局部对流换热特性的影响,定义如下所示的无量纲对流换热系数:

$$h_\mathrm{n}=\frac{h}{h_0} \tag{3-116}$$

式中:h 和 h_0 分别代表的是管式 SOFC 与管翅式 SOFC 在同一轴向位置的局部对流换热系数。其中阴极表面的局部换热系数计算如下:

$$h=\frac{Q''}{T_\mathrm{s}-T_\mathrm{m}} \tag{3-117}$$

式中:h 是局部对流换热系数;Q'' 是电极表面的热通量;T_s 和 T_m 分别是阴极表面的温度和当地的平均空气温度。

将管翅式 SOFC 轴向坐标无量纲化,以扰流翅片的半径作为一个长度单位,图 3-48 所示为不同扰流翅片半径对 SOFC 阴极表面对流换热系数分布的影响。其中图 3-50(a)是不同扰流翅片半径影响下的无量纲对流换热系数 h_n 随无量纲轴向位置的变化曲线。横坐标的零点位置表示环状扰流翅片的圆心,横坐标的正方向和氢气流动方向相同,与空气流动方向相反,虚线(即 $h_\mathrm{n}=1$ 的直线)表示传统管式 SOFC 阴极表面的对流换热系数。

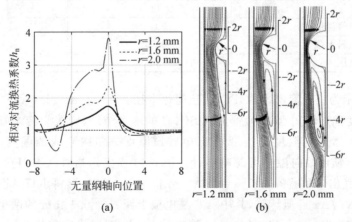

图 3-50 不同扰流翅片半径对 SOFC 阴极表面对流换热系数分布的影响
(a) 无量纲对流换热系数分布;(b) 空气流线[27]

图 3-50(b)表明扰流翅片引起了一个长度约 6 倍于扰流翅片半径的强化传热区域,与扰流翅片引起的周向涡长度基本一致。无量纲对流换热系数 h_n 的最高点位于圆环形扰流翅片的圆心对应的电极表面,与传统管式 SOFC 相比,半径为 2.0 mm 的扰流翅片可将对流换热系数提升 4 倍左右。周向涡区域的强化传热效果沿下游方向($-z/r$ 方向)逐渐减弱,主要因为空气下游的周向涡宽度逐渐减小,降低了其对电极附近空气速度的提升作用,对流换热系数也逐渐恢复到无扰流翅片的水平。此外,由于诱导涡的形成,降低了阴极表面附近的空气速度,周向涡下游区域的无量纲对流换热系数小于 1,相对于当地的对流换热系数减少了约 50%。管外布置的扰流翅片影响了 SOFC 温度与温度梯度分布。本节研究设置的物性参数与工作条件见表 3-4。

表 3-4 管翅式 SOFC 物性参数与工作条件

参 数	数 值	单 位
阳极热导率	11.0	W/(m·K)
阴极热导率	6.0	W/(m·K)
电解质热导率	2.7	W/(m·K)
阳极比热容	450	J/(kg·K)
阴极比热容	430	J/(kg·K)
电解质比热容	470	J/(kg·K)
阳极密度	4460	kg/m^3
阴极密度	4930	kg/m^3
电解质密度	5160	kg/m^3
电极孔隙率	0.35	—
渗透率	1×10^{-12}	m^2
迂曲度	4	—
工作压力	101.325	kPa
入口空气流速	5.0	m/s
入口燃料流速	1.5	m/s
入口氢气组分	0.95	—
入口氧气组分	0.21	—
入口空气温度	800	℃
入口燃料温度	800	℃
工作电压	0.55	V

图 3-51 所示为三种管翅式 SOFC(扰流翅片半径 $r=1.2$ mm、1.6 mm 和 2.0 mm)的温度与温度梯度分布,其中实线为管翅式 SOFC 的仿真结果,虚线为传统管式 SOFC 的仿真结果。图中所示轴向温度是指沿电极-电解质厚度方向中心线的温度。在本研究中,SOFC 电极-电解质的径向温差可忽略不计。图 3-49 横坐标指管式 SOFC 的轴向位置 z,$z=0$ 指的是空气出口和燃料入口,$z=100$ mm 指空气入口和燃料出口。图中的温度梯度 $|dT/dz|$ 可由 $\Delta T/\Delta z$ 近似计算,其中 ΔT 是电极上距离为 0.1 mm 的两个轴向点间的温差。经前期研究表明:进一步细化 Δz 计算出的 SOFC 温度梯度变化范围小于 1%。针对传统管式 SOFC,在本工况下,其温度最大值的轴向位置离空气出口(燃料入口)约 18 mm。在轴向位置 $z=0\sim10$ mm 的区域,SOFC 温度梯度大于 60℃/cm。在 0.55 V 的工作电压

下,燃料入口附近由于反应物浓度高、电化学反应速率大而产生了大量热量。空气流速低和出口附近温度高也是引起 SOFC 温度梯度高的重要原因。在本工况下,空气对流换热系数较小,无法满足管式 SOFC 的局部散热需求,电极温度需要在短距离内大幅提升以增强局部对流换热量。在管翅式 SOFC 中,扰流翅片被放置在燃料电池温度最高点的位置(即 $z=18$ mm 处),以观察扰流翅片对 SOFC 温度分布的影响。与传统管式 SOFC 相比,扰流翅片强化传热效果明显,三个不同半径的扰流翅片均使 SOFC 温度最大值和温度梯度最大值下降。半径为 2.0 mm 的扰流翅片可将电极轴向温度梯度从 163℃/cm 降低到 118℃/cm,SOFC 的最大电极温度也从 1000℃ 降低到 960℃。

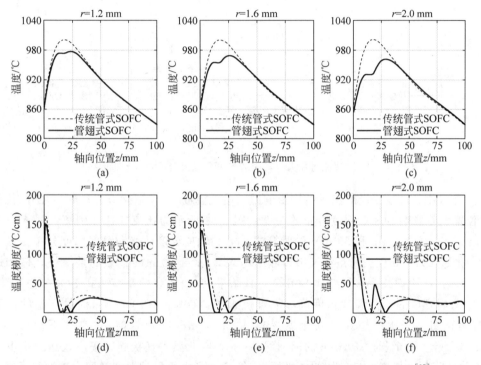

图 3-51　传统管式 SOFC 与管翅式 SOFC 温度和温度梯度轴向分布曲线[27]

随着扰流翅片半径的增大,SOFC 电极表面的空气流速提高,其对流换热能力增强,管式 SOFC 入口附近的温度梯度逐渐降低,但在其他位置可能会形成新的高温度梯度区域。半径为 2.0 mm 的扰流翅片使 $z=20$ mm 附近的轴向温度梯度升高到 48℃/cm,主要是因为在扰流翅片附近区域的电极温度出现下降,扰流翅片半径的增大会导致 SOFC 在短距离内出现温度大幅下降,反而会提高 SOFC 电极局部温度梯度。半径为 2.0 mm 的扰流翅片引起的诱导涡对温度梯度的作用较小,主要是因为空气上游的峰值温度受扰流翅片的影响降低,空气出口附近的 SOFC 电极温度梯度大幅降低,诱导涡对电极表面对流换热的削弱效果并不明显。这也表明流场局部结构(诱导涡)的变化对温度场的影响需考虑到上下游流场结构(周向涡等)和燃料电池温度分布的耦合影响。

图 3-52 所示为三种管翅式 SOFC 的电流密度分布,其中虚线为传统管式 SOFC 的电流密度分布。在逆流流动条件下,传统管式 SOFC 的燃料入口附近电流密度较高,这是由于该区域电化学反应速率较大、产热量较多。扰流翅片的强化传热在实现了降温的同时也降

低了电化学反应产热。半径为 2.0 mm 的扰流翅片可使 SOFC 的平均电流密度降低 5.2%，这表明扰流翅片降低电极温度梯度是以牺牲燃料电池输出功率为代价的。过高的温度梯度会引起电极-电解质结构损坏，利用局部强化传热以提高燃料电池运行稳定性和使用寿命至关重要。半径为 2.0 mm 的扰流翅片使燃料电池在 $z=18$ mm 附近的电流密度减少了 20%～25%，而对流换热系数则增加了 40%～60%，这表明电极局部对流换热性能的变化是使 SOFC 温度降低的主要因素。

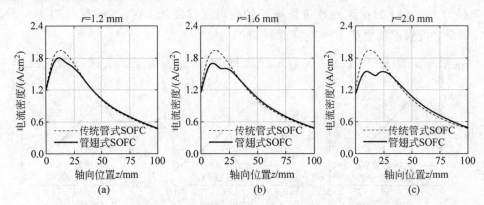

图 3-52　不同扰流翅片大小对应的 SOFC 电流密度轴向分布曲线[27]

扰流翅片通过改变局部流场结构影响燃料电池温度分布，除扰流翅片的半径外，扰流翅片的位置也是影响 SOFC 温度分布的关键。图 3-53 所示为扰流翅片分别离燃料入口 $L=14$ mm、20 mm、30 mm 和 60 mm 的管翅式 SOFC 轴向温度曲线和温度梯度分布。横坐标为轴向位置 z，$z=0$ 代表的是空气出口和燃料入口，$z=100$ mm 代表的是空气入口和燃料出口。图 3-51 中虚线为传统管式 SOFC 仿真结果，实线代表的是管翅式 SOFC 仿真结果。传统管式 SOFC 的最高温度梯度区域靠近燃料入口（$0<z<10$ mm），而最高温的位置在 $z=18$ mm 处。当扰流翅片放在距离燃料入口 14 mm 的位置时，在空气下游（$z=0$～14 mm）会产生一个长达 10 mm 的周向涡，它将大量低温空气从外管壁附近送到了电极表面，有效地降低了燃料入口区域的电极温度，使 SOFC 电极局部温度梯度出现明显下降。

由图 3-53 可见：距离燃料入口 14 mm 的扰流翅片对 $z=18$ mm 附近的电极对流换热几乎没有影响，但扰流翅片对空气上游的最高温度产生了影响。SOFC 燃料入口附近的电极温度降低会导致电化学产热与燃料电池最高温度同时下降。扰流翅片附近（即 $z=14$ mm 附近）出现了比传统管式 SOFC 更高的温度梯度峰值。扰流翅片对电极附近的空气有加速作用，可使电极局部温度降低。电极升温过程提前结束，温度峰值向空气上游（燃料下游，横坐标的正方向）移动，距离燃料入口 14 mm 的扰流翅片将温度峰值点从 $z=18$ mm 附近移动到 $z=25$ mm 附近，使温度梯度分布出现了"相位差"。

当扰流翅片的位置从距离燃料入口 14 mm 变为 20 mm 时，扰流翅片及周向涡的范围整体向空气上游移动，逐渐远离空气出口，对管式 SOFC 高温度梯度的抑制效果减弱，SOFC 温度和温度梯度在 $z=10$ mm 附近会有所回升，但扰流翅片的作用范围依然能够覆盖燃料入口段，此时对管式 SOFC 最高温度的抑制效果最为显著。

当扰流翅片的位置与燃料入口的距离为 30 mm 时，其影响范围远离了燃料入口的高温区，无法降低 SOFC 入口段的最高温度梯度。周向涡的位置在温度峰值的空气上游，电

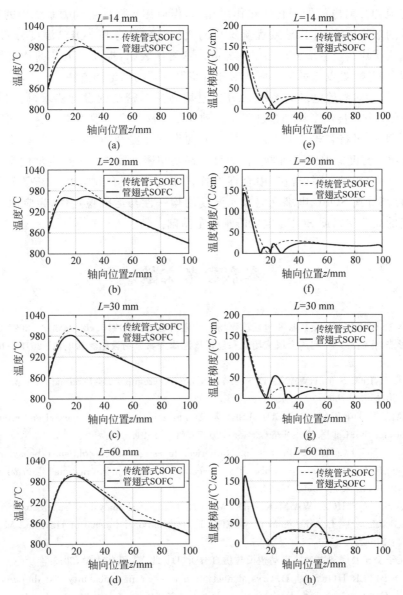

图 3-53 不同位置扰流翅片导致的管翅式 SOFC 温度和温度梯度分布[27]

温度受扰流翅片和周向涡的影响降低,但随即在周向涡下游短距离内升温,造成当地的温度梯度高于传统管式 SOFC。

当扰流翅片的位置与空气出口的距离达到 60 mm 时,扰流翅片对燃料入口段高温区的影响可忽略不计。但扰流翅片可导致附近的电极温度降低,从而引发空气上游低温度梯度区域和下游高温度梯度区域同时出现。空气上游的低温度梯度区域对应的是扰流翅片引起的周向涡对电极的局部降温作用,从而影响到燃料下游的反应。空气下游 SOFC 高温度梯度区域对应的是周向涡,其强化传热效果低于扰流翅片引起的高速空气区域,导致燃料电池温度迅速上升,以提高管壁与空气的温差满足固体氧化物燃料电池的散热需求。

由于空气管内的流场分布比较均匀,扰流翅片对流场结构的影响和位置的关系不大。

不同位置扰流翅片对电极的强化传热作用相似,但应用于涡轮电动力系统中的管式 SOFC 对不同位置的散热要求不同,导致扰流翅片的效果受到自身和 SOFC 温度分布的影响,有些位置的扰流翅片甚至会增大局部温度梯度。这再次表明,提高 SOFC 的均温性是一个复杂的多场耦合问题,难以通过单一物理场分析获得有效的结论和方法。

综上所述,针对涡轮电动力系统 SOFC 电堆高功率密度的设计要求,研究管式 SOFC 电堆内电化学-传热-传质多场耦合过程与流动控制方法具有重要意义。通过在阳极流道合理设计扰流翅片,可将管式 SOFC 反应单元的功率密度提升 30%~50%,有效解决了管式 SOFC 电堆功率密度低的瓶颈问题。同时针对高功率密度管式 SOFC 电堆内反应单元局部温度过高的瓶颈,通过在阴极流道中合理设置扰流翅片,可有效降低 SOFC 多孔电极局部温度梯度,提高管式 SOFC 电堆反应单元温度的均一性与运行稳定性,为应用于 SOFC 涡轮发电系统的高功率密度 SOFC 电堆研制奠定基础。

本章参考文献

[1] 尧磊,彭杰,张剑波,等.流场板和包括该流场板的燃料电池:201810906856.3[P].2021-08-31.

[2] 尧磊,彭杰,张剑波,等.泡沫金属流场板和包括该泡沫金属流场板的燃料电池:201810906881.1[P].2021-03-23.

[3] PARK C H, LEE S Y, HWANG D S, et al. Nanocrack-regulated self-humidifying membranes[J]. Nature, 2016, 532(7600): 480-483.

[4] KENDALL K, DIKWAL C M, BUJALSKI W. Comparative analysis of thermal and redox cycling for microtubular SOFCs[J]. ECS Transactions, 2007, 7(1): 1521.

[5] YAO L, PENG J, ZHANG J B, et al. Numerical investigation of cold-start behavior of polymer electrolyte fuel cells in the presence of super-cooled water[J]. International Journal of Hydrogen Energy, 2018, 43(32): 15505-15520.

[6] ISHIKAWA Y, SHIOZAWA M, KONDO M, et al. Theoretical analysis of supercooled states of water generated below the freezing point in a PEFC[J]. International Journal of Heat and Mass Transfer, 2014, 74: 215-227.

[7] 尧磊.质子交换膜燃料电池冷启动建模与仿真分析[D].北京:清华大学,2019.

[8] JIANG S F, TER HORST J H. Crystal nucleation rates from probability distributions of induction times[J]. Crystal Growth & Design, 2011, 11(1): 256-261.

[9] DURSCH T J, TRIGUB G J, LUJAN R, et al. Ice-crystallization kinetics in the catalyst layer of a proton-exchange-membrane fuel cell[J]. Journal of the Electrochemical Society, 2013, 161(3): F199-F207.

[10] THOMPSON E L, CAPEHART T W, FULLER T J, et al. Investigation of low-temperature proton transport in nafion using direct current conductivity and differential scanning calorimetry[J]. Journal of the Electrochemical Society, 2006, 153(12): A2351.

[11] PLAZANET M, SACCHETTI F, PETRILLO C, et al. Water in a polymeric electrolyte membrane: Sorption/desorption and freezing phenomena[J]. Journal of Membrane Science, 2014, 453: 419-424.

[12] PINERI M, GEBEL G, DAVIES R J, et al. Water sorption - desorption in Nafion® membranes at low temperature, probed by micro X-ray diffraction[J]. Journal of Power Sources, 2007, 172(2): 587-596.

[13] JIAO K, LI X G. Three-dimensional multiphase modeling of cold start processes in polymer

electrolyte membrane fuel cells[J]. Electrochimica Acta,2009,54(27):6876-6891.

[14] GALLAGHER K G,PIVOVAR B S,FULLER T F. Electro-osmosis and water uptake in polymer electrolytes in equilibrium with water vapor at low temperatures[J]. Journal of the Electrochemical Society,2009,156(3):B330-B338.

[15] ADROHER X C,WANG Y. Ex situ and modeling study of two-phase flow in a single channel of polymer electrolyte membrane fuel cells[J]. Journal of Power Sources,2011,196(22):9544-9551.

[16] PENG J,SHIN J Y,SONG T W. Transient response of high temperature PEM fuel cell[J]. Journal of Power Sources,2008,179(1):220-231.

[17] 韩雨麒. 燃料电池热管双极板流动与传热研究[D]. 北京:清华大学,2024.

[18] ZENG Z Z,QIAN Y P,ZHANG Y J,et al. A review of heat transfer and thermal management methods for temperature gradient reduction in solid oxide fuel cell(SOFC)stacks[J]. Applied Energy,2020,280:115899.

[19] ZHAO B G,ZENG Z Z,HAO C K,et al. A study of mass transfer characteristics of secondary flows in a tubular solid oxide fuel cell for power density improvement[J]. International Journal of Energy Research,2022,46(13):18426-18444.

[20] ZENG Z Z,ZHAO B G,HAO C K,et al. Effect of radial flows in fuel channels on thermal performance of counterflow tubular solid oxide fuel cells[J]. Applied Thermal Engineering,2023, 219:119577.

[21] HAO C K,ZENG Z Z,ZHAO B G,et al. Local heat generation management for temperature gradient reduction in tubular solid oxide fuel cells[J]. Applied Thermal Engineering,2022,211:118453.

[22] MIRAHMADI A,VALEFI K. Study of thermal effects on the performance of micro-tubular solid-oxide fuel cells[J]. Ionics,2011,17(9):767-783.

[23] CABLE T L,SETLOCK J A,FARMER S C,et al. Regenerative performance of the NASA symmetrical solid oxide fuel cell design[J]. International Journal of Applied Ceramic Technology, 2011,8(1):1-12.

[24] CHEN D F,XU Y,HU B,et al. Investigation of proper external air flow path for tubular fuel cell stacks with an anode support feature[J]. Energy Conversion and Management,2018,171:807-814.

[25] HARI B,BROUWER J P,DHIR A,et al. A computational fluid dynamics and finite element analysis design of a microtubular solid oxide fuel cell stack for fixed wing mini unmanned aerial vehicles[J]. International Journal of Hydrogen Energy,2019,44(16):8519-8532.

[26] HAO C K,ZHAO B G,ESSAGHOURI A,et al. A reduced-order electrochemical model for analyzing temperature distributions in a tubular solid oxide fuel cell stack[J]. Applied Thermal Engineering,2023,233:121204.

[27] ZENG Z Z,HAO C K,ZHAO B G,et al. Local heat transfer enhancement by recirculation flows for temperature gradient reduction in a tubular SOFC[J]. International Journal of Green Energy,2022, 19(10):1132-1147.

[28] ESSAGHOURI A,ZENG Z Z,ZHAO B G,et al. Effects of radial and circumferential flows on power density improvements of tubular solid oxide fuel cells[J]. Energies,2022,15(19):7048.

[29] ESSAGHOURI A. Influence of secondary flows on mass transfer characteristics and electrochemical reactions in tubular SOFC with inserts [D]. Beijing:Tsinghua University,2023.

[30] 赵秉国. 高功率密度微管固体氧化物燃料电池流动控制研究[D]. 北京:清华大学,2024.

[31] 郝长坤. 管式固体氧化物燃料电池热管理流动控制研究[D]. 北京:清华大学,2023.

第4章

分布式涡轮电推进多能流耦合与总能优化

涡轮电动力的效率主要取决于电动推进系统效率和涡轮发电系统效率,提高电动推进系统效率是涡电动力高效化发展的重要手段和技术途径。分布式电动推进可大幅提高推进效率,以分布式电动推进为核心的分布式涡轮电推进动力技术,是涡轮电动力高效化的重要发展方向。对涡轮发电、分布式电动推进和电池储能三大核心系统进行综合能量管理,是分布式涡轮电推进动力系统能量转换利用的基础和前提。建立分布式涡轮电推进动力系统总体分析模型,进行工质流热能-机械能-电能的多能流耦合与总能优化及控制,对于通过分布式涡轮电推进实现涡轮电动力高效化发展具有重要意义。

4.1 分布式涡轮电推进系统及性能

4.1.1 系统组成与核心部件

分布式涡轮电推进系统是涡电动力的典型系统,主要包含涡轮发电系统、电动推进系统和电池储能系统三个关键子系统,其中电动推进系统为多个电动推进单元组成的分布式电动推进系统,系统组成如绪论图 0-7 所示。综合能量管理是分布式涡轮电推进系统的关键核心技术,如图 4-1 所示。分布式涡轮电推进系统的三个子系统部件可根据不同子系统组

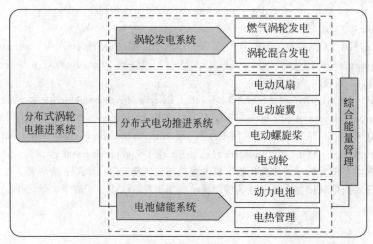

图 4-1　分布式涡轮电推进系统组成与核心部件

成形成不同的涡轮电动力系统。绪论提及的涡轮电动风扇推进动力、涡轮电动旋翼推进动力、涡轮电动螺旋桨推进动力、涡轮电动车轮推进动力、增程涡轮电动推进动力均是通过不同的子系统组合而成的分布式涡轮电推进系统。分布式涡轮电推进系统除涡轮发电、分布式电动推进和电池储能三大主要子系统之外,其组成还包括综合能量管理等相关子系统。

4.1.2 分布式涡轮电推进系统循环匹配

分布式涡轮电推进系统循环匹配研究主要是在传统燃气涡轮热力循环基础上,对热电混合总能循环发电与分布式电动推进等新特征带来的循环变化、性能影响、多能流耦合等因素进行综合分析、仿真及优化。

传统燃气涡轮发电系统的发电循环为简单热力循环即布雷顿循环,空气经过压气机压缩过程形成高压气体工质,在燃烧室燃烧加热并形成高压高温工质,通过涡轮膨胀过程做功,由电机转换为对外输出的电能,用于驱动电动推进系统或给动力电池充电。简单热力循环涡轮发电系统中,燃气涡轮发电系统与电池储能系统的能量走向是单向的,即燃气涡轮发电系统发出的电能根据需要给动力电池充电。燃气涡轮与动力电池耦合的热电混合总能循环发电系统在传统燃气涡轮发电系统简单热力循环的基础上,根据循环工况需要,动力电池的电能通过电机与涡轮耦合驱动压气机,参与循环的压缩过程,形成热电混合循环。热电混合总能循环发电系统中,燃气涡轮发电系统与电池储能系统的能量走向是双向的,不仅是燃气涡轮发电系统发出的电能给动力电池充电,同时动力电池的电能根据需要也反向用于驱动压气机参与热力循环的压缩过程。

热电混合循环属于涉及热能和电能综合利用的总能循环。热电混合总能循环发电系统将功/热/电等多种能量融合,改变了传统布雷顿循环的限制,突破了航空发动机与推进器强耦合匹配限制,再与分布式电动推进系统耦合,可进一步利用电功率提取比例实现电动推进单元流量、推力的大范围调节,进而实现动力系统涵道比及多能流耦合循环大幅可变。相对于传统构型的航空燃气涡轮,分布式涡轮电推进系统既能兼顾未来平台更大的电功需求,也可实现热机与推进器的机械解耦,进而实现性能大范围调节,以适应未来更加多变的性能需求。但这也导致该系统循环机理与功/热/电等多源能量管理、控制规律更加复杂,需兼顾多能流耦合综合能量匹配、分布式电动推进系统单位/系统设计边界、电热管理、综合能量管理等控制系统设计新约束。传统匹配机理研究及总体性能设计方法已难以保证分布式涡轮电推进系统在不同任务需求下的正常运行,也无法支撑其性能优势的充分发挥。分布式涡轮电推进系统总体性能分析涉及的匹配、仿真、优化等系统问题是面向未来飞行平台设计需求下如何充分发挥分布式涡轮电推进系统性能优势亟待解决的关键基础难题。

传统燃气涡轮效率与分布式涡轮电推进系统效率关系如图 4-2 所示。相较于传统燃气涡轮热效率、推进效率及总效率的关系,分布式涡轮电推进系统由于具备涡轮发电系统、分布式电动推进系统和电池储能系统三个关键子系统的固有特征,电力学涉及的电机效率、电池效率、电子电控系统相关损耗效率等新增因素都需要考虑其中,本节将重点论述分布式涡轮电推进系统总体性能分析涉及的基本特征及影响因素。

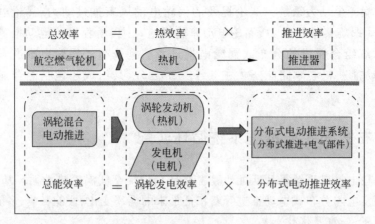

图 4-2 传统燃气涡轮与分布式涡轮电推进系统效率对比

燃气涡轮的效率主要通过热效率、推进效率及总效率三个重要效率指标来评价。分布式涡轮电推进系统主要包括涡轮发电系统、分布式电动推进系统和电池储能系统三大部分，相应的效率为便于与传统燃气涡轮对比，可对应为涡轮发电效率、分布式电动推进效率和总能效率。

基于燃气涡轮原理可知，传统航空发动机是热机与推进器的耦合，其动力系统的耗油率与总效率相关，即

$$\eta_0 = \frac{3600 V_0}{H_u \text{SFC}} = \frac{3600 a_0 Ma_0}{H_u \text{SFC}} \tag{4-1}$$

式中：η_0 表示总效率；SFC 表示耗油率，单位为 kg/(N·h)；V_0 表示飞行速度，单位为 m/s；H_u 表示燃油热值，单位为 J/kg；a_0 表示当地声速，单位为 m/s；Ma_0 表示当地马赫数。

而总效率取决于热效率与推进效率，即

$$\eta_0 = \eta_{\text{th}} \eta_{\text{p}} \tag{4-2}$$

式中：η_{th} 表示热效率；η_{p} 表示推进效率。

分布式涡轮电推进系统类比于航空燃气涡轮的总效率，可用总能效率来表征整个动力系统从燃料化学能、电池电能转化为系统推进功的效率。总能效率为涡轮发电效率与分布式电动推进效率之积，类比于燃气涡轮的效率关系，即

$$\eta_{\text{E0}} = \eta_{\text{H}} \eta_{\text{Ep}} \tag{4-3}$$

式中：η_{E0} 表示总能效率；η_{H} 表示涡轮发电效率；η_{Ep} 表示分布式电动推进效率。对于不同的分布式涡轮电推进系统而言，上述效率的表征会有相应变化。对于分布式涡轮电推进系统三大关键子系统而言，涡轮发电系统与电池储能系统主要影响涡轮发电效率，而分布式电动推进系统主要影响分布式电动推进效率。

前文已提到，传统燃气涡轮发电系统与热电混合总能循环发电系统需要考虑电池储能系统带来的影响。在不考虑电池储能系统放电工况下的传统涡轮发电效率为

$$\eta_{\text{HS}} = \eta_{\text{th}} \eta_g \eta_m = \frac{W_L}{Q_C} \eta_g \eta_m \tag{4-4}$$

式中：η_{HS} 表示传统涡轮发电效率；η_g 表示发电机效率；η_m 表示机械效率；W_L 表示可用循环功，单位为 J；Q_C 表示燃气涡轮发热量，单位为 J。

电池效率为

$$\eta_B = \frac{P_{bat}}{P_{bat} + Q_{bat}} \quad (4\text{-}5)$$

式中：P_{bat} 表示电池输出功，单位为 J；Q_{bat} 表示电池发热量，单位为 J；η_B 表示电池效率。电池发热量包含了欧姆热、电化学反应热、极化热和副反应热等，其总产热量可根据本书第 2 章相关内容计算而得。

热电混合总能循环发电系统的涡轮发电效率定义为热电混合总能循环发电系统实际输出电功率与电池消耗电能和涡轮发电机加热量之和的比值，即

$$\eta_H = \frac{P_{bat} + W_L \eta_g \eta_m}{P_{bat} + Q_{bat} + Q_C} \quad (4\text{-}6)$$

为了便于理解与分析，可引入混合度 H 来表征涡轮发电系统循环功与电池输出功之比，即

$$H = \frac{P_{bat}}{W_L} \quad (4\text{-}7)$$

综上，热电混合总能循环发电系统的涡轮发电效率可表征为

$$\eta_H = \frac{H + \eta_g \eta_m}{\dfrac{H}{\eta_B} + \dfrac{1}{\eta_{th}}} \quad (4\text{-}8)$$

根据上述公式可以看出，涡轮发电效率相较于传统燃气涡轮的热效率而言，影响因素更多。由于热电混合总能循环发电系统中电池的电能参与循环，相应的涡轮发电系统的效率将可能突破传统布雷顿循环限制。对于传统燃气涡轮而言，提升热效率需通过提升部件效率、循环增压比及涡轮前温度等来实现。随着技术的不断发展，上述手段已经陷入了提升空间有限的技术深水区。但对于分布式涡轮电推进系统而言，其涡轮发电效率可以在传统方式的基础上通过提升电池效率、电机效率及调整混合度来提升，足可见其在性能提升、总能优化方面存在的巨大优势与潜力。根据公式可知，混合度对于效率的影响并非像其他效率一样单一，对于确定的部件，混合度存在很大的效率提升空间。合适的匹配设计对于提升分布式涡轮电推进系统的性能有着十分关键的作用。同时对于航空动力而言，效率并不是唯一的性能评价指标。随着电池、电机等部件的引入，分布式涡轮电推进系统的质量也相应地提高了，因此分布式涡轮电推进系统的高效化、轻量化设计是未来发展的重点。

分布式涡轮电推进系统的分布式电动推进效率需要在传统推进效率的基础上考虑电动机效率、电能管理系统效率及分布式推进带来的影响，可表示为

$$\eta_{Ep} = \eta_M \eta_C \eta_p \quad (4\text{-}9)$$

式中：η_M 表示电动机效率；η_C 表示电能管理系统效率。相较于传统航空发动机，分布式涡轮电推进系统的分布式推进带来的流量推力的大幅变化等分布式特征可类比于传统分布式推进采用等效涵道比来体现。等效涵道比定义为分布式推进风扇/螺旋桨/旋翼空气流量与燃气涡轮进口空气流量之比。分布式推进风扇/螺旋桨总空气流量与单一风扇/螺旋桨空气流量及风扇/螺旋桨/旋翼数量有关。根据上述关联关系，把等效涵道比表征为

$$B_e = \frac{\dot{m}_{aD}}{\dot{m}_{a0}} = \frac{\dot{m}_{aFan} N_{Fan}}{\dot{m}_{a0}} \quad (4\text{-}10)$$

式中：B_e 表示等效涵道比；$\dot{m}_{a0}$ 表示燃气涡轮空气流量，单位为 kg/s；$\dot{m}_{aD}$ 表示分布式推进单元总空气流量，单位为 kg/s；$\dot{m}_{aFan}$ 表示推进单元空气流量，单位为 kg/s；N_{Fan} 表示推进单元数量。

在分布式涡轮电推进系统中，分布式推进系统推力可根据传统燃气涡轮推力公式推导变化而得，即

$$F_D = \dot{m}_{aD}(V_9 - V_0) = \dot{m}_{a0} B_e (V_9 - V_0) \tag{4-11}$$

式中：F_D 表示分布式推进推力，单位为 N；V_9 表示分布式推进平均排气速度，单位为 m/s。其推进效率为

$$\eta_p = \frac{(V_9 - V_0)V_0}{\dfrac{V_9^2 - V_0^2}{2}} = \frac{2}{1 + \dfrac{V_9}{V_0}} \tag{4-12}$$

结合上述公式可知，提升推进效率的关键在于降低排气速度。根据质量附加原理，在保证相同推力的前提下，增大分布式推进总空气流量可有效降低排气速度，也就是说，在保证相同的推力需求下，提升等效涵道比可降低排气速度，进而提升推进效率。对于传统燃气涡轮，其等效涵道比往往受到尺寸、结构等诸多限制而无法进一步提升。分布式涡轮电推进系统可通过发电与推进的有效解耦实现其等效涵道比的大范围提升，从而实现推进效率的进一步提升。

结合上述分布式涡轮电推进系统的涡轮发电效率与分布式电动推进效率，分布式涡轮电推进系统的总能效率可表示为

$$\eta_{E0} = \frac{H + \eta_g \eta_m}{\dfrac{H}{\eta_B} + \dfrac{1}{\eta_{th}}} \eta_M \eta_C \eta_p \tag{4-13}$$

根据公式可以看出，对于分布式涡轮电推进系统而言，其效率影响因素相较于传统燃气涡轮更多，这也意味着该系统效率变化的自由度更大，效率提升的潜力也越大。对于分布式涡轮电推进系统，多个电气部件的引入带来了整个系统质量的迅速增加，相较于燃气涡轮，即使电池效率很高，但其质量的负影响是不可忽视的。因此，在开展整个分布式涡轮电推进系统的总体设计和总能管理时，高效率、高功重比和高安全性是需要重点突破的三个关键点。此外，特定构型的分布式涡轮电推进系统都有其适合的工作范围，在当前的设计水平下，某一特定构型并不能适应所有的平台和任务需求。分布式涡轮电推进系统关键子系统的参数设计、选取、匹配和优化是该系统总能优化设计的核心内容。

4.1.3 分布式涡轮电推进多能流耦合及总能优化

涡轮电动力气动热力学是一门涉及热机气动热力学、电机电磁热力学、动力电池及燃料电池电化学热力学的交叉学科。分布式涡轮电推进系统由于电机/叶轮机多场耦合及涡轮电动力多能流耦合，其系统呈多能流耦合流动特征，如图 4-3 所示，在传统的燃气涡轮布雷顿循环的基础上，还有涡轮发电、分布式电动推进系统带来的影响。

燃气涡轮与动力电池耦合的热电混合总能循环发电系统在传统燃气涡轮发电系统的简单热力循环的基础上，根据循环工况需要，动力电池的电能通过电机与涡轮耦合驱动压气机，参与循环的压缩过程，形成热电混合循环。热电混合循环涡轮发电系统中，燃气涡轮发

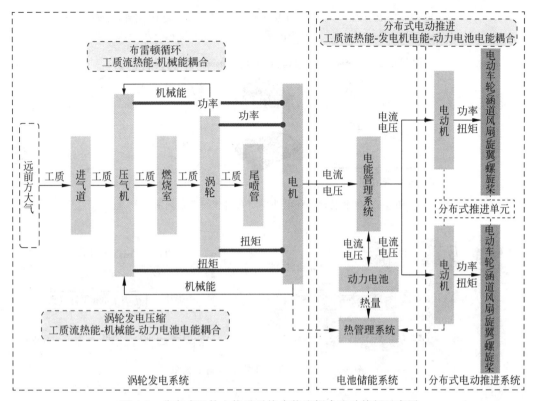

图 4-3 分布式涡轮电推进系统多能流耦合流动特征示意图

电系统与电池储能系统的能量传递是双向的,不仅是燃气涡轮发电系统发出的电能给动力电池充电,同时动力电池的电能根据需要也反向用于驱动压气机参与热力循环的压缩过程。热电混合循环属于涉及热能和电能综合利用的总能循环,如图 4-4 所示。

图 4-4 热电混合循环的能量双向传递示意图

通过电机、电池储能系统与叶轮机实现的热电混合循环可影响高低压轴功率平衡,调整压缩部件与涡轮部件功匹配,进而影响可用循环功,最终实现电加力/增推,如图 4-5 所示。

热电混合循环可突破布雷顿循环限制,改善循环功分配,提升循环热效率,如图 4-6 所示。

对于分布式电动推进效率则主要是利用分布式推进单元与电动推进之间的多能流耦合关系,通过提升总空气流量、降低排气速度、提高等效涵道比、提高电机效率等途径来提升,这也是分布式涡轮电推进系统中分布式电动推进系统总能优化的主要方向,如图 4-7 所示。

对于分布式涡轮电推进系统,其总能优化围绕效率、工作能力(功率和推力)及功率密度三个方面着手。

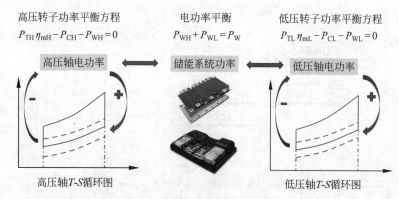

图 4-5 热电混合循环电功率对布雷顿循环影响示意图

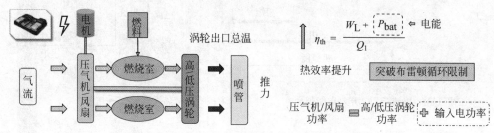

图 4-6 热电混合循环效率影响示意图

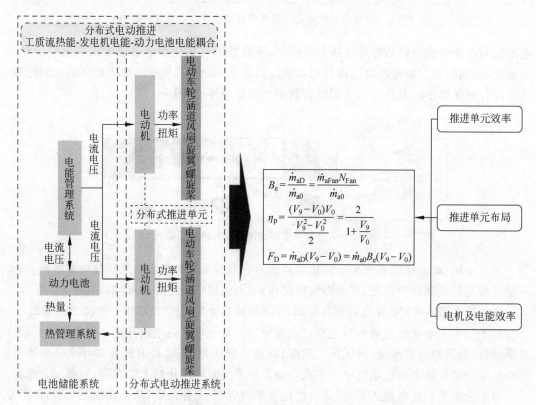

图 4-7 分布式电动推进效率影响因素及优化方向

1. 效率

前文中提到了涡轮发电效率、分布式电动推进效率和总能效率之间的关系。在系统优化时,则需要综合考虑燃气涡轮发电热能-机械能-电能转换、动力电池充放电和电机驱动推进器等转换、储存和输出环节的能量损耗,评估整个涡轮电动力系统的能量转换与利用效能。对于分布式电动推进效率,则可以利用分布式带来的等效涵道比的大幅提升实现推进效率的进一步提高,最终实现推进系统高效化发展。

2. 工作能力(功率和推力)

分布式涡轮电推进系统的功率可分为发电功率、储能功率和总功率。

发电功率是指涡轮电动力发电系统的输出电功率,是衡量涡轮电动力性能的重要指标之一,它决定了涡轮电动力系统长时间工作能够提供多大的电功率。

储能功率是指涡轮电动力电池储能系统能够处理的最大电功率,是衡量电池储能系统性能的重要指标之一,它决定了电池储能系统能够在多长时间内提供或吸收多大的电功率。储能系统的功率直接影响涡轮电动力系统的稳定性和可靠性,对涡轮电动力系统在实际应用中的效用至关重要。

总功率是指涡轮发电系统与电池储能系统联合输出的总电功率,为发电功率与储能功率之和,反映了涡轮电动力系统的最大工作能力。

推力是指航空涡轮电动力推进系统产生的推动飞行器运动的力。推力是航空涡轮电动力最主要的性能指标。对于分布式电动推进系统,涡轮电动力的推力为各个推进单元的推力之和。

3. 功率密度

分布式涡轮电推进系统的功率密度可分为涡轮发电系统功重比、分布式电动推进系统推重比以及储能系统功率密度。

涡轮发电系统功重比是指涡轮发电系统输出功率与自身质量的比值,即系统输出电功率与燃气涡轮及电机总质量之比。燃气涡轮一般具有较高的功重比,因此电机成为影响涡轮发电系统功重比的关键因素。

分布式电动推进系统推重比是指电动推进系统推力与自身质量的比值,即系统推力与推进电机及推进器总质量之比。对于分布式电动推进系统而言,推进单元的数量、布局,以及推进单元电机是影响推进系统推重比的关键因素。

电池储能系统功率密度是指动力电池系统在一定条件下输出功率与电池质量或体积之比,又称为质量功率密度或体积功率密度。此外,动力电池能量密度也是涡轮电动力电池储能系统极其重要的性能指标,是储能系统电量与整个电池系统质量或体积的比值。

分布式涡轮电推进系统的涡轮发电系统功重比、分布式电动推进系统推重比和储能系统功率密度直接影响飞行平台的质量和有效载荷。

综上所述,分布式涡轮电推进系统总能优化就是以面向应用为目标,综合考虑实际需求,在效率、工作能力、功率密度三者之间互相权衡,如图 4-8 所示。

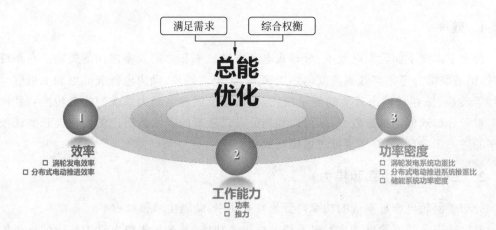

图 4-8　分布式涡轮电推进系统总能优化

4.2　分布式涡轮电推进仿真系统建模

本节主要介绍分布式涡轮电推进仿真系统建模思想、方法,系统关键部件建模方法,以及系统模型求解方法。数值仿真模拟是涡轮电动力热力学研究的主要方法之一,而系统及其部件建模是其基础,相应求解方法是其关键。系统仿真建模就是用计算机程序语言对实际物理对象、现象进行数值化表征的过程,即在抽象的基础上针对分布式涡轮电推进系统热/电物理学、电化学过程建立数学模型,并将与系统有关的变量归纳成表征系统物理本质的数学函数关系,进而借助相应的数值计算方法实现涡电动力系统的数值化表征。数学模型是根据设计任务和优化课题建立起来的产品设计参数与性能参数之间的数学关系。不同的设计对象和设计任务,具有不同的设计参数和性能参数,它们的数学模型也将完全不同。对于分布式涡轮电推进系统而言,不同的系统在组成、部件与循环方面都有一定差异,其模型也有相应变化,但是整体建模架构、建模方法、核心部件建模都有一定的相似性和可参照性。

4.2.1　分布式涡轮电推进系统性能仿真建模方法

分布式涡轮电推进系统性能仿真包含两个层次的工作:性能仿真模型建立和数值仿真模拟。分布式涡轮电推进系统性能仿真模型通过数学语言描述涡电动力系统工作的物理、化学过程。模型所描述的涡轮电动力系统对象既可以是处于设计、预研阶段的虚拟系统,也可以是进入试验阶段或已经使用、批产的真实系统。

在分布式涡轮电推进系统生命周期的各个阶段,其性能仿真模型扮演着重要角色。在市场调研阶段,涡轮电推进系统性能仿真模型可预测及评估新设计或改型方案匹配动力应用平台后带来的潜在性能收益,可为其动力系统研发提供方向、决策参考;在设计试验阶段,为了预计矛盾,判断系统是否满足设计要求,必须建立系统性能仿真模型,以得到不同给定使用条件下的系统性能,与试验相结合可以大大缩短设计周期;在使用维修阶段,系统性能仿真模型是健康管理系统的重要组成部分,是现代动力系统由定期维修转变为视情维修、降低直接使用成本,保证动力系统安全、可靠运行的重要手段。在动力系统整个周期的不同阶段,随着基础数据及需求的不同,对性能仿真模型仿真内容、计算精度、计算速度的要求也各异。下面简要介绍几种按复杂程度分类的性能仿真模型。

1. 第一类仿真模型

第一类仿真模型是指借助于试验数据的表格或拟合关系式来描述动力性能,将整个动力系统作为一个"黑盒子",模型中不描述各部件的工作情况,此类模型是零维模型,图4-9为其示意图。这一类模型更关注动力系统的外在性能特征而不是动力系统各部件匹配的物理本质,对模型的实时性要求较高,多用于对性能模型精度要求不高,但对计算速度要求较高的场景。此类方法广泛应用于传统航空发动机领域,例如飞行模拟器的航空发动机系统建模[1-5]。

图4-9 动力系统第一类仿真模型

2. 第二类仿真模型

第二类仿真模型仿真相较于第一类仿真模型更加复杂,需要考虑动力系统各子系统、各重要部件之间的关系,该性能模型将系统中的重要部件作为一个"黑盒子",只给出各部件特性,给出部件的核心物理、化学关系而不描述各部件内部详细工作情况。利用各部件间物理原理的匹配关系数值化表达将各子系统及部件联系起来,从而建立相应的非线性方程组,利用一定的数值求解算法计算出动力系统系统性能。该类仿真模型也是零维模型,此建模方法称为部件法。此类模型是目前动力系统性能仿真计算应用最多的仿真模型,相较于第一类模型,考虑了部件级的物理机理,模型计算精度更高,相较于下文的第三、四类模型,用关键截面参数来表征过程性能,不需要多维仿真模型,计算速度更快,是兼顾了精度和速度的性能仿真模型,在航空发动机领域得到了广泛的应用,且许多研究机构自建模型、商业软件、专业软件都是按照此架构建立[6-12]。本节后续内容将重点介绍此类仿真模型建模方法,以串联式涡电动力为例,其第二类仿真模型建模示意图可见图4-10。

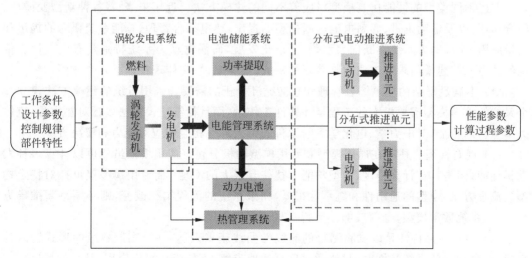

图4-10 动力系统第二类仿真模型

3. 第三类仿真模型

第三类仿真模型是在第二类仿真模型的基础上将部件性能特征进一步精细化,具体来说是各个部件不再通过预存的特性图表征,而是通过数学方法建立部件几何流路尺寸、设计参数和特性之间的映射关系,即建立部件通流模型[13-18]。部件模型可以是一维模型,也可以是二维或三维模型,整个性能模型维度也不再是零维模型,而是随着建立的部件模型维度变化而变化。通常而言,部件模型建模的维数越高,所描述的发动机内部流动及各部件的匹配细节越详细,但建模所需提供的发动机几何流路尺寸也越详细,同时计算速度也将随着维度的提升而降低。此类建模方法多用于动力系统详细设计与部件多轮详细迭代设计等场景。随着计算机性能的不断提高,该模型计算速度的短板将逐渐被弥补。

4. 第四类仿真模型

第四类仿真模型是涡电动力系统性能仿真模型中最复杂、计算精度最高、计算速度最慢的仿真模型。该模型基于计算流体力学理论,与航空发动机相应第四类仿真模型类似,对整个动力系统进行一维[2]、二维[3]或三维模型的整机建模研究,通过欧拉方程或纳维-斯托克斯(Navier-Stokes)方程(N-S方程)求解,来获取整机各部件的流场参数和总体性能参数。此类模型可以很好地模拟出动力系统的实际工作过程,计算精度很高,对于动力系统设计具有重要意义[19-21]。但其缺点也很明显:此类模型除自身建立必需的性能模型外,还需要借助计算流体力学相应的专业软件以实现部件的多维仿真模拟;该模型对计算机要求较高,需要算力强大的工作站或服务器才能实现。相较于前几类模型,第四类仿真模型在系统可视化、数字孪生方面具有更好的优势。随着未来计算机性能的不断提高和计算流体力学的不断发展,第四类仿真模型具有巨大的前景。

除根据模型的复杂程度进行分类外,涡电动力性能仿真模型分类还可遵循其他原则。从描述的发动机工作状态考虑,可分为稳态和动态两种模型;从仿真周期即完成性能计算所需要的计算时间考虑,又可以分为实时模型和非实时模型。

上述不同类型的性能仿真模型对应着不同的建模方法。近年来,随着各种新型变循环、组合循环,以及电动推进、燃料电池等新构型的提出,热电综合管理、总能系统概念的提出和大量应用,能源动力系统不断向大型化、复杂化发展,而涡电动力系统特别具有代表性。传统的动力系统建模与求解方法面临着新的挑战,具体来说,它体现在以下几个方面。

(1) 不满足复杂的热电综合管理和总能循环分析的需要。采用传统的建模方法建立整个系统的数学模型需要极大的工程量和软件工作量,而且传统建模方法多针对热力学、流体力学等物理特征,对电力学、电化学等新学科的引入缺乏相应的应对能力和解决方案。

(2) 现有模型往往存在通用模型和专用模型两极分化。通用模型虽然可以计算多种发动机性能,但是其在计算精度、模型功能上往往有很大的不足;而专用模型仅可针对特定构型或流程方案,模型的通用性和继承性很低,如果系统的流程结构改变,则必须重新推导方程,建立系统数学模型,全部或部分重新编写计算机程序。

(3) 很多部件特性是以试验测得的非线性曲线簇来表达,并以离散数组的形式输入计算机,在联立求解系统特性时,只能通过反复插值求解,不便于计算机应用,且影响精度。

为解决传统建模方法与复杂的动力系统建模之间的矛盾,新的建模理论及方法应运而生。基于通用性组合思想的模块化建模已成为当前热力系统建模发展的新方向。此外,随着人工智能、大数据技术、数字孪生技术的发展,性能建模也将得到突破,将打破传统零/多维、稳/动态以及实时/非实时的类型壁垒,将多种功能以新的方式进行组合和升华。面向未来新型动力的总体性能系统建模理论是能源动力领域当前研究的热点和前沿课题。相关的核心科学问题[22]有:

（1）建模新思路和新方法探索。例如,研究更好的基于通用性组合思想的建模方法,以便基于有限数量的典型单元模型,组合出不同类型的复杂系统模型。探讨建立通用的系统连接模型新思路与方法,以适应系统流程结构复杂化的发展趋势。

（2）融合通用性和专用化建模。数值模拟要求各种模型都要有足够的精度,但这常常以牺牲通用性为代价;而复杂系统建模常常要求单元模块模型有很强的通用性,以便应用尽量少的模型组合各种不同的系统模型,但这又要靠牺牲精度来实现。同时,兼顾复杂系统建模对模型的精度与通用性的要求,始终是系统建模需不断探索解决的难题。

（3）追求实时性和高精度并举。寻求在速度和精度上都能满足需求的模型求解新思路与新方法,特别是满足在线实时计算要求的求解方法,是未来性能模型建模方法探索实现软件、硬件结合发展的重要方向。

考虑到目前分布式涡轮电推进系统总体性能建模发展需求,本小节重点介绍涡电动力系统第二类仿真模型（部件法）建模的思路、方法及子系统的相应内容,其子系统及核心部件如图4-11所示,其他构型及建模方法可以此为参照。

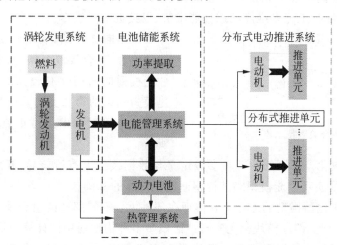

图4-11 串联式涡电动力系统子系统及核心部件示意图

第二类仿真模型建模核心方法是部件法：各相关部件特性以二维数组的形式读入,利用各部件的共同工作条件,建立相关部件流量连续方程、功率平衡方程及静压平衡方程等非线性方程组。在给定控制规律后,可求解各部件的工作点,从而求出相关气动热力学参数和性能参数,可实现设计、计算及优化于一体,功能完善且具有较好的收敛性。部件法建模由于实现了关键部件的模块化,在通用性上有一定的自由度,可在一定程度上兼容各部件构型及形式。按照部件法建模思路,整个性能模型按照功能可以拆解为参数读入、任务适应性分析、设计点热力计算、部件特性耦合、非设计点热力计算、稳态性能计算、动态性能计算、热管理分析以及质量估算等,总体性能模型计算功能及流程逻辑图可见图 4-12。

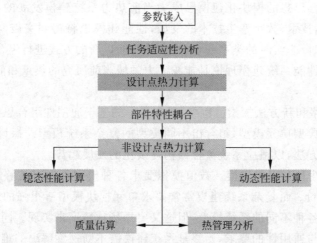

图 4-12　涡电动力系统第二类仿真模型计算功能及流程逻辑图

随着涡电动力系统性能研究的不断推进,除上述基本需要外,在以下方面对性能模型也提出了相应的需求:①性能仿真系统全数据可查,参数易于扩展,便于研究;②方案设计、性能计算及优化于一体;③性能仿真平台扩展性好,具有较好的通用性,易兼容不同构型的混合电推进系统性能仿真计算;④可进行涡电动力系统各部件温度求解,以实现该系统综合热管理分析;⑤涡电动力系统重要性能参数如功率混合度、能量混合度等的求解应用及评价;⑥可实现时间、工况多维度动态性能求解,以接近实时模型。

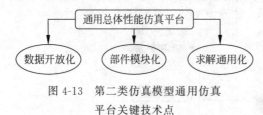

图 4-13　第二类仿真模型通用仿真平台关键技术点

根据前文介绍,涡电动力系统发展出了多种组合、复合及混合构型,涡电动力系统对性能模型的通用性有较高的要求,以部件法建模为基础的第二类仿真模型在提高通用性上有三个关键技术点可重点研究,如图 4-13 所示。

(1) 数据开放化。不同的构型在参数定义与数据接口上有所差异,开放的数据接口和便捷的参数定义是实现性能模型多种构型通用性计算的基础。

(2) 部件模块化。构型的差异主要体现在部件上:不同部件的组合及布局的差异是构型变化的根本。因此,部件模块化是实现性能模型多种构型通用性计算的重要途径。

(3) 求解通用化。数据和部件的差异导致在求解非设计点上存在核心求解方法的变化。可以说,可自适应多构型的求解器是实现性能模型多种构型通用性计算的关键。

关键部件模型是基于热力学、流体力学、传热学等基本定律建立的描述热物理过程的模型。涡电动力系统虽然在流程结构上多样化,但其主要组成部件可归纳为有限数量的关键部件模型。各种流程结构的涡电动力系统是这些部件以不同数目、不同搭配方式组合而成,且在一个系统中某个模型可以多次使用,如电机等,一些底层的气动力学计算也会大量调用,如压缩计算、膨胀计算、熵/焓计算等。系统-部件的合理拆解与模型-算法的有效搭建是一个优异性能模型的关键。

4.2.2 涡轮发电系统

本部分介绍涡轮发电系统的基本形式,即燃气涡轮发电系统。随着叶轮机/电机一体化技术的推进,燃气涡轮与电机不再是相互独立的部件,而是耦合在一起作为涡轮发电系统的核心,主要包含压气机、燃烧室、涡轮与电机等关键部件,此外还包括进气口、喷口、附件系统等部件或子系统。

1. 压气机

压气机是燃气涡轮中十分关键的部件。根据燃气涡轮部件构造的不同,会有多级、多轴的变化,后续还发展出风扇、增压级等,其部件计算方法与压气机类似。本小节重点介绍压气机的性能建模方法与核心公式。对于涡轮发电系统而言,根据流道特征,进气口出口参数即为压气机进口参数,进气口出口与压气机进口这两个截面的关键参数可以相互传递。压气机部件性能模型主要是根据压气机进口参数、增压比、效率等计算压气机出口总压、总温及流量等关键截面参数,如图4-14所示。压气机部件特性包含了转速、增压比、流量、效率及特性辅助线值,这些参数用于压气机部件特性耦合以及非设计点工况对应参数的插值计算。

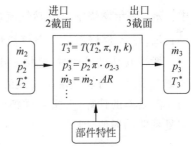

图4-14 压气机部件性能模型

根据增压比、进口总压,以及压气机流路的总压恢复系数,可计算出口总压:

$$p_3^* = p_2^* \pi \cdot \sigma_{2\text{-}3} \tag{4-14}$$

式中:p_3^* 表示压气机出口总压,单位为 Pa;p_2^* 表示压气机进口总压,单位为 Pa;π 表示增压比;$\sigma_{2\text{-}3}$ 表示压气机流路总压恢复系数。

考虑压气机效率后的单位质量,实际压缩功可以表征为

$$C_{p3} T_3^* = C_{p2} T_2^* (\pi^{\frac{k-1}{k}} - 1) / \eta \tag{4-15}$$

式中:C_{p3} 表示压气机出口定压比热,单位为 J/(kg·K);T_3^* 表示压气机出口总温,单位为 K;C_{p2} 表示压气机进口定压比热,单位为 J/(kg·K);T_2^* 表示压气机进口总温,单位为 K;k 表示绝热指数;η 表示压气机效率。需要特别指出的是,考虑到变比热的影响,压气机出口定压比热与进口定压比热并不相等,不可直接利用上述压缩功公式进行计算,需要考虑变比热影响关系(后文会详细说明变比热计算)利用等熵压缩熵不变迭代计算:

$$T_3^* = T(T_2^*, \pi, \eta, k) \tag{4-16}$$

压气机出口流量则需要考虑引气的影响:

$$\dot{m}_3 = \dot{m}_2 \cdot AR \tag{4-17}$$

式中:$\dot{m}_3$ 表示压气机出口空气流量,单位为 kg/s;$\dot{m}_2$ 表示压气机进口空气流量,单位为 kg/s;AR 表示压气机引气修正系数。

2. 燃烧室

压气机所计算的压气机出口参数即为发动机燃烧室进口参数,这一部分主要计算燃烧室出口总压、流量、油气比及燃油流量等关键参数,其性能模型如图 4-15 所示。

燃烧室出口总压可以根据进口总压及燃烧室总压恢复系数计算而得,即

$$p_4^* = p_3^* \sigma_{3\text{-}4} \tag{4-18}$$

式中:p_4^* 表示燃烧室出口燃气总压,单位为 Pa;p_3^* 表示燃烧室进口燃气总压,单位为 Pa;$\sigma_{3\text{-}4}$ 表示燃烧室总压恢复系数。

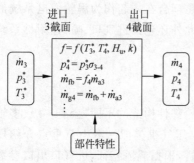

图 4-15 燃烧室部件性能模型

燃烧室随着燃油的燃烧反应,其气体组成包含了燃油燃烧生成的产物,其组分要更加复杂,根据质量守恒原理,其质量流量有以下关系:

$$\dot{m}_{\text{fb}} = f_4 \dot{m}_{\text{a3}}$$
$$\dot{m}_{\text{g4}} = \dot{m}_{\text{fb}} + \dot{m}_{\text{a3}} \tag{4-19}$$

式中:$\dot{m}_{\text{g4}}$ 表示燃烧室出口燃气流量,单位为 kg/s;$\dot{m}_{\text{fb}}$ 表示燃烧室出口燃油流量,单位为 kg/s;$\dot{m}_{\text{a3}}$ 表示燃烧室进口空气流量,单位为 kg/s;f_4 表示燃烧室出口油气比。

一般在发动机设计时,燃烧室出口总温是设计给定值,关键在于上述油气比的求解,需要考虑燃油组分对燃气定压比热的影响,以焓值为表征的能量守恒方程不再适用,这里需要引用等温焓差的计算(后文会详细说明)。燃烧室部件特性用于非设计点计算燃烧效率及总压恢复系数的插值计算。

3. 涡轮

燃烧室所计算的燃烧室出口参数即为发动机涡轮进口参数,这一部分主要计算涡轮出口总压、总温及流量等关键截面参数。在设计计算中,涡轮部件需要给出设计点效率,进口燃气及空气流量可以通过稳定流的连续性关系直接求得,膨胀比则可以通过功率平衡关系计算得到。涡轮部件性能模型如图 4-16 所示,其部件特性包含了转速、膨胀比(比焓)、流量、效率及特性辅助线值,这些参数用于涡轮部件特性耦合以及非设计点工况对应参数的插值计算。

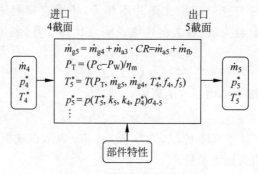

图 4-16 涡轮部件性能模型

涡轮进出口流量、油气比根据燃油流量、进口空气流量及冷却气（通过压气机引气，其系数与压气机流量关联）计算可得，计算中需要考虑引气的影响：

$$\dot{m}_{g5} = \dot{m}_{g4} + \dot{m}_{a3} \cdot CR = \dot{m}_{a5} + \dot{m}_{fb}$$

$$\dot{m}_{a5} = \dot{m}_{a4} + \dot{m}_{a3} \cdot CR$$

$$f_5 = \frac{\dot{m}_{fb}}{\dot{m}_{a5}} \tag{4-20}$$

式中：$\dot{m}_{g5}$ 表示涡轮出口燃气流量，单位为 kg/s；$\dot{m}_{a5}$ 表示涡轮出口空气流量，单位为 kg/s；f_5 表示涡轮出口截面油气比；CR 表示涡轮冷却气系数。

涡轮功可通过功率平衡关系计算而得，也可以用进口截面的焓变化来表征：

$$P_T = (P_C - P_W)/\eta_m$$

$$P_T = \dot{m}_{g4} h_4 - \dot{m}_{g5} h_5 \tag{4-21}$$

式中：P_T 表示涡轮功率，单位为 W；P_C 表示压气机功率，单位为 W；P_W 表示输出功率，单位为 W；h_4 表示涡轮进口截面比焓，单位为 J/kg；h_5 表示涡轮出口截面比焓，单位为 J/kg。

同压气机一样，涡轮部件考虑到变比热的影响不可以直接利用简化的涡轮功率计算公式。涡轮出口截面定压比热与其总温、油气比关联，因此涡轮出口总温需要利用等熵膨胀熵不变迭代计算，其出口温度是关于涡轮功率、进出口流量、油气比及进口总温的函数关系。其中涉及变比热的计算与压气机类似，可参考后文关于变比热计算的说明，以下是其相关计算式：

$$h_5 = C_{p5} T_5^* / \dot{m}_{g5} = P_T - \dot{m}_{g4} h_4$$

$$C_p = C_p(T^*, f)$$

$$T_5^* = T(P_T, \dot{m}_{g5}, \dot{m}_{g4}, T_4^*, f_4, f_5) \tag{4-22}$$

计算得出出口总温后，可以利用等熵膨胀总温、总压关系以及流路总压恢复系数计算出口总压：

$$p_5^* = p(T_5^*, k_5, k_4, p_4^*) \sigma_{4-5} \tag{4-23}$$

式中：p_5^* 表示涡轮出口总压，单位为 Pa；k_4 表示涡轮进口绝热指数；k_5 表示涡轮出口绝热指数；σ_{4-5} 表示涡轮部件流路总压恢复系数。

4. 电机

在涡电动力系统中，电机存在于多个子系统中，在涡轮发电系统中以发电机存在，在电动推进系统中以电机形式存在。涡轮发电系统主要利用燃气涡轮进行热功转换，以实现机械能输出并驱动起发电机发电，为涡电动力系统提供电能。涡轮发电的电机/叶轮机系统主要是由燃气涡轮及其直联高速起发电机组成，起发电机与燃气涡轮内部压气机、涡轮同轴旋转工作。涡轮发电的电机/叶轮机系统工作模式主要包括驱动与发电两个状态。在驱动状态下，电机需要驱动压气机至急速工况，随着转速上升，涡轮输出功率逐渐增加，电机的驱动功率逐渐减小；当转速达到急速后，电机将切换至发电状态；在发电状态下，电机利用涡轮驱动压气机后的剩余功率进行发电，转速越高，电机的发电功率越大。电机/叶轮机系统需要实现高紧凑结构集成与全工况高效匹配。高紧凑结构集成主要通过直联方式省去齿轮箱带来的对质量、散热及功率损耗等的影响，简化系统并提高效率；通过电机/叶轮机在结构、传热、流动一体化功能集成,进一步简化电机/叶轮机系统结构并提高散热能力,减少流动损失。全工况高效匹配主要是起发电机需要与叶轮机在驱动和发电两个工作模式下满足常用工况的转速-扭矩-效率匹配,实现电机/叶轮机系统全任务剖面下的性能最优运行以及起发电机全任务剖面下的高效热管理。因此,在涉及电机的建模时,需要兼顾电机/叶轮机系统一体化相关的电机电磁热力学、叶轮机气动热力学以及电机/叶轮机多场耦合等问题,如图 4-17 所示。

在计算性能模型时,重点关注电机核心参数包括功率、转速、负荷、效率,以及电路系统中相应的电流、电压等。相应参数及公式在前文电机相关内容已有详细介绍,这里不再赘述。电机部件性能模型如图 4-18 所示。对于电动机而言,电机额定功率是轴上输出功率;对于发电机而言,电机额定功率是出线端输出电功率。电机将电能(机械能)转换成机械能(电能),能量都是以电磁能的形式通过定转子间的气隙进行传递的,与之相对应的功率称为电磁功率。

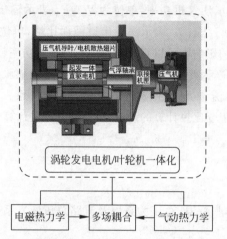

图 4-17 涡轮发电系统电机/叶轮机一体化建模关键点

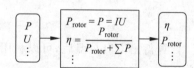

图 4-18 电机性能模型

除上述关键部件外,进气口与喷口部件也是涡轮发电系统中的主要部件。

4.2.3 分布式电动推进系统

分布式电动推进系统是分布式涡轮电推进系统的推进器,其构型因推进单元的不同而不同,推进单元包括电动车轮、涵道风扇、螺旋桨、旋翼等。地面车用电动推进系统以电动车轮为基础,其构型相对简单,本文不再赘述,重点介绍航空电动推进系统。分布式电动推进系统包括电动机与推进单元(涵道风扇、螺旋桨、旋翼等),其电机性能模型可参考涡轮发电系统中发动机性能模型,推进单元则可参考燃气涡轮中进气道、压气机模型与喷管模型来建立,如图 4-19 所示。需要说明的是,由于分布式电动推进系统是分布式构型,图 4-19 中的推进单元具有多个涵道风扇结构。

本节以涵道风扇为例介绍其计算方式。涵道风扇进口截面可参考进气性能模型计算得到,涵道风扇总温、总压可参考压气机性能模型计算得到。由于电动涵道风扇单元是高度一体化设计的,其进气口、出口已经集成了进气道与尾喷管的功能,因此在进行计算时,需要同时考虑进气计算(工况条件计算)、风扇计算、喷口计算(推力计算)。为了便于同传统燃气涡轮对比,本部分对进气口、风扇、喷口单独进行介绍。此外电动涵道风扇是电机与涵道风扇的一体化设计,其设计也具备电机与叶轮机一体化的特点,如图 4-20 所示。

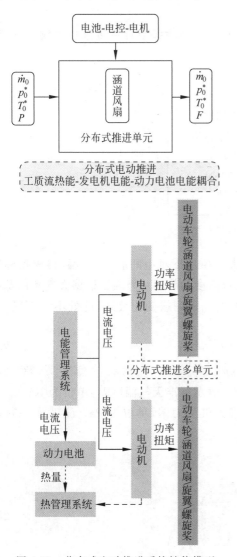

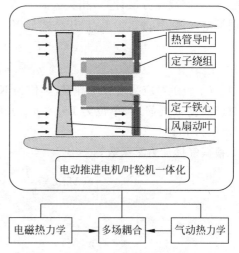

图 4-19 分布式电动推进系统性能模型　　图 4-20 分布式电动推进系统电机/叶轮机一体化建模关键点

根据推力公式计算涵道风扇喷口产生的总推力:

$$F_{gDF} = \dot{m}_{aDFo} V_{DFo} \varphi_e - (p_{DFo} - p_0) A_{DFo} \tag{4-24}$$

式中:F_{gDF} 表示涵道风扇喷口总推力,单位为 N;$\dot{m}_{aDFo}$ 表示涵道风扇空气流量,单位为 kg/s;V_{DFo} 表示涵道风扇喷口出口气流速度,单位为 m/s;φ_e 表示喷口速度系数;p_{DFo} 表示涵道风扇喷口出口静压,单位为 Pa;P_0 表示涵道风扇进口静压,单位为 Pa;A_{DFo} 表示涵道风扇喷口出口面积,单位为 m²。

根据推力公式计算涵道风扇喷口产生的非安装推力:

$$F_{nDF} = F_{gDF} - \dot{m}_{aDFo}V_a \tag{4-25}$$

式中：F_{nDF} 表示涵道风扇喷口非安装推力，单位为 N；V_a 表示飞行速度，单位为 m/s。

1. 进气口

进气口部件性能模型主要基于飞行工况参数及进气性能参数计算进气口关键截面进、出口总温、总压及流量，如图 4-21 所示。

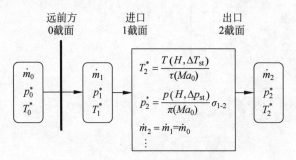

图 4-21 进气口部件性能模型

首先基于工况参数中的飞行高度，计算标准大气条件下对应的静压、静温，再根据标准天气温度差、压力差修正，得到实际天气下对应飞行高度的静压及静温。根据大气条件基本性能，以不同高度分层计算，相关公式可参考标准大气随海拔变化公式，此处不详细展开。根据模型计算，其进口静温、静压公式如下：

$$T_0 = T(H, \Delta T_{st}) \tag{4-26}$$

$$p_0 = p(H, \Delta p_{st}) \tag{4-27}$$

式中：T_0 表示对应高度大气静温，单位为 K；ΔT_{st} 表示标准天气温度差，单位为 K；p_0 表示对应高度大气静压，单位为 Pa；Δp_{st} 表示标准天气压力差，单位为 Pa；H 表示飞行高度，单位为 m。

根据气体动力学函数：

$$\begin{cases} \tau(Ma) = \dfrac{T}{T^*} = \dfrac{1}{1 + \dfrac{k-1}{2}Ma^2} \\ \pi(Ma) = \dfrac{p}{p^*} = \left(1 + \dfrac{k-1}{2}Ma^2\right)^{-\frac{k}{k-1}} \end{cases} \tag{4-28}$$

变换后求得进气口进口总温、总压分别为

$$\begin{cases} T_1^* = T_0^* = \dfrac{T_0}{\tau(Ma_0)} \\ p_1^* = p_0^* = \dfrac{p_0}{\pi(Ma_0)} \end{cases} \tag{4-29}$$

式中：T_1^* 表示进气口进口总温，单位为 K；T_0^* 表示对应高度飞行马赫数工况大气总温，单位为 K；p_1^* 表示进气口进口总压，单位为 Pa；p_0^* 表示对应高度飞行马赫数工况大气总压，单位为 Pa；Ma_0 表示飞行马赫数。

进气口的热力过程通常视为绝热过程，总温不变，但有一定流动损失，可通过总压恢复

系数进行修正,该系数可通过对进气口进行三维仿真计算或者部件试验测得。进气口出口总温、总压计算公式为

$$\begin{cases} T_2^* = T_1^* \\ p_2^* = p_1^* \sigma_{1\text{-}2} \end{cases} \tag{4-30}$$

式中：T_2^* 表示进气口出口总温,单位为 K；p_2^* 表示进气口出口总压,单位为 K；$\sigma_{1\text{-}2}$ 表示进气口总压恢复系数。

进气口进出口总空气流量一般等于发动机设计的总空气流量。对于分布式电动推进系统以及其他多涵道的发动机而言,进气口的进出口总空气流量等于主发动机的总空气流量,公式如下：

$$\dot{m}_2 = \dot{m}_1 = \dot{m}_0 \tag{4-31}$$

式中：$\dot{m}_2$ 表示进气口出口空气流量,单位为 kg/s；$\dot{m}_1$ 表示进气口进口空气流量,单位为 kg/s；$\dot{m}_0$ 表示主发动机总空气流量,单位为 kg/s。

2. 风扇

风扇部件建模思路与涡轮发电系统中的压气机建模一致,相关公式不再赘述,其性能模型如图 4-22 所示。

3. 喷口

分布式电动推进系统的喷口主要有产生推力以及排气两个功能。喷口工作过程可简述为经过涵道风扇压缩后的空气在喷口膨胀并排出,其部件性能模型如图 4-23 所示。

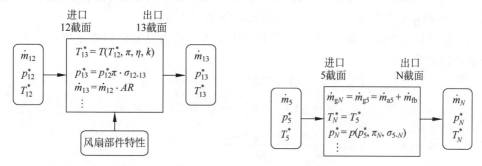

图 4-22 风扇部件性能模型　　图 4-23 喷口部件性能模型

喷口出口流量、总温、总压计算如下：

$$\begin{cases} \dot{m}_{gN} = \dot{m}_{g5} = \dot{m}_{a5} + \dot{m}_{fb} \\ T_N^* = T_5^* \\ p_N^* = p(p_5^*, \pi_N, \sigma_{5\text{-}N}) \end{cases} \tag{4-32}$$

式中：$\dot{m}_{gN}$ 表示喷口出口流量,单位为 kg/s；T_N^* 表示喷口出口总温,单位为 K；p_N^* 表示喷口出口总压,单位为 Pa；π_N 表示喷口膨胀比；$\sigma_{5\text{-}N}$ 表示喷口流路总压恢复系数。

已知喷口进口总压和出口外界大气压力,可计算喷口出口静温,进而求出静焓,以此可以得出喷口等熵完全膨胀时的出口气流速度：

$$V_N = \sqrt{2(h_N^* - h_N)} \tag{4-33}$$

式中：V_N 表示喷口出口气流速度，单位为 m/s；h_N^* 表示喷口出口总比焓，单位为 J/kg；h_N 表示喷口出口静焓，单位为 J/kg。

计算喷口出口面积需要判断喷口处于的工作状态，通过可用膨胀比与临界膨胀比来进行判断，分别为：

$$\begin{cases} \pi_{NAV} = \dfrac{p_N^*}{p_N} \\ \pi_{Ncr} = \dfrac{p_N^*}{p_{Ncr}} = \left(\dfrac{k_N + 1}{2}\right)^{\frac{k_N}{k_N - 1}} \end{cases} \tag{4-34}$$

式中：π_{NAV} 表示喷口可用膨胀比；p_N 表示喷口出口静压，单位为 Pa；p_{Ncr} 表示喷口出口临界静压，单位为 Pa；π_{Ncr} 表示喷口临界膨胀比；k_N 表示喷口出口绝热指数。

当可用膨胀比小于临界膨胀比时，喷口处于亚临界工作状态，根据气体状态方程求出喷口出口气流密度，根据流量连续确定喷口出口截面面积：

$$\begin{cases} \rho_N = \dfrac{p_N}{R_g T_N} \\ A_N = \dfrac{\dot{m}_{gN}}{\rho_N V_N} \end{cases} \tag{4-35}$$

式中：ρ_N 表示喷口出口气流密度，单位为 kg/m³；R_g 为气体常数，单位为 J/(kg·K)；A_N 表示喷口出口截面面积，单位为 m²。

当可用膨胀比大于或等于临界膨胀比时，喷口处于临界或超临界工作状态，其出口速度系数为 1，可根据相关气动热力学公式计算出喷管出口参数。

单个涵道风扇喷口的推力、整个分布式推进系统的推力及等效涵道比可以根据上述参数分别进行计算：

$$\begin{cases} F_N = \dot{m}_{gN}(V_N - V_0) \\ F_D = \dot{m}_{aD}(V_9 - V_0) = \dot{m}_{a0} B_e (V_9 - V_0) \\ B_e = \dfrac{\dot{m}_{aD}}{\dot{m}_{a0}} = \dfrac{\dot{m}_{aFan} N_{Fan}}{\dot{m}_{a0}} \end{cases} \tag{4-36}$$

式中：F_D 为分布式推进系统的推力；B_e 为等效涵道比。

4.2.4　系统总体建模与总能优化

本小节在前文建模方法、关键部件建模的基础上，进一步介绍分布式涡轮电推进系统求解方法，此外，针对模型在通用性、精细化以及优化完善方面也展开一定的介绍。

1. 分布式涡轮电推进系统求解方法

分布式涡轮电推进系统求解方法包括涡电动力系统匹配机理与工作点求解、变比热计算、等温焓差计算等三个方面的内容。

1) 涡电动力系统匹配机理与工作点求解

涡电动力系统在确定了建模架构,完成了关键模型建模后,需要通过相应的匹配机理将各个部件关联起来,这就是涡电动力系统的共同工作关系。相关内容可以类比于航空发动机的共同工作关系,即在非设计状态下,发动机的参数在不随时间变化的稳定工作状态时,核心机的三个气路部件(高压压气机、燃烧室、高压涡轮)必须满足如下相互制约关系即共同工作条件:①高压压气机与高压涡轮气流质量流量连续;②压力平衡;③高压压气机与高压涡轮的功率平衡;④高压压气机与高压涡轮的物理转速相等。

对于涡电动力系统,除上述条件外,还需要考虑电力学、电化学的影响,其新增共同工作条件包括:①燃气涡轮与动力电池的功率匹配;②涡轮发电系统与电动推进系统的功率匹配;③复合循环之间的功率匹配;④混合循环之间的流量连续与功率匹配;等等。

因此,分布式涡轮电推进系统在共同工作关系上比航空发动机更加复杂,涉及的学科也更多,构建的性能模型系统计算关系也更加复杂。

分布式涡轮电推进系统性能模型按照前文论述的架构分成设计点计算与非设计点计算两个主要步骤。设计点计算相对简单,根据给定的设计循环参数按照气路流路和电路流路依次从前往后计算,上述的共同工作条件则会默认包含在顺序计算中。

由于各部件在工作中的相互制约和采用的变比热容计算方法,某些确定部件工作状态的参数不能直接求出,这时需先试取一个数值进行计算。例如,当已知高压压气机进口总温、总压和高压相对物理转速时,可以确定压气机特性上的换算转速线,但压气机在此换算转速线上的工作点无法确定,若试取一个换算流量,则可以确定压气机工作点并求得出口气流参数。这个试取值是否合适,可由各部件间必须满足的共同工作条件和选定的控制规律进行检查。在确定系统的共同工作点时,需要对多个参数进行试取,因而也需要相应数量的检查方程。

因此,分布式涡轮电推进系统性能分析模型在进行设计点计算后,给定发动机控制规律并进行非设计点计算时,由于引入了部件特性,存在了部件特性插值与关键部件计算值,则产生了匹配问题,在数值上则转化为上述共同工作条件构建的非线性方程组的求解问题,即求解工作点。求解涡电动力系统工作点的本质是求解由涡电动力系统平衡方程衍生的非线性残量方程组。

求解系统共同工作点的基本方法可归纳为:首先,为求得满足发动机部件特性和部件之间的流量连续、功率平衡、压力平衡等共同工作条件的共同工作点,可先取一组试取值,进行沿流路各部件的气动热力计算;然后,利用共同工作条件作为检查方程,若试取值满足检查方程,则用试取值算出的工作参数和性能参数作为共同工作点上的参数,否则就重新给定试取值,一直迭代到满足收敛条件为止。

分布式涡轮电推进系统共同工作关系及关键部件参数传递如图 4-24 所示,既要满足燃气涡轮遵循的流量连续性和功率匹配关系,也要满足电池、电动机等电力部件的电压、电流及功率的匹配关系。

以分布式涡轮电推进系统为例,其基本共同工作关系的数值化残量方程如下。

(1) 流量连续。

$$\dot{m}_{gc} - \dot{m}'_{gc} = z_i \tag{4-37}$$

式中: $\dot{m}_{gc}$ 表示涡轮进口截面换算流量,单位为 kg/s; $\dot{m}'_{gc}$ 表示涡轮进口截面部件特性插值所得换算流量,单位为 kg/s; z_i 表示残量方程对应残量值,其中 $i=1,2,3,\cdots$。

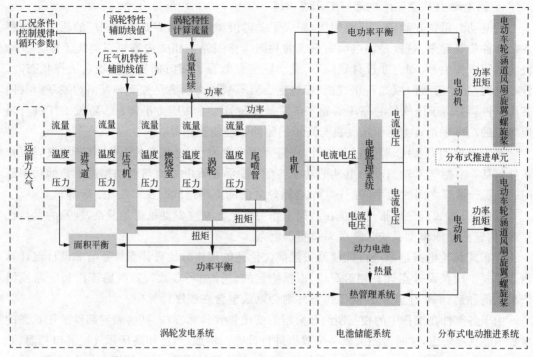

图 4-24　分布式涡轮电推进系统共同工作关系及关键部件参数传递示意图

(2) 功率平衡。

$$P_T \eta_m - P_C - P_W = z_2 \tag{4-38}$$

式中：P_T 表示涡轮功率，单位为 W；P_C 表示压气机功率，单位为 W；P_W 表示提取功率，单位为 W；η_m 表示机械效率。

(3) 喷口面积平衡。对于分布式电动推进系统，其喷口面积平衡也需要考虑：

$$A_N - A'_N = z_3 \tag{4-39}$$

式中：A_N 表示喷管喷口喉道截面计算面积，单位为 m^2；A'_N 表示喷管喷口喉道截面给定面积，单位为 m^2。

(4) 涡轮发电、电池与电能管理系统功率平衡。

$$P_W \eta_m \eta_g + P_{bat} \eta_B - P_C \eta_C = z_4 \tag{4-40}$$

式中：P_C 表示电能管理系统功率，单位为 W；η_C 表示电能管理系统效率。

电池电机模块之间遵循的匹配关系不再是热力学相关参数的约束，而是在能量守恒的基础上考虑电流、电压之间需要遵循的关系，并以此开展涡电动力系统匹配机理分析，建立相关平衡方程。此外，还需要遵循电力系统串联、并联带来的不同的电流、电压物理关系。

式(4-37)~式(4-40)是涡电动力系统求解所需的残量方程组的基本方程，除上述外，还可以根据可变控制量的增加来增加新的方程，但要求自变量与方程数量一致，以确保方程组存在唯一解。求解工作点就是求解上述残量方程组，即求解出：

$$\mathbf{Z} = (z_1, z_2, z_3, z_4, \cdots)^T \tag{4-41}$$

式中，$\mathbf{Z}$ 表示残差向量。

对于非线性方程组的求解，要使方程组有唯一解的必要条件之一是满秩，即残量方程数与自变量数须一样：
$$X = (x_1, x_2, x_3, x_4, \cdots)^T \tag{4-42}$$
式中，X 表示自变量向量。

那么，求解工作点就是对如下非线性方程组进行求解：
$$Z(z_1, z_2, z_3, z_4, \cdots)^T = f[X(x_1, x_2, x_3, x_4, \cdots)^T] = \mathbf{0} \tag{4-43}$$

图 4-25 所示为牛顿-高斯法求解工作点流程图。

以上是求解稳态过程工作点的基本方法。在模拟系统动态过程譬如加减速等变工况以及电池等电力实时效率变化时，则需用到动态性能模型。分布式涡轮电推进系统动态性能模型可用于计算系统气动热力学、电力学及电化学参数与性能参数随时间变化关系。通常采用准稳态计算方法，即用转子运动方程、容积效应方程以及电力部件相关动态方程离散化代替稳态性能计算中的相应计算方程，其他关系式仍沿用稳态性能计算公式。

以考虑转子运动方程的动态性能计算为例，开展性能计算所需额外参数如下：①转子惯性矩；②发动机动态过程的供油规律和可调几何的调节规律；③时间步长。

考虑转子功率动态项的功率平衡方程如下式所示：
$$P_T \eta_m = P_C + P_W + 4\pi^2 I \cdot N \frac{\mathrm{d}N}{\mathrm{d}t} \tag{4-44}$$
式中：I 表示转子转动惯量，单位为 $\mathrm{kg \cdot m^2}$；N 表示转子转速，单位为 r/s。

若转子功率动态项为 0，此式则演变成稳态功率平衡方程。过渡态模型与稳态模型在平衡方程上的主要区别在于功率平衡方程。过渡态性能模型计算的流程如图 4-26 所示。

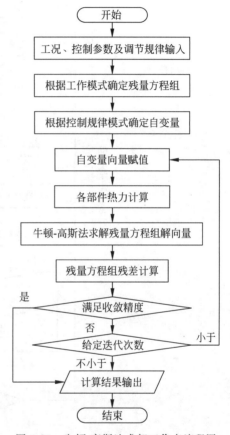

图 4-25 牛顿-高斯法求解工作点流程图

可以看出，式(4-44)中转子功率动态项有求导计算，在性能仿真模型中用差分计算替代，转子转速对时间的导数就变成了转速差与时间步长之比。

对于电池、热管理系统而言，其效率及功率随工况温度变化而变化。为此需要建立随时间变化的动态电池模型。除设计点工况计算外，电池系统在给定工况-时间曲线下的性能计算是验证分布式涡轮电推进系统对工况适应性的重要依据。

2) 变比热计算

分布式涡轮电推进系统燃气涡轮部件进行热力计算时，由于气体在发动机通道里流动时，其成分和温度均会发生变化，为了准确计算燃气涡轮部件热力学参数，须考虑气体热力性质的变化。需要说明的是，在高温条件下（一般大于 2200 K），热力过程中气体成分还会发生热离解现象。目前，涡电动力系统燃气涡轮部件加热温度不超过 2200 K，故仅考虑变

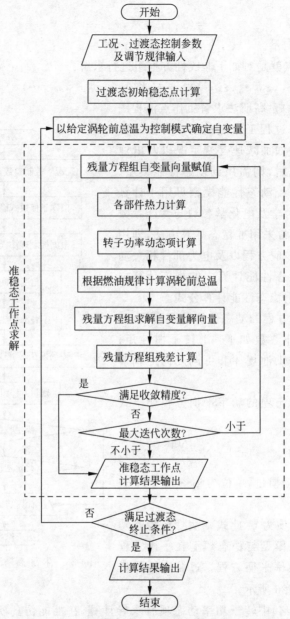

图 4-26 过渡态性能模型计算流程图

比热计算修正的变比热容算法。

变比热容算法须确定碳氢燃料燃烧后燃烧产物的化学成分,首先将每种气体成分的定压比热容分别表示为温度的函数,然后按照混合气体比热容计算法求得气体定压比热容。

每种气体成分的定压比热容与温度的关系如下式所示:

$$C_p = C_p(T, f_a) = \frac{1}{1+f_a}\left[\sum_{i=0}^{4} a_i T^i + f_a\left(\sum_{i=0}^{4} b_i T^i\right)\right] \tag{4-45}$$

式中:f_a 表示组分油气比;a_i 及 b_i 表示定压比热容与温度关系的试验结果拟合系数。

为了计算各部件中的关键参数，引入焓差和熵函数的计算公式。焓差由下式计算，即

$$\Delta h = \int_{T_1}^{T_2} C_p \mathrm{d}T$$
$$= \frac{1}{1+f_a}\left\{\sum_{i=0}^{4}\frac{a_i}{i+1}(T_2^{i+1}-T_1^{i+1}) + f_a\left[\sum_{i=0}^{4}\frac{b_i}{i+1}(T_2^{i+1}-T_1^{i+1})\right]\right\} \quad (4\text{-}46)$$

也可以表示为

$$\Delta h = \Delta h(T_2, T_1, f_a) = \frac{1}{1+f_a}(\Delta h_a + f_a \Delta h_b) \quad (4\text{-}47)$$

等熵过程则有

$$\int_{T_1}^{T_{2\mathrm{ad}}} C_p \frac{\mathrm{d}T}{T} = \int_{p_1}^{p_2} R \frac{\mathrm{d}p}{p} = R\ln\frac{p_2}{p_1} \quad (4\text{-}48)$$

式(4-48)左端的积分值是一个和熵有关的函数，称为熵函数，它也是气体状态的函数。通过积分可以得出熵增：

$$\Delta S = \int_{T_1}^{T_{2\mathrm{ad}}} C_p \frac{\mathrm{d}T}{T} = \Delta \Psi(T_{2\mathrm{ad}}, T_1, f_a) = R\ln\frac{p_2}{p_1} \quad (4\text{-}49)$$

式中，R 表示摩尔气体常数，是气体成分的函数，其计算公式为

$$R = 8314/\mu = \frac{8314}{\dfrac{1+f_a}{0.034\,522 + 0.035\,648 f_a}} \quad (4\text{-}50)$$

变比热计算主要用于压缩、膨胀过程的计算，可用于替代理想等熵压缩或膨胀公式。

3) 等温焓差计算

在燃烧计算过程中考虑到燃油组分带来的影响，变比热计算变得异常复杂，故引入等温焓差算法用于燃烧计算。

引入等温焓差得到燃烧室的能量平衡式如下：

$$\dot{m}_a c_p T_i^* + H_u \eta_b \dot{m}_f = \dot{m}_a c_p T_o^* + \Delta h_o^* \dot{m}_f \quad (4\text{-}51)$$

式中：Δh_o^* 表示燃烧室出口等温焓差，单位为 J/K。

变换后可得出油气比：

$$f = \frac{\dot{m}_f}{\dot{m}_a} = \frac{c_p T_o^* - c_p T_i^*}{\eta_u H_u - H_o^* + c_p T_i^*} \quad (4\text{-}52)$$

其中，燃烧室出口等温焓差可由下式求得

$$\Delta h_o^* = 1000 \times (-43.8175 + 1.360\,68 T_o^* + 0.0019 T_o^{*2} - 2.051 \times 10^{-7} T_o^{*3} + 1.119\,42 \times 10^{-11} T_o^{*4}) \quad (4\text{-}53)$$

2. 涡电动力系统总体性能模型的通用性、精细化以及优化完善

涡电动力系统总体性能模型是在建立具有高通用性和精细性的单元模块化模型的基础上，根据实际系统的特点进行模块组合，构筑具有较高精度的系统或子系统通用模型。因此，增强以部件法为基础的核心部件模型的通用性和精细性，使系统模型在适用于更多的候选部件和系统构成形式的同时，能够达到较高的精度，这便成为系统模块化建模首先要解决的问题。

系统通用性组合模块化建模的关键问题是确保模型适用于更多的候选部件和系统构成

形式。目前,就燃气涡轮而言,虽然已有比较成熟的总体性能模型及部件模型,但多针对特定的型号及构型,且在电力学、电化学等方面缺少涡电动力系统需要的基本构型,还需要将燃气涡轮模型扩展为涡电动力系统。当采用不同型号的燃气涡轮,不同流程的热力、热电循环时,往往需要作很多修改,而由于流程改变较多,往往需要重新建模。另外,有的模型为了适用于更多情况作了许多假定,使模型精度大为下降,因而也失去了实用价值。提高模型通用性是涡电动力系统总体性能建模研究的关键点之一。

探讨增强单元模块模型通用性的途径与方法,可为实现复杂能源动力系统的模块化建模奠定基础。其发展方向主要包括:建立通用性更强的核心部件全工况通用模型;发展高通用性的模块间接口连接与流路方程模型;应用流程超结构和独立变量概念来增强系统建模的通用性,等等。

提高模型精细化可以从以下几个方面入手:精细的全工况特性通用模型,建立关键变量或因素对部件性能影响的精细修正,精细的系统连接,以及发展第三、四类性能模型。如何在性能模型的通用性与精细化之间平衡是关键,需要根据建立模型的实际需要进行取舍。

除上述性能模型的通用性、精细化外,性能模型还需要优化完善以便于大量计算,比如提高模型计算速度及收敛性等。

对于部件较多、系统复杂的性能模型,在求解工作点时,往往会有如下问题。

(1) 工作点求解速度慢。原性能模型采用牛顿-高斯法求解非线性残量方程组,牛顿-高斯法虽然收敛速度快,但收敛性受初值影响特别大。如果初值设定不合理,很难在规定步数内收敛,需要不断地返回计算,这样反而会增加整个工作点求解所需时间。尤其是过渡态计算,涉及大量且连续的工作点求解,会造成很大影响。

(2) 工作点求解收敛性差。牛顿-高斯法求解工作点收敛性受初值影响很大,易出现在规定步数内难以收敛的情况。而在过渡态计算时,需不断利用前一点计算结果求解转子功率动态项,一旦计算过程中出现不收敛点,就会导致过渡态计算难以进行下去。收敛性差对过渡态计算有十分严重的影响。

为应对上述问题,经过不断研究和验证后,可采取以下措施。

1) 工作点求解"热启动"

初值选取的好坏直接影响计算速度与收敛性。原性能模型以固定初值计算工作点。该方式难以应对偏离设计工况很远的非设计点求解。为此,在涉及多个连续稳态工作点求解如节流特性或者速度-高度特性计算时,可采用"热启动"来改善初值(图4-27):从第二个工作点开始,每一次工作点求解以上一点计算结果为初值。

多个连续稳态工作点求解时,前后点虽然工况不同,但差别不大且遵循一定规律,相对于固定初值而言,以上一点的自变量解向量为初值有助于改善性能模型计算收敛性。

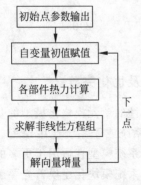

图4-27 "热启动"改善初值计算示意图

2) 解向量增量动态修正

以牛顿-高斯法求解非线性方程组时,会得到一组解向量增量赋值给下一点自变量来进行计算。因此,通过修正解向量增量来保证迭代时不断地向最终解逼近而非来回振荡,其方式主要包括:

（1）小步逼近，即对解向量增量以修正系数进行整体缩小。此修正方式在非线性方程组迭代求解初始阶段有助于确定正确收敛方向，从而加快计算速度。

（2）逐步增速，即解向量增量修正系数随迭代次数的增加而逐渐变大。小步逼近在确定正确收敛方向时效果显著，但是随着迭代推进，依然以小值修正解向量增量将会影响收敛速度。为此，可将解向量增量修正系数与迭代步数关联，修正系数随着迭代步数增加而越来越大。逐步增速可使求解的速度不断提高。

小步逼近与逐步增速相结合可以有效提高一般工作点求解收敛速度。

3）分区域部件特性插值

特性外插是工作点求解时经常会出现的情况。而在特性边界附近采用线性插值或者拉格朗日插值时，要么难以求解，要么插值结果不好。为此，可采用分区域部件特性插值：在特性图中心区域，使用三维线性插值；在边缘或超出特性区域时，采用三维样条插值。此措施将会有效解决上述边缘插值与外插问题。

4）残量最小值优化分段求解

非设计点计算求解工作点，本质上就是求解残量方程组。在数值上求解非线性残量方程组就是解出满足在误差限内的自变量解向量。从优化的角度来考虑，这也可作为残量最小值问题来处理，如果求得的最小值在误差限内，也就可以判断为求解收敛。这样就可以将非线性残量方程组的求解问题转变成最小值优化问题。具体来说，就是将其描述成最小值问题：

$$\text{minimize} \ |Z_1|+|Z_2|+\cdots+|Z_8|$$
$$\text{subject to} \ \cdots \tag{4-54}$$

以残量最小值优化问题求解残量方程组有以下优点：可以利用各种最小值优化算法，而不受到非线性方程组求解的局限；求解过程对残差方程组数目依赖性不大，可应对发动机构型差异带来的残差方程组数目上的变化；该方法可减少因初值设定不合适出现无解的情况；该方法可以避免出现在计算过程中未能在迭代次数内收敛但有解的情况。

残量最小值优化问题求解残量方程组虽有上述诸多优点，但是却有一个致命的缺陷：最小值优化永远避不开易陷入局部最优问题。这就有可能出现求解残量方程组残差已经收敛于局部最优，但并未满足残差精度而导致结果无效。同时，残量最小值优化求解速度不如牛顿-高斯法求解快。两种方法的优缺点见表 4-1。

表 4-1 牛顿-高斯法与残量最小值优化求解非线性方程组对比

	牛顿-高斯法求解	残量最小值优化求解
优点	收敛速度快 有解即满足误差限	受初值影响相对小 对方程组数目与方程依赖性小 求解方法多样
缺点	受初值影响大 对方程组数目与方程依赖性高	收敛速度不快 易陷入局部最优 有解，但不一定满足误差限

通过对比分析可以看出，二者优点很明显，缺点亦很突出，也不难发现二者优缺点可互补。因此，本文提出一套残量最小值优化与牛顿-高斯法求解相结合的方案，如图 4-28 所示。

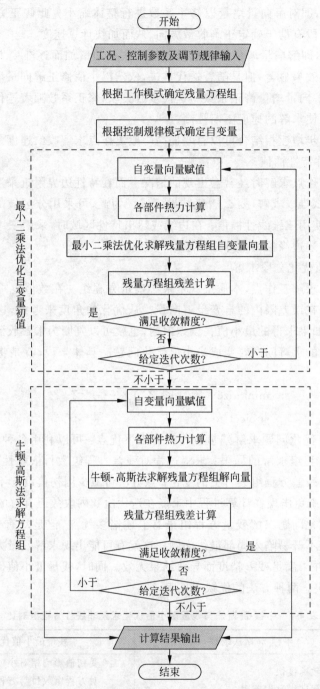

图 4-28 最小二乘法初值优化牛顿-高斯法求解工作点示意图

该方案为残量最小值优化分段求解思路。先用最小值优化思想来保证计算解逐步向目标解向量靠拢,以此改善初值。在给定步长内以残量最小值优化解向量,考虑到残量方程组的特点,推荐采用最小二乘法。然后以优化求解改善后的解向量为初值,采用牛顿-高斯法计算,充分发挥其计算速度优势。该方法可称为最小二乘法初值优化牛顿-高斯法。

随着未来计算机性能的不断提高,计算流体力学不断发展,涡电总体性能仿真模型也在不断发展。高性能计算技术及现代通信技术的结合将促使发动机性能仿真技术向可缩放的高逼真度动力系统数值仿真技术方向发展。该项技术通过多学科技术耦合,把发动机在流体力学、传热学、燃烧学、结构力学、材料科学、反馈控制、工艺设计等方面的研究成果融合在一起,利用灵活的变维度算法对不同风险级别的技术进行不同精度的分级验证,将有效缩短航空发动机的研制周期,节约设计和试验验证费用,降低研制风险。

4.3 分布式涡轮电推进系统特性与总能优化

本节主要介绍分布式涡轮电推进系统的工作过程及其性能,重点介绍其涡轮发电系统及分布式电动推进系统两个子系统在循环参数、性能变化上的变化关系及影响。

4.3.1 涡轮发电系统特性与总能优化

本小节主要介绍涡轮发电系统的工作过程及其特性,基于分布式涡轮电推进系统性能分析模型,分析涡轮发电系统中燃气涡轮主要循环参数对输出功率与效率的影响。

分析参数有:增压比、涡轮前温度、压气机效率和涡轮效率。总空气流量主要影响发动机的质量、尺寸及输出功率,在进行参数选取时,最后用于调整发动机的功率及功重比。其他设计参数如相关流道总压恢复系数、机械效率等参考一般水平进行取值。本部分以200 kW级输出的涡轮发电系统为基础展开,基准值及相关参数变化值见表4-2。

表4-2 涡轮发电系统敏感性分析循环参数及性能参数值

参数	初始方案	增压比变化方案	涡轮前温度变化方案	压气机效率变化方案	涡轮效率变化方案
增压比	5	**5.5**	5	5	5
涡轮前温度/K	1200	1200	**1250**	1200	1200
压气机效率	0.82	0.82	0.82	**0.83**	0.82
涡轮效率	0.89	0.89	0.89	0.89	**0.90**
输出功率/kW	196.1	201	215	199	201.1
热效率	0.340	0.340	0.353	0.345	0.347

注:表中黑体数字表示敏感性分析参数变化值。

基于表4-2可得到不同循环参数的敏感性分析结果,见表4-3。

表4-3 涡轮发电系统敏感性分析

参数	增压比	涡轮前温度	压气机效率	高压涡轮效率
参数变化率/%	10.00	4.17	1.22	1.12
功率变化率/%	2.50	9.64	1.48	2.55
耗油率变化率/%	0.00	−3.63	−1.37	−1.82
功率敏感性	0.250	2.313	1.213	2.269
热效率敏感性	−0.003	0.903	1.133	1.622

图 4-29、图 4-30 分别为功率敏感性分析与热效率敏感性分析柱状图。

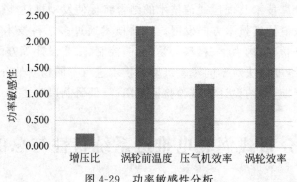

图 4-29 功率敏感性分析

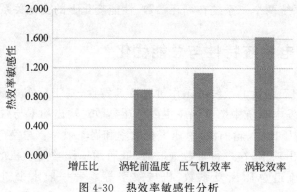

图 4-30 热效率敏感性分析

由表 4-3 及图 4-29 可以看出,涡轮前温度及涡轮效率对于发动机的功率影响最大,其次是压气机效率及增压比,回热器效率提升会稍微降低功率。对于热效率而言,涡轮及压气机部件的效率对其影响最大,而涡轮前温度与回热器效率其次,增压比影响最小。

增压比取值影响构型设计的成本,因此,其值不宜太高,基于当前水平应在 4～6。涡轮前温度越高,对于功率提升及耗油率下降帮助越大,但也同时影响了设计成本,这涉及设计成本与运行成本之间的平衡,且若涡轮前温度过高,则需要冷却等,因此,涡轮前温度选取应适宜。

而三个部件效率则对输出功率和热效率两个参数均有较大影响。为此,以不同增压比取值,综合考虑当前设计水平范围,对三个部件效率进行合理取值后进一步调整涡轮前温度,以实现 200 kW 输出功率及 34.3% 左右的热效率。

考虑到电机部分带来的损耗,选取增压比为 5 来进行设计较为合理。表 4-4 为 200 kW 涡轮发电系统设计参数。

表 4-4 200 kW 涡轮发电系统设计参数

设计参数	单位	数值
功率	kW	200
空气流量	kg/s	1.246
环境温度	K	288.15

续表

设 计 参 数	单 位	数 值
环境压力	kPa	101.325
煤油热值	MJ/kg	42.7
进气段增压比	—	0.99
压气机增压比	—	5
压气机效率	—	0.82
燃油流量	g/s	14.52
燃烧室压比	—	0.97
燃烧效率	—	0.99
燃烧室出口温度	K	1210.33
涡轮效率	—	0.89
涡轮封严流量	—	0.02
机械效率	—	0.98
发电效率	—	0.95
热效率	—	0.3431

在涡轮发电系统中,燃气涡轮与电机是两大核心部件。在电动汽车产业发展的助推下,永磁电机功重比得到迅速提高;2011年至今,电动航空的发展也促使高速永磁电机的功重比得到进一步提高。图4-31统计了现有的产品级高功重比永磁电机,由此可看出电机在汽车和航空两个领域的发展趋势。图中的功重比定义为电机额定功率与质量之比,单位为kW/kg。按照200 kW为额定功率,采用上方虚线所标示的航空电机趋势插值可得到电机功重比约为4.6 kW/kg,质量约为43 kg,类型为高速永磁电机。

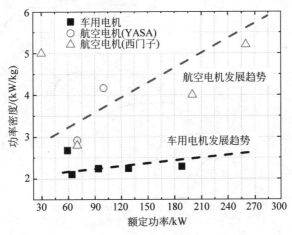

图4-31 高功重比永磁电机发展趋势

以上文确定的参数对压气机/涡轮特性进行线模化及匹配,压气机的增压比为5,换算流量为1.246 kg/s,该特性图原始数据如图4-32所示。涡轮的膨胀比为4.43,换算流量为0.506 kg/s。

依据200 kW涡轮发电系统设计点参数,需要对压气机和涡轮这两个关键部件进行部件特性耦合计算。计算后,压气机的特性图由图4-32变化为图4-33,涡轮特性如图4-34所示。

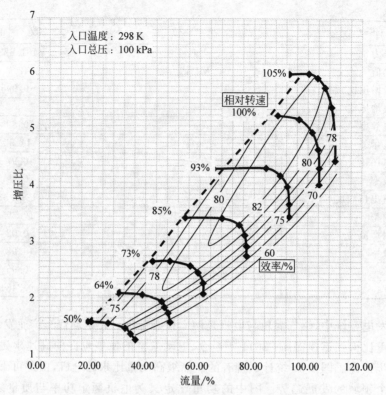

图 4-32　200 kW 燃机选择的压气机的原始特性图

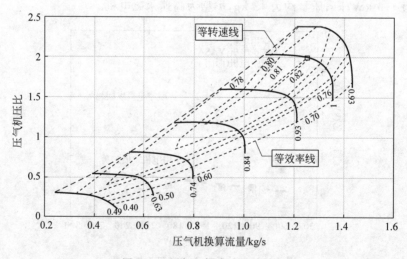

图 4-33　压气机耦合匹配特性图

基于上述特性开展非设计点工况性能计算。受涡轮材料限制,限定燃烧室出口温度低于 1223 K;受回热器材料耐温限制,限定涡轮出口温度低于设计点的涡轮出口温度 873 K。

考虑到地面运行过程中不同功率需求(100～200 kW),对涡轮发电系统节流特性进行分析,以控制相对物理转速为节流方式进行相关计算分析。表 4-5 为典型工况节流特性控制规律。

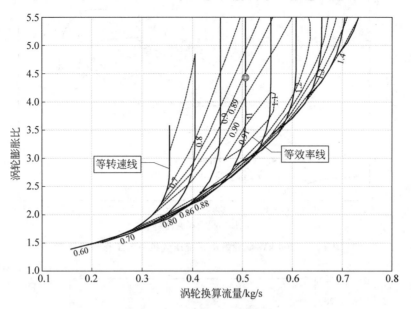

图 4-34 涡轮耦合匹配特性图

表 4-5 典型工况节流特性控制规律

参　　数	参　数　值
节流计算起始相对转速	1.00
节流计算终止相对转速	0.80
计算步长	0.05

计算结果见表 4-6。

表 4-6 典型工况节流特性计算结果

参　　数	单　　位	参　数　值				
相对物理转速	—	1.00	0.95	0.90	0.85	0.80
热效率	—	0.3431	0.338	0.326	0.314	0.298
燃油流量	kg/s	0.0144	0.0124	0.0104	0.0088	0.0073
喘振裕度	—	25.9	22.6	22.2	22.1	21.7
比功率	kW/(kg·s)	169.1	162.9	150.2	138.3	125.5
功率	kW	199.9	170.3	137.8	111.8	88.5

从表 4-6 中可以看出，在该方案下，满足涡轮发电系统功率需求的相对转速工作范围在 0.80~1.00。计算分析时，换热器设计效率按照 0.8 处理。

压气机节流工作运行线如图 4-35 所示，可以看出在涡轮发电系统输出变工况运行下，压气机工作线基本维持在高效率区工作。

在节流过程中，功率随转速的变化如图 4-36 所示，可以看出，随着相对物理转速的降低，输出功率也在不断降低中。

在节流过程中，热效率随转速的变化如图 4-37 所示，可以看出，在该运行方案下随着转速的下降热效率呈下降趋势。

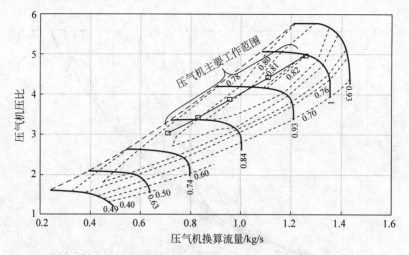

图 4-35　200 kW 涡轮发电系统压气机节流工作运行线

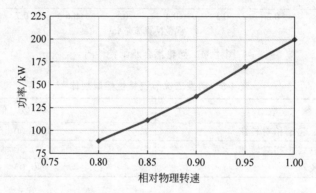

图 4-36　200 kW 涡轮发电系统压气机节流工作时功率变化

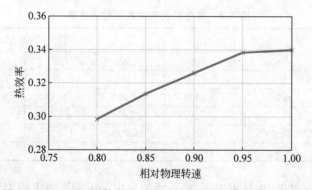

图 4-37　200 kW 涡轮发电系统压气机节流工作时热效率变化

在节流过程中，喘振裕度随转速的变化如图 4-38 所示，可以看出，在该运行方案下，不同转速运行过程中压气机均具有足够的喘振裕度。

在节流过程中，涡轮前温度随转速的变化如图 4-39 所示，可以看出，在该运行方案下，随着转速下降涡轮前温度呈上升的趋势。考虑到温度限制，按照 1223 K 进行限温处理。

由于电机和动力电池的引入，涡轮发电系统的压气机和电动推进系统的推进器均由多股能量耦合驱动，压气机和推进器工质流动为多能流耦合流动。涡轮电动力的燃气涡轮发

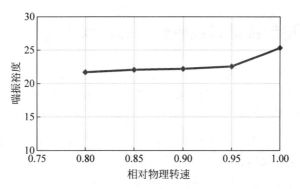

图 4-38　200 kW 涡轮发电系统压气机节流工作时喘振裕度变化

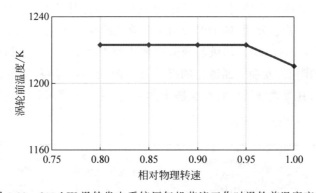

图 4-39　200 kW 涡轮发电系统压气机节流工作时涡轮前温度变化

电、动力电池与电动推进系统的多能流耦合流动与总能优化，是涡轮电动力总体性能研究的重要内容。由于电机/叶轮机电磁-传热-气动多场耦合流动的存在，且对电机热管理及电磁性能产生重要影响，涡轮发电系统总能要比传统燃气涡轮或者电机的单一部件更加复杂，其性能分析需要考虑整个系统的影响。涡轮发电系统总能优化的三要素如图 4-40 所示。其中：

（1）优化目标从涡轮发电系统效率、功率及功率密度三个方面进行综合考量；

（2）优化变量主要包含各个关键部件的循环设计参数（压比、效率、流量、电压、功率、涡轮前温度等）、部件结构参数以及控制规律；

（3）设计约束为部件设计边界（喘振裕度、载荷系数等）以及部件限制条件（最高涡轮前温度、最高转速、最大输出功率等）。

图 4-40　涡轮发电系统总能优化

4.3.2 分布式电动推进系统特性与总能优化

涡轮发电系统反映了系统的热效率,而分布式涡轮电推进系统的分布式电动推进系统则会影响推进效率。对于分布式涡轮电推进系统而言,高效率化发展的关键在于保证同等热效率下系统推进效率的提升。本部分循环参数分析主要针对电动推进系统涵道风扇压比、效率以及电机效率等影响系统推进效率的关键参数进行分析。本部分以 4.3.1 节基础参数为基础,对电动涵道风扇关键参数进行了敏感性规律分析。

进入 21 世纪以后,欧美三大公司的发动机涵道比从 20 世纪 90 年代初的(4~6):1 提升到了(10~12):1,其中,英国罗尔斯-罗伊斯公司(简称罗罗公司)的遄达 1000 发动机和美国通用电气公司(简称 GE 公司)的 GEnx 发动机的涵道比为(10~11):1,而美国普拉特·惠特尼公司(简称普惠公司)的 PW1000G 发动机的涵道比则达到了 12:1。罗罗公司正在研发的"超扇"(UltraFan)发动机的涵道比将达到 15:1 以上。受到现在风扇技术的限制、尺寸限制及结构限制,发动机涵道比的提升是有限的,但是随着分布式电动推进系统设计技术的不断发展,其等效涵道比将会突破上述限制,进一步降低排气速度进而实现推进效率的提升,如图 4-41 所示。

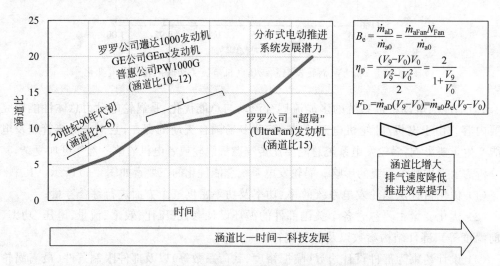

图 4-41 航空动力推进系统涵道比发展变化趋势

分布式电动推进系统有不同的构型,如翼身融合下的分布式布局、大小多推进单元布局及超多数量布局等。在设计分布式电动推进系统特性与总能优化时,可以通过单元体的设计循环参数(单元体压比、效率、流量、电机效率、电机功率)、单元体布局(数量、流量分配)、等效涵道比等性能参数来进行分析。如图 4-42 所示,本节以电动涵道风扇为例,重点介绍相应关键参数对性能的影响。

1. 涵道风扇压比

等效涵道比随涵道风扇压比的变化数值见表 4-7,变化趋势及敏感性如图 4-43 所示。

第4章 分布式涡轮电推进多舱流耦合与总舱优化

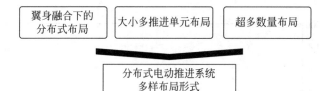

图 4-42 分布式推进系统多样布局形式

表 4-7 等效涵道比随涵道风扇压比变化

参　数	参　数　值					
涵道风扇压比	1.050	1.100	1.150	1.200	1.250	1.300
等效涵道比	28.230	14.353	9.725	7.409	6.018	5.090

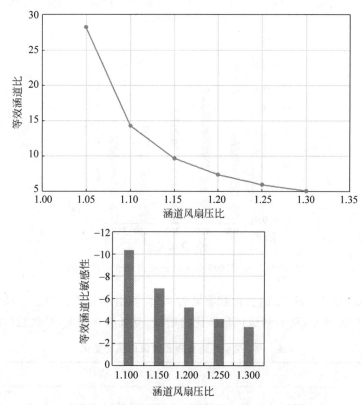

图 4-43 涵道风扇压比对等效涵道比的影响

可以看出,随着涵道风扇压比的增加,等效涵道比降低,且敏感性逐渐下降。低涵道风扇压比有助于等效涵道比的提升,进而保持高推进效率。

分布式总推力随涵道风扇压比的变化数值见表 4-8,变化趋势及敏感性如图 4-44 所示。

表 4-8 分布式总推力随涵道风扇压比变化

参　数	参　数　值					
涵道风扇压比	1.050	1.100	1.150	1.200	1.250	1.300
分布式总推力/N	1450.92	1203.09	1034.47	922.81	843.04	782.72

随着涵道风扇压比的增加,分布式总推力降低,且敏感性逐渐下降。涵道风扇压比提升导致推进效率降低,使得相同功率下的总推力下降。

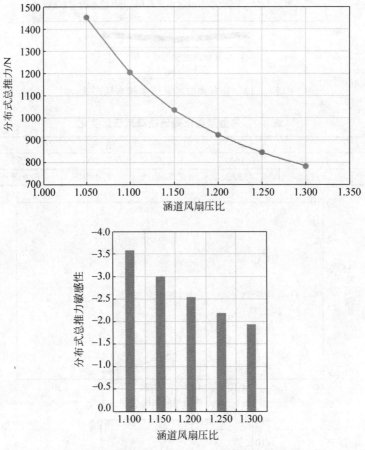

图 4-44 涵道风扇压比对分布式总推力的影响

空气流量随涵道风扇压比的变化数值见表 4-9。涵道风扇压比对混合动力系统空气流量的影响如图 4-45 所示,随着涵道风扇压比的增加,空气流量降低,且敏感性降低。

表 4-9 总空气流量随涵道风扇压比变化

参 数	参 数 值					
涵道风扇压比	1.050	1.100	1.150	1.200	1.250	1.300
总空气流量/(kg/s)	20.93	10.64	7.21	5.49	4.46	3.77

2. 涵道风扇效率

等效涵道比随涵道风扇效率的变化情况见表 4-10。风扇效率对混合动力系统等效涵道比的影响如图 4-46 所示,随着风扇效率的增加,等效涵道比升高,敏感性则为常值。由此可见,提高风扇效率可以正比例地提高等效涵道比。

表 4-10 等效涵道比随涵道风扇效率变化

参 数	参 数 值					
风扇效率	0.30	0.38	0.46	0.54	0.62	0.70
等效涵道比	6.15	7.79	9.43	11.07	12.71	14.35

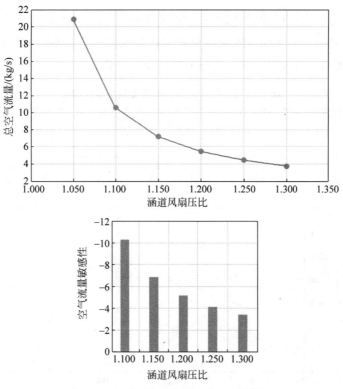

图 4-45 涵道风扇压比对空气流量的影响

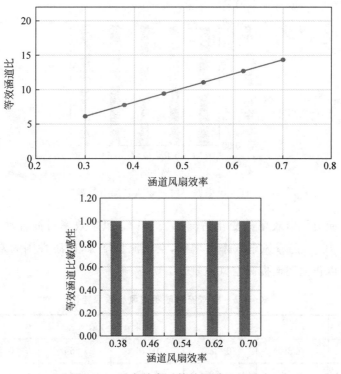

图 4-46 风扇效率对等效涵道比的影响

分布式总推力随涵道风扇效率的变化情况见表 4-11。风扇效率对混合动力系统分布式总推力的影响如图 4-47 所示,随着风扇效率的增加,分布式总推力增加,敏感性则为常值。由此可见,提高风扇效率可以正比例地提高分布式总推力。

表 4-11 分布式总推力随涵道风扇效率变化

参　　数	参　数　值					
风扇效率	0.30	0.38	0.46	0.54	0.62	0.70
分布式总推力/N	528.48	663.45	798.38	933.29	1068.19	1203.09

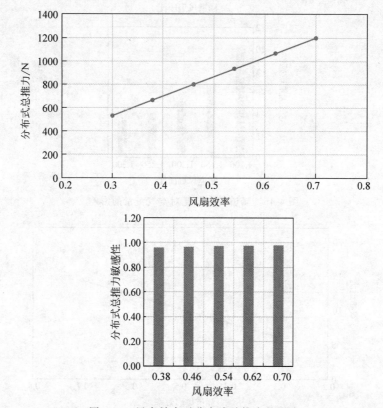

图 4-47 风扇效率对分布式总推力的影响

空气流量随涵道风扇效率的变化情况见表 4-12。风扇效率对混合动力系统空气流量的影响如图 4-48 所示,随着风扇效率的增加,空气流量增加,敏感性则为常数。由此可见,提高风扇效率可以正比例地提高空气流量。

表 4-12 空气流量随涵道风扇效率变化

参　　数	参　数　值					
风扇效率	0.30	0.38	0.46	0.54	0.62	0.70
总空气流量/(kg/s)	4.56	5.78	6.99	8.21	9.43	10.64

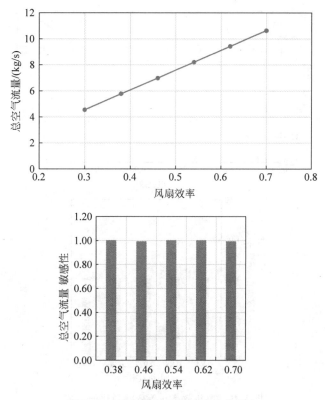

图 4-48 风扇效率对空气流量的影响

3. 电机效率

等效涵道比随电机效率的变化情况见表 4-13。电机效率对混合动力系统等效涵道比的影响如图 4-49 所示,随着电机效率的增加,等效涵道比升高,敏感性则为常值。由此可见,提高电机效率同样可以正比例地提高等效涵道比。

表 4-13 等效涵道比随电机效率变化

参 数	参 数 值					
电机效率	0.80	0.84	0.88	0.92	0.96	0.98
等效涵道比	12.09	12.69	13.30	13.90	14.50	14.81

分布式总推力随电机效率的变化情况见表 4-14。电机效率对混合动力系统分布式总推力的影响如图 4-50 所示,随着电机效率的增加,分布式总推力增加,敏感性则为常值。由此可见,提高电机效率可以正比例地提高分布式总推力。

表 4-14 分布式总推力随电机效率变化

参 数	参 数 值					
电机效率	0.80	0.84	0.88	0.92	0.96	0.98
分布式总推力/N	1013.13	1063.78	1114.44	1165.09	1215.75	1241.08

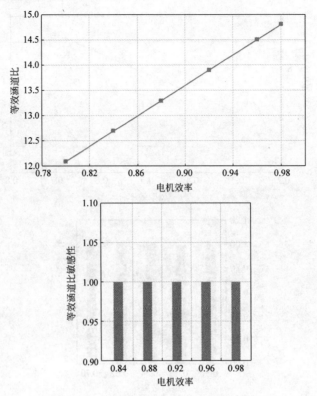

图 4-49 电机效率对等效涵道比的影响

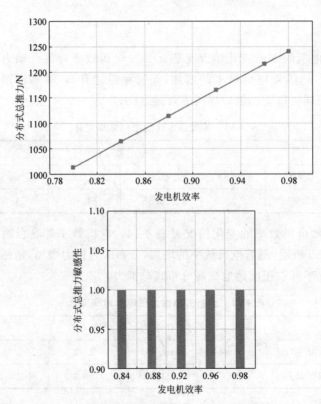

图 4-50 电机效率对分布式总推力的影响

空气流量随电机效率的变化情况见表 4-15。电机效率对混合动力系统空气流量的影响如图 4-51 所示,随着电机效率的增加,空气流量增加,敏感性则为常数。由此可见,提高风扇效率可以正比例地提高空气流量。

表 4-15 空气流量随电机效率变化

参　　数	参　数　值					
电机效率	0.80	0.84	0.88	0.92	0.96	0.98
空气流量/(kg/s)	8.96	9.41	9.86	10.31	10.75	10.98

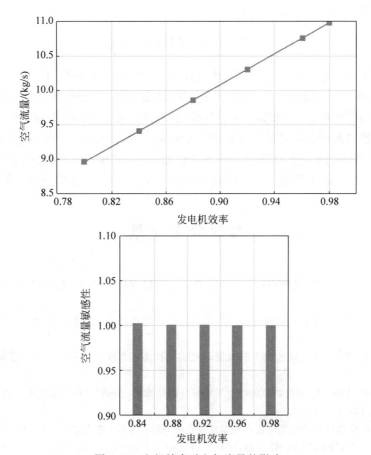

图 4-51 电机效率对空气流量的影响

电动推进系统总能优化的三要素与涡轮发电系统类比如图 4-52 所示。其中:

(1) 优化目标从电动推进效率、推力及功率密度三个方面进行综合考量。

(2) 优化变量主要包含各个关键部件的循环设计参数(压比、效率、流量、电压、功率、涡轮前温度等)、部件结构参数以及控制规律。此外,对于分布式电动推进系统,分布式设计参数(分布式推进器数量、推进单元的设计参数)和等效涵道比设计等对于提升系统性能有重要影响。

(3) 设计约束为部件设计边界(喘振裕度、载荷系数等)以及部件限制条件(最高涡轮前温度、最高转速、最大输出功率等)。

图 4-52 电动推进系统总能优化

上述为分布式涡轮电推进系统的工作过程及其性能的基本分析内容。分布式涡轮电推进系统总体性能研究主要包含变工况稳态分析、动态分析、控制规律设计分析和健康管理等。就工程应用层面而言,在方案初步设计阶段,总体性能研究需要开展大量的工作以保证分布式涡轮电推进系统总体性能方案达到需求指标。在部件试验阶段,通过建立的系统性能仿真模型,计算不同给定使用条件下的系统性能,通过将其与部件试验相结合,不断迭代总体性能设计方案;采用数值计算与试验相结合的方式,可以有效缩短设计周期。

本章参考文献

[1] 刘燕,刘伟,陈辅群,等.双轴涡喷发动机性能实时模拟简化模型[J].航空动力学报,1994,9(4):357-360.

[2] 陈敏,唐海龙,张津.某型双轴加力涡扇发动机实时性能仿真模型[J].航空动力学报,2005,20(1):13-17.

[3] 陈敏,唐海龙,张津.某型双轴加力涡扇发动机实时性能仿真模型[J].航空动力学报,2005,20(1):13-17.

[4] 骆广琦,刘琨,李游,等.面向对象的航空发动机性能仿真系统框架设计[J].空军工程大学学报(自然科学版),2013,14(4):1-4.

[5] 李涛.直升机模拟器发动机实时仿真模型建模及应用[J].中国科技信息,2021(S1):42-44.

[6] ZHENG J C,TANG H L,CHEN M,et al. Equilibrium running principle analysis on an adaptive cycle engine[J]. Applied Thermal Engineering,2018,132:393-409.

[7] 郑俊超,唐海龙,陈敏,等.自适应循环发动机典型工况不同工作模式性能对比研究[J].工程热物理学报,2022,43(7):1743-1750.

[8] 郑俊超,罗艺伟,唐海龙,等.自适应循环发动机模式转换过渡态控制规律设计方法研究[J].推进技术,2022,43(11):49-58.

[9] 张曙光,魏志远,夏双枝.面向适航的航空发动机非线性气动热力建模方法综述[J].航空动力学报,2018,33(12):2885-2899.

[10] 肖红亮,李华聪,李嘉,等.基于QPSO混合算法的变循环发动机建模方法[J].北京航空航天大学学报,2018,44(2):305-315.

[11] ZHENG J C,CHEN M,TANG H L. Matching mechanism analysis on an adaptive cycle engine[J]. Chinese Journal of Aeronautics,2017,30(2):706-718.

[12] 胡伟波,程邦勤,陈志敏,等.面向对象的通用航空发动机建模技术研究[J].航空动力学报,2015,30(10):2539-2545.
[13] 杨晨,吴虎,杜娟,等.航空发动机部件和整机通流数值模拟研究[J].工程热物理学报,2023,44(4):894-902.
[14] 杨晨,吴虎,杨金广,等.基于时间推进的涡扇发动机整机通流数值模拟[J].推进技术,2019,40(10):2190-2197.
[15] 孙逸,葛宁,舒杰.涡扇发动机低压部件通流耦合计算[J].航空发动机,2018,44(3):26-30.
[16] 庄达明,盛德仁,林张新,等.一种燃气轮机轴流压气机通流设计方法研究[J].中国电机工程学报,2012,32(26):109-117.
[17] 谢磊,张扬军,诸葛伟林,等.两级增压涡轮几何参数对发动机性能的影响研究[J].车用发动机,2011(6):33-37.
[18] 李亚卓,诸葛伟林,张扬军,等.发动机增压匹配的涡轮通流模型研究[J].车用发动机,2007(4):71-77.
[19] 梁昊天,高东武,尉询楷,等.航空发动机整机动力学建模及模型确认[J].推进技术,2024,45(9):6-18.
[20] 郑培英,齐野,刘家兴,等.基于流体网络拓扑的航空发动机及燃气轮机整机性能建模方法[J].航空发动机,2023,49(5):22-28.
[21] 魏杰,温孟阳,杨合理,等.涡喷发动机全三维流-热-固耦合建模方法[J].航空动力学报,2024,40(2):20230232.
[22] 吴仲华.能的梯级利用与燃气轮机总能系统[M].北京:机械工业出版社,1988.

第 5 章
燃料电池涡轮发电多能流耦合与总能优化

燃气涡轮与燃料电池耦合形成燃料电池涡轮发电系统,是解决涡轮电动力涡轮发电效率低这一瓶颈的有效技术途径。燃料电池涡轮发电涉及电化学过程与热机循环过程的复杂耦合与相互作用,建立燃料电池涡轮发电系统总体分析模型,发展燃料电池涡轮发电多能流耦合总能优化与控制方法,探索高效率燃料电池涡轮发电的新原理、新构型,对促进涡轮电动力系统的高效化发展具有重要意义。

5.1 燃料电池涡轮发电

传统涡轮发电系统的功率密度高,但发电效率较低。为了降低其能源消耗、减少排放,研究者从多角度提出了提升涡轮发电系统的方法。传统涡轮电动力系统提升发电效率的途径主要从热力学循环角度进行,包括提升涡轮前温度、热力循环改进、余热利用等方法。提升涡轮前温度,即提升循环工质吸热温度。由卡诺定理可知,提升吸热温度可提高循环热效率。热力循环改进方法包括回热、中间冷却、分级压缩等。采用回热,利用涡轮排气热量加热压缩后的空气,可降低循环所需吸热量,从而提升系统效率;采用中间冷却和分级压缩,可减少压气机功耗,增加循环净输出功,从而提升系统效率。余热利用,则是通过回收利用涡轮排放的余热,以提高整个系统的能量利用率。

随着氢能技术的发展和成本的降低,将氢能技术与涡轮发电系统结合可以带来许多潜在的优势,是提升涡轮发电系统效率的一条新途径。氢能技术中,与能量转换相关的主要研究方向是氢燃气涡轮和燃料电池。氢燃气涡轮发动机与传统的燃气涡轮发动机结构类似,通过氢燃料的燃烧产生动力,其功率密度高,可实现大功率等级发电。燃料电池则通过氢与氧的电化学反应直接产生电能,是一种能够实现零污染物排放的动力装置,相比于传统内燃机、燃气轮机,其效率大幅提升。利用氢燃烧室和燃料电池替代传统燃气轮机中的燃烧室,充分发挥燃料电池高效率、涡轮高功率密度的优势,构成燃料电池涡轮发电系统,是涡轮电动力系统高效化发展的趋势之一,也为未来的动力系统提供了新的发展方向。

5.1.1 燃料电池涡轮发电系统的组成

燃料电池涡轮发电系统由氢燃气涡轮、燃料电池及相关附件组成。通过燃气涡轮与燃料电池耦合,可充分发挥各自的优势,避免了单一类型的系统在某方面劣势所带来的不良影响,有效提高了涡轮发电系统的效率和燃料电池系统的功率密度。氢燃气涡轮由压气机、涡轮、燃烧室、电机等组成。其中,压气机和电机与传统涡轮发电系统中的类似,可将空气压缩至所需的工作压力。由于采用氢气作为燃料,其加热和膨胀过程表现出与传统涡轮发电系统中燃气不同的特征,因此,燃烧室和涡轮需要进行相应设计。燃烧室除了采用传统火焰燃烧室,也可采用催化燃烧室。燃料电池有多种类型,各类燃料电池的工作温度不同,与涡轮结合的方式也有所区别[1]。

低温燃料电池以质子交换膜燃料电池为代表,工作温度一般低于100℃,运行时需要合适的供气,同时对供气的温度和压力也有相应的要求。质子交换膜燃料电池需要一定压力的氧气来进行电化学反应,因此利用压缩机将空气压缩至所需的工作压力。空气在压缩过程中会产生热量,导致温度升高,而过高的温度可能会损害燃料电池,因此需要通过空气冷却器来降低压缩空气的温度,使其达到适合燃料电池工作的温度范围。质子交换膜需要适当的湿度来维持其质子传导能力。空气供给部分可能包括湿度调节器,以确保进入燃料电池的空气具有适宜的湿度。

以固体氧化物燃料电池为代表的高温燃料电池,工作温度在600~1000℃,燃料电池出口尾气温度需与涡轮工作温度相匹配。空气经过压缩机增压之后,流向燃料电池的阴极,为电化学反应提供必需的氧气。同时,燃料被送入燃料电池的阳极,参与电化学反应,产生电能。阳极中未完全反应的燃料与阴极排出的多余空气在燃烧室混合并燃烧,使得气体的温度和压力进一步升高,随后流入燃气涡轮进行膨胀做功。在这一过程中,燃气涡轮不仅驱动发电机产生电能,也为压缩机提供所需的动力。

5.1.2 氢燃气涡轮的特征及发展

氢燃气涡轮是一种利用氢气作为燃料,通过高效的热力循环过程产生动力并最终转化为电能的能源转换设备,因其输出功率高、输出功率范围宽而受到广泛关注。氢燃气涡轮技术是在传统燃气涡轮的基础上发展而来的,以氢气作为其核心燃料,在燃烧室内完成高效燃烧后,生成高温高压气体驱动涡轮机运行,并带动发电机实现电力输出。相比于基于化石燃料的传统发电方式,氢气燃烧产生的副产品主要是水,大幅降低了温室气体及大气污染物的排放量。

氢燃气涡轮的发展面临如下关键技术问题:大体积流量的氢燃烧室结构设计;回火和火焰振荡问题;燃烧系统的高NO_x排放问题;叶轮机的安全性和稳定性;等等。

针对氢燃烧室结构设计,氢气相较于天然气单位体积的低位热值更小,在保持相同输出功率的情况下,进入燃烧器的燃料体积流量需要增大[2-3],因此需对燃烧器结构、燃烧器材料、点火系统等进行优化设计。同时,为了进一步提高整体效率,许多新型氢燃气涡轮正在探索更高的燃烧温度和更先进的冷却技术,以实现更高的发电效率。氢燃料燃气涡轮燃烧器与标准天然气燃气涡轮燃烧器的设计不同点如表5-1[4]所示。

表5-1 氢燃料燃气涡轮燃烧器与标准天然气燃气涡轮燃烧器的设计不同点

系统	不同氢气体积分数对燃气涡轮的影响		
	0~30%	30%~70%	70%~100%
燃烧器与燃烧系统	基本无需改动	需要改造燃烧器	全新燃烧器设计
燃烧动态监控系统	基本无需改动	需要改造	需要改造

续表

系统	不同氢气体积分数对燃气涡轮的影响		
	0~30%	30%~70%	70%~100%
燃料供应系统	基本无需改动	所有材料需升级为不锈钢材质	加大管道直径,清吹系统改造
燃机控制与保护系统	基本无需改动	增加燃料检测系统	增加燃料检测系统
运维方案	基本无需改动	维修维护后需检查密封性能	启停需使用常规天然气
总结	基本无需改动	少量改动	升级改造

回火现象和高 NO_x 排放量是限制氢燃气涡轮广泛应用的关键阻碍之一。针对这些问题,目前主要通过提升气体流速和降低火焰温度来解决,但这可能导致燃烧不稳定。燃烧不稳定通常会与燃烧室内部声波传播相耦合,产生有害的压力振荡现象,这对氢燃烧室的应用造成了严重阻碍。因此开发一种既能使用任何比例的氢燃料(包括纯氢),又能实现与天然气发动机相当的低 NO_x 排放量,并且具有宽广稳定燃烧范围的氢燃气涡轮燃烧技术成为研究重点。

除了燃烧系统的升级之外,改用氢燃料后,为了保持燃气涡轮的初温不变,燃料的质量流速和体积流速将增加,可能导致压气机出现喘振现象,改造设计时,必须考虑到燃气透平与压气机工质流量的匹配问题,确保系统整体的稳定性和具有相应的效率。

近年来,全球范围内多家知名能源设备制造商都在积极开展氢燃气涡轮的研发与测试工作,通用电气、西门子能源等公司已推出商用级别的纯氢或掺氢燃气轮机产品[5],为氢燃气轮机的发展奠定了坚实的技术基础。

5.1.3 燃料电池的特征及其与涡轮发电系统的耦合

燃料电池技术作为一种新型高效、节能、环保的发电方式,近年来吸引了全球科研机构和能源产业的广泛关注。与传统的燃烧能源发电方式相比,燃料电池具有许多显著的优势。燃料电池工作原理的核心在于通过电化学反应直接转换燃料的化学能为电能,这一过程不涉及燃烧,也就没有传统热力发电中卡诺循环所限制的效率上限。这意味着,燃料电池的能效远高于传统的燃烧能源发电方式,可以达到更高的能量转换效率。燃料电池的环境污染小也是其备受关注的优点之一。由于其电化学反应的副产物主要是水,几乎不会产生二氧化碳、二氧化硫或氮氧化物等有害气体,对于减少温室气体排放和改善空气质量具有重要意义。此外,燃料电池在运行过程中噪声低,这与传统发电方式相比又是一个显著优势。

燃料电池的基本工作原理涉及三个主要组件:阳极、阴极和电解质。工作过程始于阳极,燃料(通常为氢气)在此处被氧化,这意味着氢气分子被分解为质子和电子。电解质是一种物质,它允许质子通过,但不允许电子通过。在阳极,氢气分子分解成质子和电子,质子通过电解质移动到阴极。与此同时,电子被迫通过一个外部电路扩散到达阴极,这个过程产生了电流。在阴极,氧气(通常来自空气)、电子和质子结合生成水并产生热量。燃料电池的电压由能斯特电动势和操作过程中的电化学损耗决定,其中电化学损耗包括活化极化、浓度极化和电阻极化三种类型。

根据使用的电解质材料及运行机理的不同,燃料电池可分为质子交换膜燃料电池(PEMFC)、固体氧化物燃料电池(SOFC)、熔融碳酸盐燃料电池(molten carbonate fuel cell,MCFC)和碱性燃料电池(alkaline fuel cell,AFC)等。在上述各类燃料电池中,质子交换膜燃料电池和固体氧化物燃料电池较为常见,它们分别与涡轮发电系统结合,可构成燃料电池涡轮发电系统[6-7],实现高效发电。

1. 质子交换膜燃料电池与涡轮发电系统结合

质子交换膜燃料电池是一种以含氢燃料与空气作用产生电力与热力的燃料电池,以高分子质子交换膜为电解度,没有任何化学液体,发电后产生纯水和热量。常规质子交换膜燃料电池的运行温度低,一般在60~90℃,可在室温下快速启动,对人体无化学危险,对环境无害,适合应用在固定式发电、移动装备等场景。

为了提升质子交换膜燃料电池与涡轮发电机之间的匹配性,需要提高质子交换膜燃料电池的尾排气体温度。对于现有涡轮发电机,涡轮前温度范围通常在500~1000℃,而质子交换膜燃料电池的尾排气体温度则明显较低,导致两者之间存在显著的温度不匹配问题。为了解决这一问题,提出了一种基于氢燃烧的质子交换膜燃料电池排气热管理技术,该技术能够有效提升质子交换膜燃料电池尾排气体温度,从而实现与涡轮进气温度相匹配。

该技术主要由质子交换膜燃料电池和燃烧器两部分组成。空气经压缩后进入质子交换膜燃料电池的阴极,与阳极氢气在电池内部发生电化学反应,产生电流,同时生成水(或水蒸气)并产生热量。电池尾排气体经过燃烧器进一步燃烧,从而提升温度。在燃料电池中,氢气和氧气反应输出电能,具有高效能转换的特点。燃烧器通过氢气燃烧产生额外的热能,进一步提高了系统的总能量输出。

通过排气热管理技术,可以充分利用氢气的能量,实现能量的高效转换并提高输出温度。当系统电能输出不足时,氢气燃烧器能够提供额外的热能,有效提升尾排气体温度,与下游涡轮实现温度匹配,从而提高涡轮输出功率。

2. 高功率密度固体氧化物燃料电池与涡轮发电系统结合

固体氧化物燃料电池工作温度通常在600~1000℃,燃料电池尾排气体温度与涡轮工作温度匹配。固体氧化物燃料电池具有良好的燃料适应性,可使用柴油、航空煤油和汽油等液体燃料进行重整,或直接使用氢气、天然气等气体燃料。固体氧化物燃料电池的类型包括板式、板管式和管式等。相比其他类型的固体氧化物燃料电池,管式固体氧化物燃料电池具有较强的抗热震性,在启动速度和循环寿命方面表现出一定的优势。当管式固体氧化物燃料电池电堆内每个管式单元的直径减小时,可以在单位体积内布置更多的管式单元,从而提供更大的活性面积进行电化学反应,这有助于实现更高的电堆功率密度。

管翅式固体氧化物燃料电池通过在燃料电池的燃料或空气流道中布置扰流翅片来控制反应物流动特性,从而实现局部传质和传热强化。这种设计可以增加燃料电池活性界面处的反应物浓度,提升燃料电池的功率密度或者降低燃料电池温度梯度,进而延长电堆的循环寿命[8-9]。管式固体氧化物燃料电池的流动涉及反应物在流道和多孔电极中的流动,而在燃料电池阳极流道或阴极流道中加入扰流翅片可以改变多孔电极表面的反应物流动特性。扰流翅片引起的旋涡流或径向流能够扰动或破坏多孔电极表面的局部边界层,从而影响燃料电池的局部对流换热特性。

此外,扰流翅片还可以增强多孔电极表面的反应物对流传质特性。对流传质特性的增强进一步影响了多孔电极孔隙间反应物气体分子的扩散,改变了多孔电极内反应物的浓度分布,最终影响了固体氧化物燃料电池多孔电极内三相界面(电极-电解质-气体)上的电化学反应。通过优化管翅式固体氧化物燃料电池的设计,可以在保证燃料电池高效能量转换的同时,提升其结构稳定性和使用寿命[10-13]。

目前,燃料电池与涡轮发电耦合在系统集成、燃料等方面还面临一些挑战。燃料电池涡轮发电系统虽然具有效率较高的优势,但燃料电池的质量和体积较大,限制了系统的应用[14],因此需要提高燃料电池的质量功率密度和体积功率密度,进而提升系统功重比。另外,氢气的体积功率密度较低,燃料电池采用的氢燃料在存储上也面临一定的困难。目前应用最广泛的储氢方式是采用高压气罐存储,储氢罐最高压力为 70 MPa,质量储氢密度达到 6.1wt%。高压储氢瓶成本较高,在储氢瓶密封、泄漏等方面的安全问题仍需要持续关注。此外,发展常规大分子碳氢燃料重整制氢技术,如煤油、汽油和柴油等,碳氢燃料重整制氢可以在达到较高的储氢密度的同时,实现氢气的随时制取和使用,是获取氢气的另一种重要途径[15]。

5.2 质子交换膜燃料电池涡轮发电

5.2.1 质子交换膜燃料电池涡轮发电多能流耦合

1. 质子交换膜燃料电池涡轮发电电动力系统基本构型

典型的质子交换膜燃料电池涡轮发电电动力系统组成如图 5-1 所示,主要由质子交换膜燃料电池(PEMFC)涡轮发电系统、电池储能系统和电动推进系统及相关附件组成。

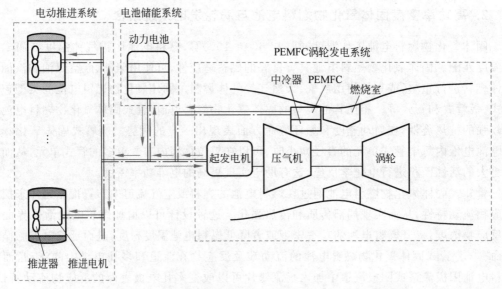

图 5-1 质子交换膜燃料电池涡轮发电电动力系统组成

PEMFC 涡轮发电系统由起发电机、压气机、涡轮、中冷器、燃料电池和燃烧室等组成。压气机可实现进气增压,为燃料电池提供稳定的气源,压气机出口空气经中冷器冷却后,供给燃料电池。在燃料电池中,氢气与空气中的氧气发生反应,输出电能。燃料电池出口连接燃烧室,气体燃烧升温后推动涡轮进行膨胀做功,带动起发电机旋转输出电能。电池储能系统由动力电池及附件组成,可根据系统的功率需求进行放电或充电,实现带动压气机旋转、吸收涡轮发电系统输出电能、驱动推进系统运行等功能。电动推进系统主要由推进器、推进电机及相关附件组成。

根据使用工况需求的不同,质子交换膜燃料电池涡轮发电电动力系统可在多种模式下工作。

在动力系统驱动功率需求较低的工况下,可采用纯动力电池驱动工作模式,如图 5-2 所示。动力电池将电能经母线传输给推进电机,由电机驱动推进器工作。在该工作模式下,能量传输中间环节少、效率高,动力电池运行时比较安静。但由于动力电池容量和放电倍率的限制,不能实现长时间、大功率工作。

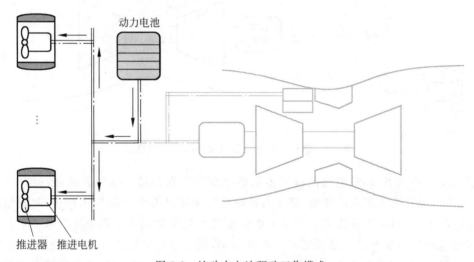

图 5-2 纯动力电池驱动工作模式

在涡轮发电系统开始工作时,需要外部输入能量实现系统起动。此时,动力电池将能量传输给起发电机,电机驱动转子旋转,以带动压气机、涡轮工作,如图 5-3 所示。

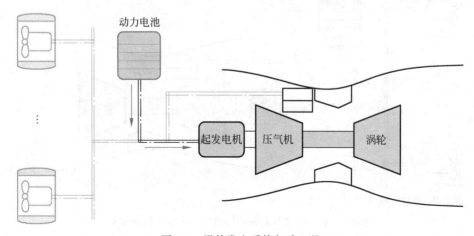

图 5-3 涡轮发电系统起动工况

涡轮发电系统起动后,可工作在高效率模式下或大功率模式下。在高效率模式下,燃料电池正常工作,输出电能。燃烧室不工作,涡轮前温度较低,涡轮输出功不足以抵消压气机耗功,起发电机工作在电动机状态,需要消耗外部电能以驱动转子旋转。动力电池根据推进负载的需求调节工作模式:当负荷较小时,燃料电池输出功率大于所需的推进功率,富余的电能可以给动力电池充电,如图 5-4 中箭头①所示;当负荷较大时,燃料电池输出功率无法满足推进功率,则动力电池需要输出电能,与燃料电池一起向推进系统提供能量,如图 5-4 中箭头②所示。

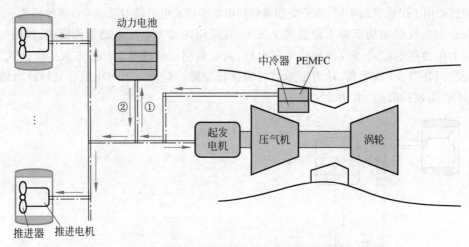

图 5-4 燃料电池单独输出功率的高效率模式

在大功率模式下,燃料电池出口气体在燃烧室中与燃料进行掺混并燃烧,提升气体温度,增加进入涡轮工质蕴含的能量,使得涡轮输出功率提高并大于压气机耗功,起发电机工作在发电状态,可以向外输出电能。动力电池根据推进负载的需求调节工作模式:若此时涡轮发电系统输出功率已超过系统所需推进功率,则富余的电能由动力电池吸收,如图 5-5 中箭头①所示;在极端负载需求条件下,若涡轮发电系统最大输出功率仍无法满足推进功率需求,则需要动力电池同时放电,此时,系统总体输出能量达到最高,如图 5-5 中箭头②所示。

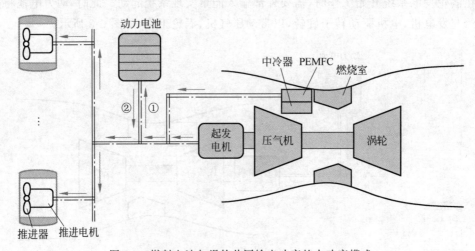

图 5-5 燃料电池与涡轮共同输出功率的大功率模式

2. 质子交换膜燃料电池涡轮发电电动力双轴构型

在质子交换膜燃料电池涡轮发电电动力双轴构型中,电池储能系统和电动推进系统与基础构型相同,区别在于涡轮发电系统改为双轴结构。涡轮发电系统双轴构型由起发电机、低压压气机、高压压气机、燃烧室、低压涡轮、高压涡轮、中冷器、燃料电池等组成。高压压气机与高压涡轮同轴布置,通过高压涡轮输出功带动高压压气机工作;低压涡轮、低压压气机与起发电机同轴布置,三者功率的代数和为零。低压轴的工作模式与基础构型类似,可通过起发电机实现驱动、发电等不同工况运行。根据质子交换膜燃料电池排气形式的不同,双轴构型可分为混合排气及分别排气两种型式,如图 5-6 所示。

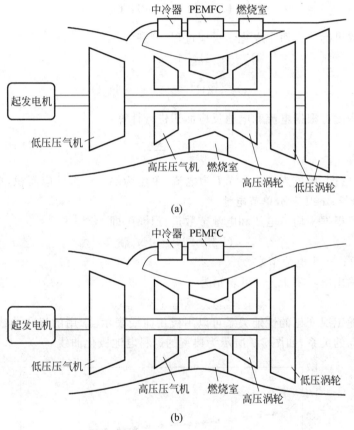

图 5-6 质子交换膜燃料电池涡轮发电系统双轴构型
(a) 混合排气型式;(b) 分别排气型式

低压压气机可实现进气增压,提供稳定的气源。低压压气机出口空气分为两路:一路进入高压压气机,进一步增压后,进入燃烧室燃烧而升温,高温高压气体推动高压涡轮做功,带动高压压气机旋转;另一路经中冷器冷却后,供给燃料电池,在燃料电池中,氢气与空气中的氧气发生反应,输出电能。在图 5-6(a)所示的混合排气型式中,燃料电池出口连接一个燃烧室,气体燃烧而升温后,流入低压涡轮,两路气体共同膨胀做功,带动起发电机旋转并输出电能。在图 5-6(b)所示的分别排气型式中,燃料电池出口气体直接排出。

5.2.2 质子交换膜燃料电池涡轮发电系统建模

本小节主要针对质子交换膜燃料电池、氢燃烧室及换热器进行分析建模，压气机、涡轮及电机模型可参考第 4 章相关内容。

1. 质子交换膜燃料电池模型

在质子交换膜燃料电池中，燃料为氢气，氧化剂为氧气，氢气、氧气在电堆中发生电化学反应生成水，同时向外输出电能。反应方程如下：

$$H_2 + \frac{1}{2}O_2 \longrightarrow H_2O \tag{5-1}$$

该反应方程可拆分为两个电化学反应过程，分别为

$$H_2 \longrightarrow 2H^+ + 2e^- \tag{5-2}$$

$$\frac{1}{2}O_2 + 2H^+ + 2e^- \longrightarrow H_2O \tag{5-3}$$

电堆电流密度可根据电流和电池反应面积进行计算：

$$i_{stack} = \frac{I_{stack}}{S_{cell}} \tag{5-4}$$

式中：i 为电流密度，单位为 A/cm^2；I 为电流，单位为 A；S 为反应面积，单位为 cm^2；下标 stack 表示电堆；cell 表示单节电池。

电堆电压可根据平均节电压和电池节数进行计算，即

$$U_{stack} = U_{cell} \cdot N_{cell} \tag{5-5}$$

其中：U 为电压；N 为电池节数。

燃料电池输出电功率 P_{stack} 可表示为

$$P_{stack} = U_{stack} \cdot I_{stack} \tag{5-6}$$

燃料电池随工况变化的性能关系可以用极化曲线表示，常用的极化曲线为电流密度与平均节电压之间的关系，如图 5-7 所示为典型的燃料电池极化曲线。

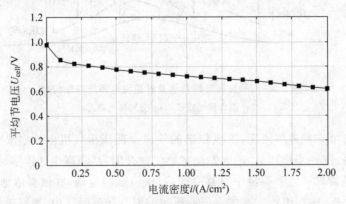

图 5-7 典型的燃料电池极化曲线

根据设定的燃料电池电压及工况变化的性能的极化曲线，可获得当前工况下的电流密度 i，再根据电流密度值计算电流，并进行相应的计算。

进入燃料电池的氢气质量流量 $\dot{m}_{H_2,in}$ 为

$$\dot{m}_{H_2,in} = f_{H_2} \frac{I}{2F} N_{cell} M_{H_2} \tag{5-7}$$

式中：f_{H_2} 为氢气化学计量比；F 为法拉第常数，其值为 96 485 C/mol；I 为燃料电池电流，单位为 A；M_{H_2} 为氢气的摩尔质量，单位为 g/mol；由于在系统中设置了氢气再循环系统，可视为没有额外的氢气损耗，故最终计算氢气消耗量时，氢气化学计量比可取 1.0。

进入燃料电池的氧气质量流量 $\dot{m}_{O_2,in}$ 为

$$\dot{m}_{O_2,in} = f_{air} \frac{I}{4F} N_{cell} M_{O_2} \tag{5-8}$$

式中：f_{air} 为空气化学计量比；M_{O_2} 为空气的摩尔质量，单位为 g/mol。空气的化学计量比与燃料电池的运行特性密切相关。

为简便起见，可认为空气近似由摩尔分数为 21% 的氧气和摩尔分数为 79% 的氮气组成，即由 1 mol 氧和 3.76 mol 氮组成 4.76 mol 空气。

进入燃料电池的氮气质量流量 $\dot{m}_{N_2,in}$ 为

$$\dot{m}_{N_2,in} = 3.76 f_{air} \frac{I}{4F} N_{cell} M_{N_2} \tag{5-9}$$

进入燃料电池的空气质量流量 $\dot{m}_{air,in}$ 为

$$\dot{m}_{air,in} = \dot{m}_{N_2,in} + \dot{m}_{O_2,in} = 4.76 f_{air} \frac{I}{4F} N_{cell} M_{air} \tag{5-10}$$

阴极入口空气所携带的水蒸气质量流量为

$$\dot{m}_{H_2O,ca,in} = 4.76 f_{air} \frac{I}{4F} N_{cell} \frac{\varphi_{ca} p_{vs}(T_{ca,in})}{p_{ca} - \varphi_{ca} p_{vs}(T_{ca,in})} M_{H_2O} \tag{5-11}$$

式中：$p_{vs}(T_{ca,in})$ 表示阴极进气温度 $T_{ca,in}$ 下的饱和水蒸气压力，单位为 kPa；p_{ca} 表示阴极入口气体压力，单位为 kPa；φ_{ca} 为阴极入口气体的相对湿度；M_{H_2O} 为水的摩尔质量，单位为 g/mol。

氢气和氧气在燃料电池中发生化学反应，产生电能的同时也会生成水及放出大量的热量，而氮气并不参与反应。水以气态形式随着未反应完的气体排出，若达到饱和状态，就会有液态水析出，这与具体的反应参数相关。

燃料电池在工作过程中生成的水的质量流量为

$$\dot{m}_{H_2O,gen} = \frac{I}{2F} N_{cell} M_{H_2O} \tag{5-12}$$

阴极出口处剩余的氧气质量流量为

$$\dot{m}_{O_2,out} = (f_{air} - 1) \frac{I}{4F} N_{cell} M_{O_2} \tag{5-13}$$

氮气不参与反应，流量不变，故阴极出口处的空气质量流量为

$$\dot{m}_{air,out} = \dot{m}_{O_2,out} + \dot{m}_{N_2,in} \tag{5-14}$$

阴极出口排气所携带的水蒸气质量流量为

$$m_{H_2O,ca,out} = \min\left[(4.76 f_{air} - 1) \frac{I}{4F} N_{cell} M_{H_2O} \frac{p_{vs}(T_{ca,out})}{p_{ca,out} - p_{vs}(T_{ca,out})}, m_{H_2O,ca,in} + m_{H_2O,gen}\right] \tag{5-15}$$

式中：$p_{vs}(T_{ca,out})$ 为阴极排气温度 $T_{ca,out}$ 下的饱和水蒸气压力，单位为 kPa；$p_{ca,out}$ 为阴极排气压力，单位为 kPa。

在本模型中，将阴极排气和阳极排气的温度均视为与燃料电池的工作温度 T_D 相同，则排气的压力损失与入口气体压力的大小相关。

假定燃料电池的排气全部进入燃烧室，则总质量流量 $\dot{m}_D$ 为

$$\dot{m}_D = \dot{m}_{air,out} + \dot{m}_{H_2O,ca,out} \tag{5-16}$$

2. 氢燃烧室模型

燃烧室的作用是吸入经压气机压缩的高压空气，并与投入的燃料充分混合燃烧而形成高温、高压、高速的气体，然后将其排至涡轮。对于稳态过程，根据能量守恒定律，可以得到：

$$\sum_{生成物} n_{out}(h_f^\circ + \Delta h)_{out} = \sum_{反应物} n_{in}(h_f^\circ + \Delta h)_{in} \tag{5-17}$$

式中：h_f° 为生成焓，单位为 kJ/mol；Δh 为反应前后的焓差，单位为 kJ/mol；n 为物质的量，单位为 mol。

假设燃烧室绝热，则出口温度即为绝热过程燃烧温度。根据式(5-17)，通过迭代计算可以获得燃烧室出口温度。首先假设一个出口温度，计算出各部分的焓值，代入式(5-17)，计算等式两端的偏差；根据偏差，调整出口温度的假设值；重复该过程，直到偏差值达到允许范围。

3. 换热器模型

换热器是把热量从一种介质传递给另一种介质的热交换设备，其形式和种类非常丰富。在涡轮发电系统中，由于参与换热的冷热两侧的流体分别独立，不能掺混，故均选用间壁式换热器。间壁式换热器也称为表面换热器，其中的冷热流体被一个固体壁面隔开，热量通过固体壁面传递。

根据能量守恒定律，换热器两侧的质量流量与焓值之积相等，即

$$\dot{m}_1(h_{1in} - h_{1out}) = \dot{m}_2(h_{2out} - h_{2in}) \tag{5-18}$$

式中：$\dot{m}$ 为质量流量，单位为 kg/s；h 为比焓，单位为 kJ/kg；下标 1、2 分别代表换热器对应的两侧；下标 in、out 分别代表换热器的入口、出口。

换热器的效率定义为

$$\eta = \frac{\Phi}{\Phi_{max}} = \frac{(\dot{m}c_p)_1(T_{1,in} - T_{1,out})}{(\dot{m}c_p)_{min}(T_{1,in} - T_{2,in})} \tag{5-19}$$

式中：Φ 为换热器的换热量，单位为 kW；T 为热力学温度，单位为 K；c_p 为定压比热容，单位为 kJ/(kg·K)。

换热器的总传热热阻 R 可表示为

$$R = \frac{1}{kA} = \frac{1}{(hA)_1} + \frac{1}{(hA)_2} \tag{5-20}$$

式中：k 为热导率（导热系数）；A 为传热面积；h 为对流换热系数。

换热器的传热单元数可根据下式计算：

$$\text{NTU} = \frac{kA}{W_{min}} \tag{5-21}$$

式中：W 为热容量，$W = \dot{m}c_p$，W_{min} 表示冷热两侧热容量中的较小值。

逆流流动下换热器效率关系式为

$$\eta = \frac{1 - \exp[-\mathrm{NTU}(1-C^*)]}{1 - C^* \exp[-\mathrm{NTU}(1-C^*)]} \tag{5-22}$$

式中：C^* 为热容量比，定义为较小热容量与较大热容量之比，即 $C^* = W_{\min}/W_{\max} \leqslant 1$。

顺流流动下换热器效率关系式为

$$\eta = \frac{1 - \exp[-\mathrm{NTU}(1+C^*)]}{1 + C^*} \tag{5-23}$$

两种流体各自均不混合的单流程叉流流动，工程上可以采用近似关系式计算换热器效率：

$$\eta = 1 - \exp\left\{\frac{\mathrm{NTU}^{0.22}}{C^*}[\exp(-C^* \mathrm{NTU}^{0.78}) - 1]\right\} \tag{5-24}$$

换热器的压降用压降系数 $\Delta\mathrm{PR}$ 进行计算：

$$p_{\mathrm{out}} = (1 - \Delta\mathrm{PR})p_{\mathrm{in}} \tag{5-25}$$

5.2.3 质子交换膜燃料电池涡轮发电系统特性与总能优化

1. PEMFC 涡轮发电系统基本构型性能分析与优化

1) 系统计算参数及取值

质子交换膜燃料电池涡轮发电系统的性能受到多种参数变化的影响。根据各部件的特性方程，主要参数包括系统流量及各部件的效率等参数。计算参数取入口温度和压力分别为 15℃、100 kPa，系统总流量为 0.48 kg/s，涡轮前温度为 800℃，压气机压比为 3.0，压气机及涡轮效率为 75%，质子交换膜燃料电池流量为 0.16 kg/s，过量空气系数为 1.98，流阻为 40 kPa。上述各参数中，各部件的性能参数对系统效率、功率输出均可能产生影响，需要进一步开展参数敏感性分析。

2) 关键参数敏感性分析

参数敏感性分析是评估、优化和简化模型必不可少的手段。通过参数敏感性分析，可以获取系统的关键参数，提高模型的性能和可解释性。本小节通过敏感性分析，研究各参数变化对系统性能影响的程度。

采用元效应法（elementary effects method）可计算各参数变化对目标函数影响的程度。元效应法可用于识别计算成本高的数学模型或具有大量输入因素的模型中的非影响性输入因素，在这些情况下，估算其他敏感性分析指标（如基于方差的指标）的成本是无法承受的。与所有筛选方法一样，元效应法也提供定性灵敏度分析度量，即可以识别非影响性输入因素或将输入因素按重要性排序的度量。

各变量的元效应定义为

$$\mathrm{EE}_i = \frac{f(x_1, x_2, \cdots, x_i + \Delta, \cdots, x_k) - f(x_1, x_2, \cdots, x_k)}{\Delta} \tag{5-26}$$

式中：EE_i 表示第 i 个变量的元效应值；x_i 表示第 i 个变量；Δ 表示第 i 个变量的变化量。

选取涡轮前温度、旁路流量、PEMFC 流量、压气机效率、压气机压比、涡轮效率、PEMFC 发电效率、PEMFC 过量空气系数、PEMFC 压降、燃烧效率及燃烧器压降作为分析的自变量,在变化一定比例的情况下进行敏感性分析计算,获取各自变量对性能影响的情况。

各自变量的基准值及变化值见表 5-2。

表 5-2 各自变量基准值及变化值

变 量	基 准 值	变 化 量	变 化 后
压气机效率/%	75	3.75	78.75
压气机压比	3.0	0.15	3.15
涡轮效率/%	75	3.75	78.75
PEMFC 发电效率	0.55	0.0275	0.5775
PEMFC 过量空气系数	1.98	0.099	2.079
PEMFC 压降/kPa	40	2	42
燃烧效率	0.95	0.0475	0.9975
燃烧器压降/kPa	5	0.25	5.25
涡轮前温度/℃	800	40	840
PEMFC 流量/(kg/s)	0.16	0.008	0.168
旁路流量/(kg/s)	0.32	0.016	0.336

注:变化比例为 5%。

根据表 5-2 参数进行系统参数匹配计算,获取系统的输出功率敏感性(图 5-8)、效率敏感性(图 5-9)以及涡轮发电输出功率敏感性(图 5-10)。

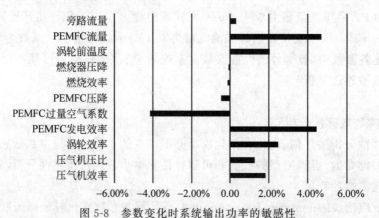

图 5-8 参数变化时系统输出功率的敏感性

从图 5-8 中可以看出,PEMFC 参数对系统输出功率的影响较大,这是由于 PEMFC 输出功率在系统总输出功率中占较大比例。PEMFC 流量的增大、发电效率的提升,均可以使 PEMFC 的输出功率增加,二者与系统输出功率呈正相关;而过量空气系数减少则表明反应过程需要更小的空气流量,该参数与系统输出功率呈负相关。在涡轮相关的参数中,涡轮前温度、涡轮效率及压气机效率对系统输出功率影响较大。压气机与涡轮效率的提升可以直接使压气机耗功减少、涡轮输出功增大;涡轮前温度的提升使得进入涡轮的能量增加,输出功率也随之上升。

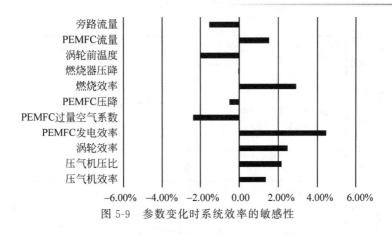

图 5-9 参数变化时系统效率的敏感性

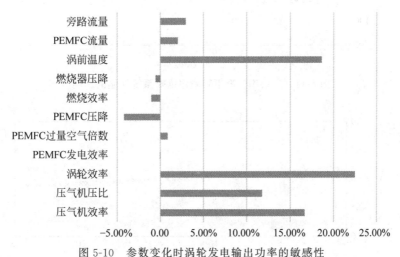

图 5-10 参数变化时涡轮发电输出功率的敏感性

从图 5-8 和图 5-9 中可以看出,大部分参数对系统输出功率和效率的敏感性趋势是一致的。旁路流量、涡轮前温度对两者的影响则比较特殊,与系统效率呈负相关,与系统输出功率呈正相关。这是由于通过旁路的流量会进入燃烧室,燃烧后推动涡轮做功,旁路流量越大,涡轮输出功率就越高。涡轮前温度越高,说明进入涡轮的工质内能越高,因此输出功率越高。但在本节讨论的系统中,旁路流量越大、涡轮前温度越高也意味着需要更多的氢气在燃烧室中进行燃烧。由于涡轮发电效率远低于燃料电池发电效率,因此,旁路流量越大、涡轮前温度越高,系统总效率就越低。此外,由于燃烧效率直接影响在燃烧室中消耗的氢气量,因此燃烧效率对系统效率影响显著。PEMFC 发电效率、过量空气系数,以及各部件效率对系统效率的影响显著,都与对系统功率的影响类似。

从图 5-10 中可以看出,对于涡轮发电输出功率,涡轮前温度、各部件效率影响较为显著。而各部件压降增加会导致压气机到涡轮间的阻力增加,进而使得涡轮膨胀比降低,导致输出功率减少。

3) 环境参数对系统性能的影响

随着环境温度的变化,系统的压比和流量也会随之发生变化,从而导致系统的输出净功和热效率发生变化。图 5-11、图 5-12 和图 5-13 分别给出了燃料电池、高效率工况、满负荷工况和大功率工况下环境温度对系统性能的影响。

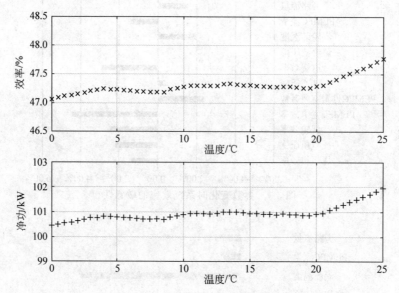

图 5-11　高效率工况下环境温度对系统性能的影响

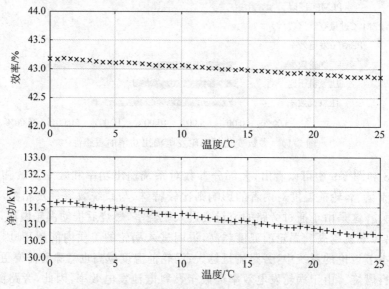

图 5-12　满负荷工况下环境温度对系统性能的影响

从图 5-11 可以看出,在高效率工况下,随着环境温度的升高,系统的输出净功和效率都有所提升。当环境温度从 0℃ 上升至 25℃ 时,输出净功从 100.45 kW 上升至 101.94 kW,效率从 47.07% 升高至 47.77%。这是因为随着环境温度的升高,在固定转速下,压气机的压比和流量均减小,使得压气机的耗功减小;同时,压气机出口的温度升高,使得涡轮入口的气温也升高,导致涡轮比功增大,但由于流量减小使得涡轮的总输出功也随之减小,因此涡轮输出功的总体变化不大;系统的净输出功会增大,而氢气的消耗量此时几乎不变,故系统效率也随之升高。

在满负荷工况下,从图 5-12 可看出,系统净功和效率均随着温度的上升而减小。这是因为根据折合转速换算出的压气机压比几乎不变,而压气机流量略有减小,使得压气机耗功反而有所增加,所以系统的输出净功和效率均有所降低。

在图 5-13 所示的大功率工况下,随着环境温度的升高,系统的效率略有上升,而净功有所减小。这是因为随着环境温度的升高,补燃空气的质量流量减小,使得补燃氢气量也随之减小,系统的输出净功会有所降低,但效率几乎保持不变。

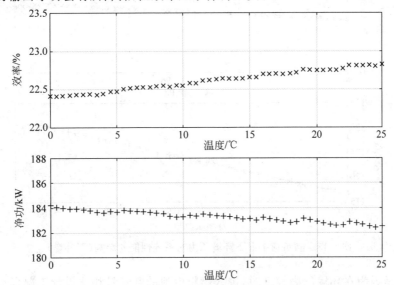

图 5-13 大功率工况下环境温度对系统性能的影响

图 5-14 和图 5-15 给出了不补燃情况下,燃料电池高效率工况和满负荷工况运行时环境压力对系统性能的影响。

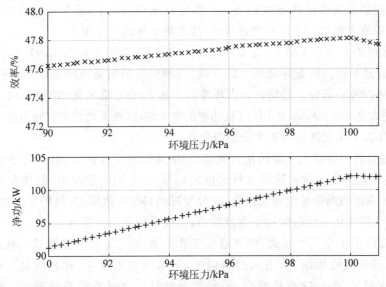

图 5-14 高效率工况下环境压力对系统性能的影响(不补燃)

从图 5-14 和图 5-15 中可以看出,当燃料电池单独运行时,环境压力的增大使得系统效率和输出净功都有所上升,但对系统效率的影响比较小,对输出净功的影响比较大。以燃料电池满负荷工况为例,当环境压力从 90 kPa 增大至 101 kPa 时,系统效率从 42.69% 变为 42.86%,增加幅度非常小;而系统净功则从 116.69 kW 增大至 130.69 kW。

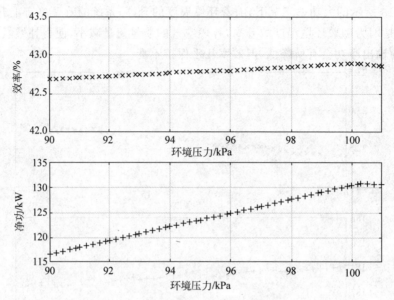

图 5-15 满负荷工况下环境压力对系统性能的影响(不补燃)

这主要是因为在环境压力较低时,进入燃料电池的空气量相比设计工况要小,从而导致燃料电池中的氧气量不足,燃料电池不能充分反应,其发电功率受到空气量的限制。随着环境压力的增大,压气机的空气流量增大,进入燃料电池的空气量随之增大,燃料电池发电功率也会增大;与此同时,压气机功率、涡轮功率也随之增大,但增长幅度远小于燃料电池发电功率,系统净功呈现明显的增大趋势。在固定转速和电压下,燃料电池发电效率几乎不变,此时系统效率主要取决于燃料电池效率,故系统效率的变化很小。

在有补燃时的大功率工况下,随着环境压力的升高,系统的效率和净功均逐渐增加,如图 5-16 所示。这是因为随着环境压力的升高,补燃空气的质量也随之增加,补燃氢气量也逐渐增加,透平功率会有较大的增长。当环境压力从 90 kPa 增大至 101 kPa 时,透平功率从 106.91 kW 增大至 140 kW,远大于压气机功率的增大幅度,则系统效率和输出净功都会增大。

4) 不同工况下系统净功及效率分析与优化

燃料电池可将燃料的化学能转化为电能,实现高效的能量输出,但其功率密度较低,成本较高;涡轮发电系统通过流路调节可实现大功率、宽范围能量输出,但其发电效率较低。通过燃料电池系统和涡轮发电系统耦合,充分发挥燃料电池效率高、涡轮发电功率密度高的优势,通过部件模块化设计与结构宽范围调节,实现系统变工况运行。

系统包含两个主要工作模式,即高效率工作模式和大功率工作模式。在高效率工作模式下,空气经压气机增压后,进入燃料电池,与氢气发生反应,输出电能。燃料电池出口的尾气进入涡轮,推动叶轮机做功,回收部分能量。此时系统流量较小,系统功率低、效率高。

在大功率工作模式下,空气经压气机增压后,一部分进入燃料电池,与氢气发生反应输出电能,另一部分进入掺混器,与燃料电池出口尾气混合后,进入燃烧室。在燃烧室中,空气

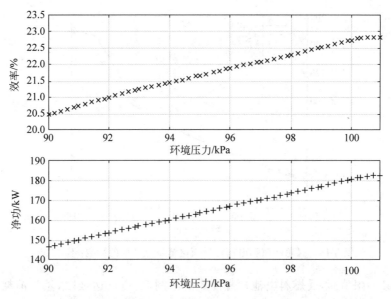

图 5-16 大功率工况下环境压力对系统性能的影响(补燃)

与氢气反应燃烧,提升气体温度。高温高压气体推动涡轮做功,带动电机输出电能。此时系统流量大,系统功率高、效率较低。

系统在运行过程中,涡轮转速、燃料电池电压、补燃氢气量等因素对系统性能均有较大影响,需对不同工况下的系统净功和效率进行分析。

(1) 不补燃时,涡轮转速和电压对系统性能的影响。

图 5-17 和图 5-18 分别给出了不补燃的情况下,燃料电池电压和涡轮转速对系统阳极氢气消耗量和燃料电池发电功率的影响。压气机与涡轮同轴,压气机转速即涡轮转速。

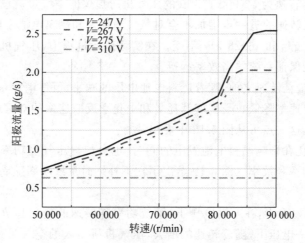

图 5-17 涡轮转速和电压对燃料电池氢气消耗量的影响(不补燃)

从图 5-17 可以看出,在同一转速下,燃料电池的电压越低,氢气的流量越大,这是因为电流随电压的降低而升高,导致耗氢量增大。在电压不变时,随着涡轮转速的增大,压气机所提供的空气量逐渐增多,使燃料电池能充分发生反应,所消耗的氢气量也随之增大;但当

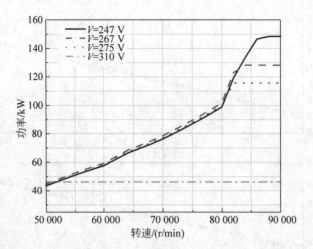

图 5-18 涡轮转速和电压对燃料电池发电功率的影响(不补燃)

空气量超过某一限值后,受燃料电池自身性能的限制,反应已达极限,氢气消耗量不再发生变化。如在电压为 275 V 时,涡轮转速为 50 000 r/min 时的氢气流量约为 0.65 g/s,随着涡轮转速的增加,进入燃料电池的空气量增多,燃料电池反应消耗的氢气量也不断增加;但当涡轮转速超过 81 600 r/min 后,燃料电池已达到最大负荷,此时涡轮转速增大带来的空气量增加,对氢气消耗量没有影响。

从图 5-18 的功率曲线也可以得出相同结论,当空气量超过某一限值后,即压气机转速(涡轮转速)超过某值后,燃料电池功率不再发生变化,此时转速随着燃料电池电压的降低而增大,存在一个最佳转速。当电压为 247 V 时,最佳转速约为 86 300 r/min;当燃料电池电压为 267 V 时,最佳转速约为 82 800 r/min;当电压为 275 V 时,最佳转速约为 81 600 r/min。而当电压为 310 V 时,转速为 50 000 r/min 的压气机所提供的空气量就已超过了燃料电池所需的空气量,压气机转速的进一步增加不会对氢气消耗量和燃料电池发电功率造成影响,始终分别维持在 0.63 g/s 和 46.28 kW 不变。在实际运行过程中,压气机的运行转速应位于最佳转速附近,才能保证系统的高效率运行。

在压气机达到最佳转速之前,随着燃料电池电压的减小,氢气消耗量和燃料电池电流增大,使得电化学反应速率降低。受氢气消耗量和电化学反应速率的双重影响,燃料电池发电功率的变化比较小,这一点可从图 5-18 中看出。

涡轮转速的变化在影响燃料电池发电的同时,也会使得压气机功率和涡轮功率发生变化,从而影响系统功率和效率。图 5-19 给出了在不补燃时系统功率随涡轮转速和燃料电池电压的变化情况。

从图 5-19 中可以看出,在不同电压下,系统功率随转速的变化趋势与燃料电池发电功率基本相同。在同一电压下,随着转速的增大,压气机所压入的空气量逐渐增加,压气机的耗功也逐渐增加;同时,涡轮入口温度升高,涡轮流量增大,涡轮功率也逐渐增加;再加上燃料电池发电功率的升高,使得系统的总功率增大。但超出了最佳转速后,燃料电池发电功率不再增加,此时转速的升高会导致压气机的耗功增大,从而使得总功率呈现下降的趋势。如当电压为 310 V 时,转速到达 50 000 r/min 时,电化学反应已达到极限,随着转速的升高,燃料电池的发电功率不再增大,但压气机耗功增加,因而总功率逐渐降低。

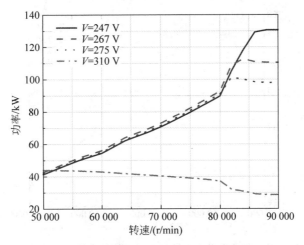

图 5-19　转速和电压对系统功率的影响(不补燃)

受到压气机性能的影响,当转速提升至 80 000 r/min 以后,压气机压入的空气流量会有较为明显的增大,如图 5-20 所示,从而导致系统功率在涡轮转速为 80 000 r/min 附近有较为明显的变化。

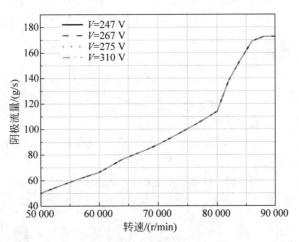

图 5-20　转速对阴极流量的影响

图 5-21 给出了在不补燃时系统效率随转速和燃料电池电压的变化情况。在同一转速下,系统效率随着燃料电池电压的增大而增大,主要是由于此时电化学反应速率增大。同样受压气机性能影响,转速为 80 000 r/min 附近空气流量的急剧增加也导致了效率的快速降低。在同一电压下,随着转速的增加,燃料电池发电功率增大,压气机耗功的增加量大于涡轮功率的增加量,从而导致系统效率降低。

(2) 补燃时转速和补氢浓度对系统性能的影响。

为实现系统的大功率运行,需要向燃烧室中补充一定量的氢气。补氢量以补氢浓度来衡量,表示氢气占混合物的体积比。图 5-22～图 5-25 分别给出了当燃料电池电压为 247 V 时,不同补氢浓度下系统功率和效率随转速的变化曲线。

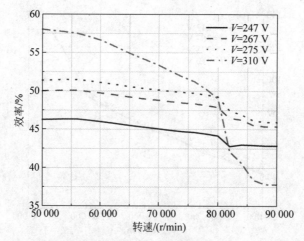

图 5-21 转速和燃料电池电压对系统效率的影响(不补燃)

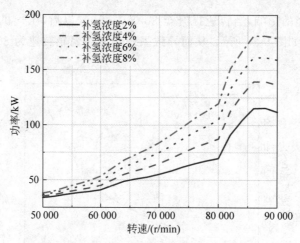

图 5-22 转速和补氢浓度对系统功率的影响

彩图 5-23

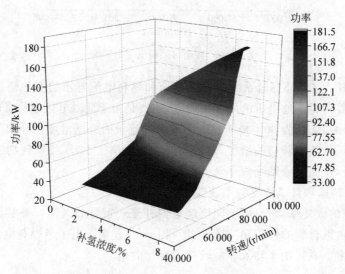

图 5-23 不同转速和补氢浓度下的系统功率

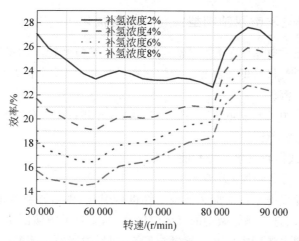

图 5-24 转速和补氢浓度对系统效率的影响

从图 5-22 和图 5-23 可以看出,在保持转速不变的情况下,补氢浓度越高,系统的总功率越大。随着补氢浓度的增加,燃烧室内氢气产生的热量也会相应增加,进而推动透平输出更多的功率,使得整个系统的输出总功得到提升。而当补氢浓度不变时,系统功率随着转速的增大而增大。当转速达到 80 000 r/min 左右时,空气流量的剧增将导致系统功率快速增加;当转速超过 86 000 r/min 后,燃料电池已达最大负荷,转速进一步增加时,燃料电池的发电功率不再增加,此时压气机耗功的增加量大于涡轮功率的增加量,从而导致系统的总功率下降。

根据图 5-24 和图 5-25 所示的系统效率变化曲线,发现补氢浓度越大,系统效率越低。在转速为 86 300 r/min 的大功率工况下,当补氢浓度为 2% 时,系统功率为 116.6 kW,效率可达 27.7%;当补氢浓度增至 8% 时,系统功率可达 183 kW,但效率降为 22.8%。这是因为氢气在燃料电池的反应效率比燃烧系统中的热效率更高,故随着补氢浓度的升高,燃料电池功率所占比例减小,导致了总效率的降低。

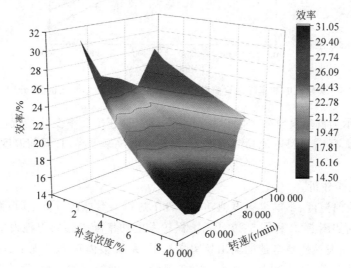

彩图 5-25

图 5-25 不同转速和补氢浓度下的系统效率

2. PEMFC 涡轮发电双轴构型性能分析与优化

区别于单轴涡轮发电系统构型,双轴构型需要求解两个转子的平衡方程,即对于低压轴,起发电机、低压压气机与低压涡轮三者的功率代数和为零,对于高压轴,高压涡轮输出功与高压压气机耗功相等。

以涡轮发电系统中的起发电机发电功率为基准,开展系统参数匹配,分析不同工况下系统效率、功率等参数的变化情况。

1) 分别排气型式涡轮发电系统性能分析与优化

(1) 低压级引气对涡轮性能的影响。

双轴构型的涡轮发电系统需要在低压压气机后引气,供给燃料电池。若这部分气体在反应后排空,则会造成进入涡轮做功的气体流量减少,影响系统输出功率。

质子交换膜燃料电池所需的空气流量与氢气流量、过量空气系数 λ、燃料电池发电效率 η_{PEMFC} 有关。取过量空气系数 $\lambda=2.1$,发电效率 $\eta_{PEMFC}=0.5$,建立带引气的涡轮发电系统模型,分析低压级引气对涡轮性能的影响。在不同涡轮前温度(本节简称涡前)、不同燃料电池功率条件下进行参数匹配计算。

图 5-26 所示为涡轮发电功率随涡轮前温度及 PEMFC 功率变化情况。由于燃料电池需要在低压压气机后引气,因此下游涡轮可用的空气减少,涡轮发电功率显著降低。在提取相同引气量的条件下,更高的涡轮前温度意味着燃烧所能吸收的能量减少得越多,发电功率的衰减量更大。对于涡前 1300℃ 的工况,燃料电池输出功率为 500 kW 时所需的空气量将导致涡轮发电功率下降一半以上。

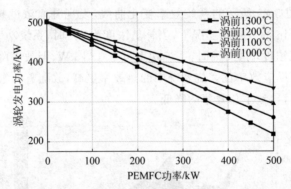

图 5-26　涡轮发电功率随涡轮前温度及燃料电池发电功率变化情况(分别排气)

图 5-27 所示为涡轮发电效率随涡轮前温度及 PEMFC 功率变化情况。与涡轮发电功率变化情况类似,随着燃料电池功率的增大,涡轮发电效率下降,且涡前温度越高,下降的幅度越大。

(2) 系统性能分析。

在不同涡轮前温度、不同燃料电池功率条件下进行参数匹配计算,获取系统功率和效率的变化情况分别如图 5-28 和图 5-29 所示。涡轮发电功率随着燃料电池发电功率的增加而降低,但这部分损失被燃料电池的输出功率弥补了,系统整体功率呈现上升的趋势,且燃料电池输出功率越高,系统功率上升越大。对于涡轮前温度较低的工况,涡轮发电功率因损失较小，系统整体功率提升更为显著。由于燃料电池发电效率远高于涡轮发电效率，因此，随着燃料电池功率占比的提升，系统总体的效率也逐步上升。

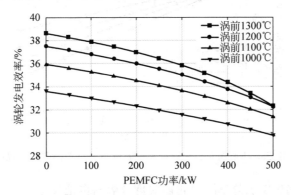

图 5-27 涡轮发电效率随涡轮前温度及燃料电池发电功率变化情况（分别排气）

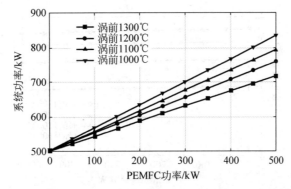

图 5-28 系统功率随涡轮前温度及燃料电池发电功率变化情况（分别排气）

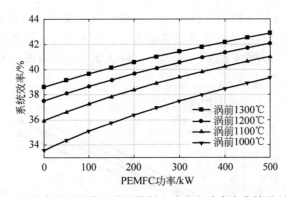

图 5-29 系统效率随涡轮前温度及燃料电池发电功率变化情况（分别排气）

2) 混合排气型式涡轮发电系统性能分析与优化

采用相同的计算方法，对混合排气型式的涡轮发电系统性能进行分析。

图 5-30 为涡轮发电功率随涡轮前温度及燃料电池发电功率变化情况。与分别排气型式类似，随着燃料电池功率的增加，涡轮发电功率下降，但由于燃料电池出口气体经燃烧后回到低压涡轮，部分能量可以被低压涡轮用于做功，下降幅度与分别排气型式涡轮发电系统相比较小。

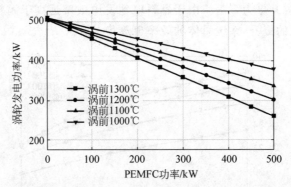

图 5-30　涡轮发电功率随涡轮前温度及燃料电池发电功率变化情况(混合排气)

图 5-31 所示为涡轮发电效率随涡轮前温度及燃料电池发电功率变化情况。由于燃料电池尾气能量被回收利用,因此,涡轮发电效率虽有下降,但下降幅度较小。

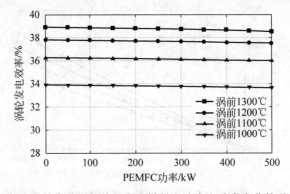

图 5-31　涡轮发电效率随涡轮前温度及燃料电池发电功率变化情况(混合排气)

图 5-32 所示为系统功率随涡轮前温度及燃料电池发电功率变化情况。与分别排气型式类似,系统功率随着燃料电池功率的提升而升高。由于燃料电池排气后端增加了燃烧室,燃烧使温度升高而进一步提升了尾气的能量,系统功率升高的幅度更为显著。

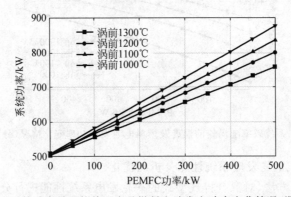

图 5-32　系统功率随涡轮前温度及燃料电池发电功率变化情况(混合排气)

图 5-33 所示为系统效率随涡轮前温度及燃料电池发电功率变化情况。系统效率为总功率与总燃料能量之比。在混合排气型式的系统中,燃料的消耗包括涡轮发电部分燃烧室

的消耗、燃料电池本身消耗以及燃料电池尾气燃烧室的消耗。前两部分与分别排气型式的燃料消耗相同，而经燃料电池尾气燃烧室因燃烧而升温后的气体，与涡轮发电的气体混合后，进入低压涡轮膨胀而做功。这部分燃料的消耗会拉低系统整体效率。当涡轮前温度较高时，系统效率损失更为显著。

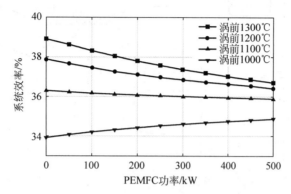

图 5-33　系统效率随涡轮前温度及燃料电池发电功率变化情况（混合排气）

参考目前技术水平，设定涡轮发电功重比为 3 kW/kg，燃料电池功重比为 0.5 kW/kg，作出系统功重比随涡轮前温度及系统功率的变化情况，如图 5-34 所示。可以看出，随着系统功率的提升，系统功重比急剧下降。因此在进行燃料电池涡轮发电系统设计时，需要根据实际需要进行权衡。

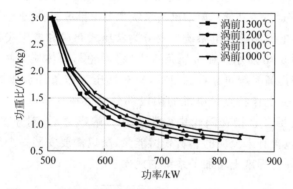

图 5-34　系统功重比随涡轮前温度及系统功率变化情况

5.3　固体氧化物燃料电池涡轮发电

5.3.1　固体氧化物燃料电池涡轮发电多能流耦合

典型的固体氧化物燃料电池涡轮发电电动力系统组成如图 5-35 所示，主要由固体氧化物燃料电池（SOFC）涡轮发电系统、电池储能系统和电动推进系统及相关附件组成。

如图 5-35 所示，SOFC 涡轮发电系统由起发电机、压气机、涡轮、预热器或重整器、固体氧化物燃料电池（SOFC）、燃烧室等组成。压气机可实现对入口气体增压，为燃料电池提供

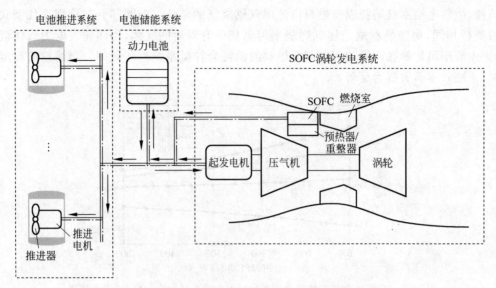

图 5-35　固体氧化物燃料电池涡轮发电电动力系统组成

稳定的气源。燃料电池入口根据反应温度需要和燃料类型，连接预热器或重整器。燃料电池出口连接燃烧室，气体燃烧升温后推动涡轮膨胀而做功，带动起发电机旋转并输出电能。压气机到涡轮之间的气体流动形式根据具体布局而有所不同。电池储能系统由动力电池及附件组成，可根据系统的功率需求进行放电或充电，实现带动压气机旋转、吸收涡轮发电系统输出电能、驱动推进系统运行等功能。电动推进系统主要由推进器、推进电机及相关附件组成。

固体氧化物燃料电池涡轮发电系统主要分为常压式布局和增压式布局。

常压式布局如图 5-36 所示。在常压条件下，将涡轮与固体氧化物燃料电池独立安装，可以实现简化系统并提高系统可靠性的目的，相对低压工作条件也能提高整体的安全稳定性。常压式布局的主要工作特点是电堆的阴极部分提供在环境压力下的空气，而由 SOFC 化学反应产生的废气不会直接在涡轮中膨胀做功。解耦之后，对于 SOFC 阳极产生的废气，由于其本身仍然包含有未反应的燃料残留能量，所以需要安装一个复杂的换热器来利用这些剩余能量，这在一定程度上增加了系统的成本。

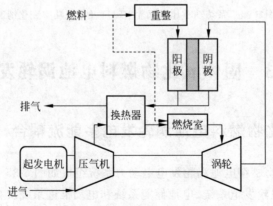

图 5-36　SOFC 涡轮发电系统常压式布局

增压式布局与常压式布局最明显的区别在于阴极进气压强。在增压式布局中,空气通过压气机和换热器后直接进入阴极流道,如图 5-37 所示。

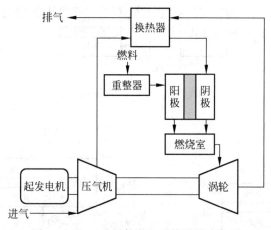

图 5-37　SOFC 涡轮发电系统增压式布局

根据固体氧化物燃料电池的工作特性,电堆的工作效率与其工作压力呈正相关,所以增压式布局中电堆的平均期望效率会比常压式布局中更高。在增压式布局下,工作效率可以得到提升,但是也会导致系统的复杂度提高,因为涡轮的工作条件受到了燃料电池使用的影响。因此,要实现高效率、高安全性的系统搭建,需要仔细考虑 SOFC 阳极废气对系统的整体影响。

由于涡轮对功率的输出贡献占比更大,在增压工作条件下,涡轮入口温度更高,所以对 SOFC 阳极剩余燃料能量的利用程度也会更高。对比常压 SOFC 涡轮发电系统和增压 SOFC 涡轮发电系统,结果显示在第二种情况下系统效率提高了 5%～10%。研究表明,通过向系统提供额外的燃料和空气来模拟大气场景下燃气轮机的独立设置,压力系统由于更高的电池电压和更有效的燃气轮机利用(即由于更高的涡轮入口温度而产生更大的燃气轮机功率贡献)而表现出更高的效率。增加燃气轮机的压力比,几乎不会改善系统效率,但系统效率对涡轮入口温度的敏感性降低了。在环境压力系统中,由于换热器温度的限制,可用的设计参数范围大大缩小。特别是,使用高压比燃气轮机的环境压力混合系统实现的可能性较低,因为在可选择的设计条件下可以实现的系统效率甚至低于仅使用固体氧化物燃料电池的系统效率。

如前所述,H_2 和 CO 被用作 SOFC 的燃料。为了将这些成分供应给燃料电池,蒸气重整反应通常用于重整碳氢燃料(如天然气)。由于 SOFC 的工作温度较高,蒸气的转化效率也很高。一般来说,SOFC 由两个主要部分组成:发生重整反应的重整部分和发生电化学反应的燃料电池部分。

外部进料(如甲烷)在重整段转化为氢气和一氧化碳。在外部重整中,吸热蒸气重整反应和燃料电池反应在不同的部件中分别进行,两个部件在工作中不存在直接传热,如图 5-38 所示。外部重整具有气路好布置、结构易实现的优点。

相反地,对于内部重整,蒸气重整反应的吸热反应和氧化反应的放热反应在同一个装置中同时进行。因此,取消了设置单独燃料重整器的要求,这种配置有望简化整个系统设计,使SOFC更有设计优势,且能更有效地产生电能。内部重整主要有两种思路:直接内部重整(DIR)和间接内部重整(IIR),如图5-39所示。

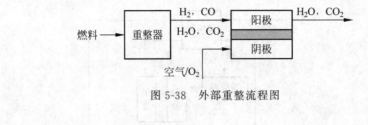

图 5-38 外部重整流程图

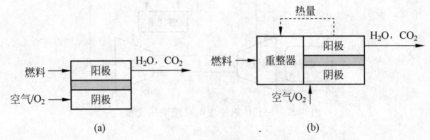

图 5-39 内部重整流程图
(a) 直接内部重整;(b) 间接内部重整

外部重整和内部重整在设计层面的不同决定了不同重整方式会带来优劣之分。对于直接内部重整,整个重整反应发生在燃料电池阳极中,在燃料电池工作情况下,氢气的不断消耗有助于重整反应的正向进行,可以达到促进燃料电池阳极侧的燃料转化。得益于这一优势,直接内部重整可以获得更高的效率。然而,直接内部重整也需要更好的阳极材料并具备良好的催化性能,用来支持同时进行的电化学反应和重整反应。对于间接内部重整,因为重整反应和燃料电池虽然不是发生在同一位置,但是二者有着密切的热接触。通过重整器与燃料电池的良好传热,以及重整器与燃料电池的解耦,可以实现催化剂和阳极材料的分开优化。但是内部重整相较于外部重整有一个明显的缺点,即重整反应和电化学反应温度的不匹配会导致重整器入口区域局部过冷,从而可能产生热诱导应力并造成机械故障。

5.3.2 固体氧化物燃料电池涡轮发电系统建模

本小节主要针对固体氧化物燃料电池进行分析建模,压气机、涡轮及电机模型可参考第4章相关内容,换热器、燃烧室模型可参考5.2.2节相关内容。

针对涡电动力系统中的固体氧化物燃料电池的模型搭建,可在第3章SOFC三维多场耦合模型的基础上进行简化。由于SOFC涡电动力系统模型需考虑各个关键部件间的质量守恒与能量守恒过程,因此在不同工况条件下,需快速计算出SOFC的电堆性能,通过简化SOFC中反应物的流动与热质传输过程,可以使部分守恒方程无需迭代求解[16],从而提升计算效率。

根据电化学原理中的相关理论,可以得到SOFC关于输出电压的表达式为

$$U = U_0 - U_{act} - U_{ohm} - U_{conc} \tag{5-27}$$

式中:U是固体氧化物燃料电池的真实向外输出电压;U_0是理想可逆电压,其值可以通过

能斯特方程求解;U_{act}、U_{ohm}、U_{conc}分别对应于固体氧化物燃料电池的活化极化、欧姆极化和浓差极化;上述各物理量单位均为 V。

1. 理想可逆电压 U_0

由电化学原理可知,对于固体氧化物燃料电池而言,其产生的电能来源于燃料本身的化学能。根据热力学定律,在等温等压过程中体系所做的最大非体积功等于其吉布斯自由能的减少,因此固体氧化物燃料电池的开路电压即能斯特电势为

$$U_0 = -\frac{\Delta G(T, p)}{2F} \tag{5-28}$$

式中:F 为法拉第常数;ΔG 为吉布斯自由能在反应过程中的变化量。

通过麦克斯韦关系式转化焓变和熵变可得,关于热力学温度 T 和压强 p 的全微分形式为

$$dH(T, p) = \left(\frac{\partial H}{\partial T}\right)_p dT + \left(\frac{\partial H}{\partial p}\right)_T dp \tag{5-29}$$

$$dS(T, p) = \left(\frac{\partial S}{\partial T}\right)_p dT + \left(\frac{\partial S}{\partial p}\right)_T dp \tag{5-30}$$

其中,焓变还可以表示成关于熵变和压强的全微分函数形式,即

$$dH(S, p) = TdS + Vdp \tag{5-31}$$

联立式(5-29)、式(5-30)和式(5-31),并考虑理想气体状态方程,可得

$$dH(T, p) = c_p dT \tag{5-32}$$

$$dS(T, p) = \frac{c_p}{T} dT - \frac{R}{p} dp \tag{5-33}$$

式(5-29)~式(5-33)中:R 为摩尔气体常数,其值为 8.314 J/(mol·K);T 表示热力学温度,单位为 K;p 表示压强,单位为 Pa;V 表示体积,单位为 m^3;c_p 表示气体定压比热容,单位为 J/(kg·K)。

根据热力学定律,吉布斯自由能、熵变和焓变的关系式如下:

$$dG(T, p) = dH(T, p) - TdS(T, p) \tag{5-34}$$

对式(5-32)、式(5-33)分别进行温度和压强积分,并联立式(5-34)可得

$$G(T, p) = H(T_0, p_0) + \int_{T_0}^{T} c_p dT - TS(T_0, p_0) \tag{5-35}$$

式中:T_0 和 p_0 表示标况下的热力学温度和压强,其值分别为 273.15 K 和 101.325 kPa。针对本节介绍的固体氧化物燃料电池而言,主要考虑氢气与氧气反应生成水的反应,由此可得

$$U_0 = -\frac{\Delta G(T, p_0)}{2F} + \frac{RT}{2F}\ln\left(\frac{p_{H_2}}{p_{H_2O}}\right) + \frac{RT}{4F}\ln\left(\frac{p_{O_2}}{p_0}\right) \tag{5-36}$$

2. 活化极化 U_{act}

燃料电池中发生的电化学反应涉及电荷转移的化学反应,即反应物或产物之间的电子在电极之间进行传递,且对于单向导电材料而言,反应发生的位置只能是三相线位置(导电

子相、导离子相和孔隙相的交汇处)。

对于燃料电池,输出电流的大小由多方面因素决定,在研究中重点考虑电化学反应速率对其的影响。因为在反应过程中反应物需要克服反应势垒才能进行,所以从整体看来电化学反应速率是有限的。根据电化学原理,电化学反应的正、逆反应速率可以表示为

$$v = kCe^{-\Delta G/RT} \tag{5-37}$$

式中:v 为反应速度;C 为反应粒子的浓度;ΔG 为反应活化能;k 为指前因子。

设电极反应为

$$O + e^- \longrightarrow R \tag{5-38}$$

电极反应速度用电流密度表示为

$$i = nFv \tag{5-39}$$

式中:F 为法拉第常数;n 为一个电子转移步骤一次转移的电子数,通常为1。

显然,当电极反应达到平衡状态时,电化学反应的正反应速率等于逆反应速率。与此同时,在电极处形成的双电层产生的电势差达到最大值,则开路电压即为阳极和阴极在此时产生的电势差之和。从宏观上讲,平衡状态下外电路没有净电流产生,但是实际上正、逆反应对应的电流是存在的,则其交换电流密度可分别表示为

$$\begin{cases} i_{0+} = nFC_O^* k_+ \ e^{-\frac{\Delta G_1}{RT}} \\ i_{0-} = nFC_R^* k_- \ e^{-\frac{\Delta G_2}{RT}} \end{cases} \tag{5-40}$$

式中:C_O^* 为氧化物在电极表面的浓度;C_R^* 为还原物在电极表面的浓度;k_+ 为正反应常数;k_- 为逆反应常数;ΔG_1 为还原反应活化能;ΔG_2 为氧化反应活化能。当电池电路形成回路后,双电层电势差会减小,由此可定义造成电势偏离平衡电势的现象为活化极化。对于反应粒子在电极表面的浓度应等于该粒子的体浓度,所以有 $C_R^* \approx C_R$、$C_O^* \approx C_O$。由此,根据电子转移步骤基本公式的推导,可以得到电极反应速度和电极电势的关系,式(5-41)就是电极反应的稳态电化学极化方程式,也称为巴特勒-福尔默方程(Butler-Volmer equation,简称 BV 方程)。电流密度为

$$\begin{aligned} i &= i_{0+} - i_{0-} \\ &= i_0 (e^{-n\alpha \Delta \varphi/RT} - e^{-n\beta F \Delta \varphi/RT}) \end{aligned} \tag{5-41}$$

式中:α、β 为传输系数,分别表示电极电位对还原反应活化能和氧化反应活化能影响的程度,通常情况下,$\alpha + \beta = 1$;i_0 为正反应电流密度;$\Delta \varphi$ 为活化过电势。

可取 $\alpha \approx 0.5$ 作简化,即使 $\alpha \approx \beta$。由于系统模型需对 SOFC 的电化学性能进行快速预测,无需通过第 3 章描述的等式(式(3-100)、式(3-105)~式(3-107))进行迭代求解,SOFC 的活化极化可简化写成过电势的反双曲函数(以阴极侧为例,总的活化极化为阴极活化和阳极活化之和):

$$U_{\text{act,ca}} = \Delta \varphi_{\text{ca}} = \frac{2RT}{nF} \sinh^{-1}\left(\frac{i}{2i_{0,\text{ca}}}\right) \tag{5-42}$$

$$U_{\text{act}} = U_{\text{act,an}} + U_{\text{act,ca}} \tag{5-43}$$

3. 欧姆极化 U_{ohm}

在电极和电解质的电荷传递过程中,因其材质本身的欧姆电阻造成的电压损失被定义

为欧姆极化。在系统模型的搭建过程中,考虑到电解质相较于连接体和电极具有更低的电导率,所以欧姆极化主要考虑在电解质离子输运过程中的欧姆损失。就欧姆极化现象而言,研究者已经提出了许多不同的数学表达式,以描述和计算该现象所导致的效应。然而,这些表达式可能因其形式复杂、难以求解或不适用于特定情况而难以应用。为了方便计算且保持在适当的准确性限度内,在模型中选择采用一个较为简化的公式[11]来表达欧姆极化现象,其形式为

$$U_{\text{ohm}} = 2.99 \times 10^{-11} iL \exp\left(\frac{-10\,300}{T}\right) \tag{5-44}$$

式中:L 表示所使用电解质的厚度;i 表示电流密度。

4. 浓差极化 U_{conc}

固体氧化物燃料电池的能斯特电压和反应气体浓度相关。故浓差极化是由于电极表面各位置气体浓度的不一致造成的能斯特电势差,即可理解为,在浓度梯度驱动下浓度变化引起的电势变化,可表示为

$$U_{\text{conc}} = U_{\text{conc,an}} + U_{\text{conc,ca}} \tag{5-45}$$

$$U_{\text{conc,an}} = \frac{RT}{4F} \ln\left(\frac{p_{O_2}^{\text{in}}}{p_{O_2}}\right) \tag{5-46}$$

$$U_{\text{conc,ca}} = \frac{RT}{2F} \ln\left(\frac{p_{H_2}^{\text{in}} p_{H_2O}}{p_{H_2} p_{H_2O}^{\text{in}}}\right) \tag{5-47}$$

式中:p^{in} 代表各反应物在不同位置界面的分压,单位为 Pa;下标 an 表示阳极,ca 表示阴极。

5.3.3 固体氧化物燃料电池涡轮发电系统特性与总能优化

1. SOFC 涡轮发电系统关键参数分析

基于 SOFC 涡轮发电系统热力学模型进行关键参数敏感性分析,分析 SOFC 工作电压、压气机压比、涡轮前温度与燃料电池燃料利用率对 SOFC 涡轮发电系统效率的影响机制。

对比传统燃气轮机、回热式燃气轮机与 SOFC 涡轮发电系统在不同功率等级下的效率,如图 5-40 所示。可以看出:传统燃气轮机的效率随功率等级的增大而增大,当功率等级从 10 kW 提升至 1 MW 时,由于压气机、涡轮部件等熵效率的提升,系统效率可由 10% 提升至 30% 左右。回热式燃气轮机可对涡轮排出的高温空气进行余热利用,实现能量的梯级变化,从而提升系统效率,回热器可提升 8%~10% 的动力系统效率,使 1 MW 功率等级的回热式燃气轮机的效率接近 40%。

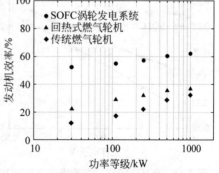

图 5-40 不同功率等级下 SOFC 涡轮发电系统与传统及回热式燃气轮机的效率对比

当SOFC涡轮发电系统使用SOFC电堆替换原有的燃烧室时，由于碳氢燃料中的部分化学能可直接通过电化学反应转化为电能，可大幅提升动力系统效率，从图5-40可以看出，在各功率等级下，SOFC涡轮发电系统效率均比回热式及传统燃气轮机高。在1 MW功率等级下，SOFC涡轮发电系统效率接近60%，比传统燃气轮机高出约30%。由于涡轮的等熵效率随着系统功率等级的提升而提升，无论是SOFC涡轮发电系统还是燃气轮机，其系统效率均随功率等级的提升而增加。

图5-41为SOFC涡轮发电系统效率随SOFC电堆工作电压的变化规律。可以看出：当SOFC电堆工作电压升高时，动力系统效率也随之升高。当工作电压从0.5 V升至0.8 V时，动力系统效率约提升8%。当SOFC电堆工作在高电压工况时，多孔电极与电解质内的电流密度较小，电子与离子在传输中引起的欧姆产热小，且活化极化的损失小，绝大部分燃料的化学能直接转化为电能输出，该过程所处状态下，燃料化学㶲损失少，能量转换效率高，因此SOFC涡轮发电系统的效率随SOFC电堆的工作电压升高而升高。从图5-41还可以看出：当SOFC电堆输出功率与涡轮（gas turbine, GT）输出功率之比增大时，系统效率随之增高，这主要是因为更多燃料中的化学能通过电化学反应的方式转化成了电能。但需要注意的是，随着SOFC工作电压的升高，其电流密度会随之下降而对最终输出功率造成影响，即动力系统的功重比会随之减小。因此选取合适的SOFC电堆工作电压尤为重要，既需要保证系统的高效运行，同时也需要保证系统具有高功率密度。

图5-42为SOFC涡轮发电系统效率与压气机压比的关系。可以看出：当压气机压比由3提升至6时，系统效率从23%提升至30%。当压气机压比提高时，SOFC的输出功率不变，但涡轮输出功率增加，在相同燃料供应情况下，动力系统总输出功率增加，因此系统效率更高。同时，压气机出口的空气温度随增压比的增加而增大，预热空气所需的能量降低，更多的燃料化学能可以转变为电能。此外，提升电堆的工作压力可以进一步提升电堆的功率密度。之前的研究表明：当电堆的工作压力由1 atm提升至3.5 atm时，电堆的输出功率提升了约20%。提升空气端的增压比不仅可以提升系统效率，也可以提升电堆的功率密度。研究在高压力条件下工作的SOFC电堆对其应用极为重要。

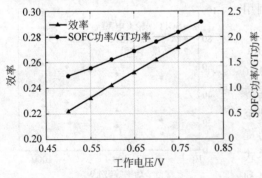

图5-41 SOFC涡轮发电系统效率与SOFC电堆工作电压的关系

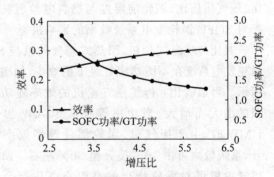

图5-42 SOFC涡轮发电系统效率与压气机压比的关系

图5-43为SOFC涡轮发电系统效率与SOFC电堆燃料利用率的关系。随着燃料利用率由0.4提升至0.7，系统效率由23%提升至32%。当燃料利用率提升时，进入SOFC电

堆的燃料进行电化学反应的比例增大,燃料化学能直接转化为电能的比例增大。由于燃料化学能直接转化为电能的效率高于先转化为热能、再通过做功的方式转为电能时的效率,SOFC 涡轮发电系统效率随燃料利用率的提升而增大。在电堆设计方面,提高燃料利用率的途径有:研发新材料以降低电化学反应的活化极化电阻;研发新材料与新工艺增大多孔电极内的电化学活性面积;发展高效流动控制方法增强反应物在多孔电极内的扩散能力。

图 5-44 阐明了 SOFC 涡轮发电系统效率与涡轮前温度的关系。可以看出:当 SOFC 涡轮发电系统中的涡轮前温度从 750℃升至 1000℃时,系统效率由约 24% 提升至 27%。在该热力学模型中,涡轮前温度由系统入口空气流量控制,随动力系统入口空气流量的降低而增高。随着涡轮前温度的增大,尽管动力系统入口空气流量降低,但涡轮的输出功率减小量小于压气机输出功率减小量,导致涡轮输出净功增加,提升了系统的总输出功率。因此,与传统燃气涡轮提升系统效率的思路相同,增大涡轮前温度可有效提升系统效率。

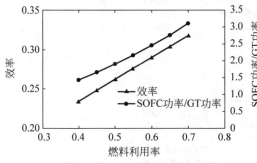

图 5-43 SOFC 涡轮发电系统效率与 SOFC 电堆燃料利用率的关系

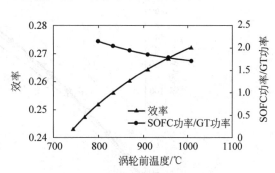

图 5-44 SOFC 涡轮发电系统效率与涡轮前温度的关系

2. 增压型 SOFC 涡轮发电系统构型性能分析与优化

1) 换热器位于涡轮后的构型

在 SOFC 涡轮发电系统中,需要利用高温尾气给进气预热,以满足 SOFC 工作温度要求。换热器的热端通常会选择经涡轮膨胀后的高温低压排气。

构型 I 组成如图 5-45 所示。通过给定电流密度,保持燃料电池内部的工作温度在 800℃;设定增压比获得燃料电池的工作压力;设定燃料利用率,计算燃烧室的出口状态;通过涡轮膨胀计算获得换热器的热端;根据燃料电池内部的能量守恒计算该工况需求下的入口温度;根据温度需求验算换热器效率是否合理。

(1) 工作压力和输出电流密度对 SOFC 涡轮发电系统性能的影响。

在构型 I 中,SOFC 的工作压力取决于压气机的出口气压和换热器的压力损失,故通过调整增压比来控制 SOFC 的工作压力。

以高温(750～1000℃)和中温(600～750℃)两类 SOFC 为研究对象分别进行分析。对于高温 SOFC 来说,输出电流密度的范围为 2000～22 000 A/m²,保持 SOFC 燃料利用率为 0.85,通过改变压气机的增压比和控制 SOFC 的输出电流密度来计算系统的稳态工况点,系统输出功率和效率随电流密度的变化关系分别如图 5-46 和图 5-47 所示。

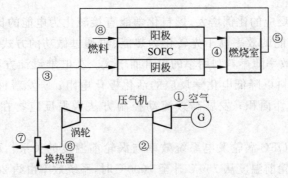

图 5-45 换热器位于涡轮后的构型示意图(构型Ⅰ)

彩图 5-46

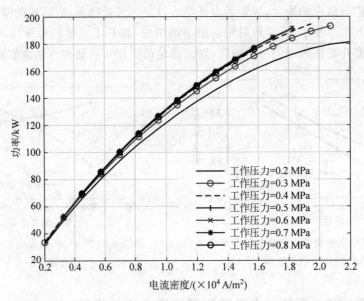

图 5-46 高温 SOFC 涡轮发电系统构型Ⅰ在不同工作压力下的电流密度-功率特性曲线

彩图 5-47

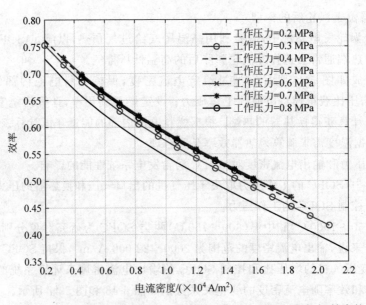

图 5-47 高温 SOFC 涡轮发电系统构型Ⅰ在不同工作压力下的电流密度-效率特性曲线

从图 5-46 和图 5-47 可以看出，SOFC 涡轮发电系统的功率和效率的变化曲线与高温 SOFC 的规律相似，随着工作压力的增加，提高的幅度逐渐减小，工作压力 0.4～0.8 MPa 所对应的电流密度-功率特性曲线和电流密度-效率特性曲线几乎重合。二者规律相似的原因可能是高温 SOFC 的效率高于燃气轮机，且 SOFC 的燃料利用率较高，功率分配比倾向于 SOFC，系统的变化规律与 SOFC 的规律相似。

对于中温 SOFC 来说，SOFC 涡轮发电系统功率和效率随电流密度的变化关系分别如图 5-48 和图 5-49 所示。同样假定 SOFC 燃料利用率为 0.85。输出电流密度过低会导致泄漏电流过高，故选择电流密度的范围为 1500～6000 A/m^2。

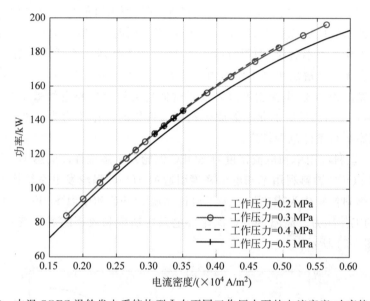

图 5-48　中温 SOFC 涡轮发电系统构型 I 在不同工作压力下的电流密度-功率特性曲线

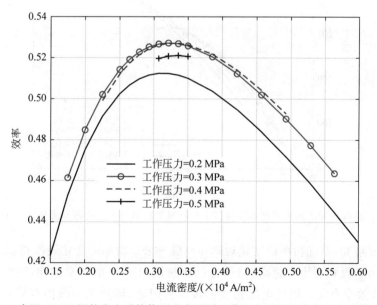

图 5-49　中温 SOFC 涡轮发电系统构型 I 在不同工作压力下的电流密度-效率特性曲线

由图 5-48 和图 5-49 可知,电流密度对系统功率和效率的影响与对中温 SOFC 本体的影响类似。但工作压力对中温 SOFC 涡轮发电系统构型Ⅰ的功率影响不大,只有工作压力为 0.2~0.3 MPa 时出现了明显的区别,增幅不高于 10 kW;0.3~0.5 MPa 的工作压力则对系统功率没有显著的影响。原因可能是工作压力对中温 SOFC 性能的影响不大,在燃料利用率为 0.85 的情况下,系统性能对燃料电池工作压力的敏感程度不高。

由图 5-49 可知,工作压力对中温 SOFC 涡轮发电系统的效率影响较为复杂。当工作压力从 0.2 MPa 提升到 0.3 MPa 时,在各电流密度下的系统效率均有明显提升;而工作压力从 0.3 MPa 提升到 0.4 MPa 时,系统效率变化并不明显;当工作压力进一步提升至 0.5 MPa 时,系统效率相比 0.4 MPa 时反而有所下降,原因可能是 SOFC 效率提升不明显,而压力提升导致压气机功耗提升,降低了系统效率。同时,构型Ⅰ的中温 SOFC 涡轮发电系统对更高的工作压力不适应,如图所示,0.5 MPa 的工作压力不适用于近一半的工况(电流密度),实际上无法求解出更高工作压力的稳态工况点。究其原因,中温 SOFC 的效率曲线呈近似上凸型的抛物线,电流密度过高或者过低均会导致燃料电池效率的下降。燃料电池效率越低,SOFC 内部反应的化学能放热越多。理想的工作压力为 0.3~0.4 MPa,系统效率不低且稳态运行条件范围较广。

(2) SOFC 燃料利用率和电流密度对 SOFC 涡轮发电系统性能的影响。

研究不同 SOFC 燃料利用率和电流密度引起的 SOFC 涡轮发电系统构型性能变化时,其分析图像以燃料流量作为横坐标。为了对比高温 SOFC 和中温 SOFC 的系统性能,均选取 0.3 MPa 的工作压力。高温 SOFC 涡轮发电系统功率和效率随燃料流量变化曲线分别如图 5-50 和图 5-51 所示。

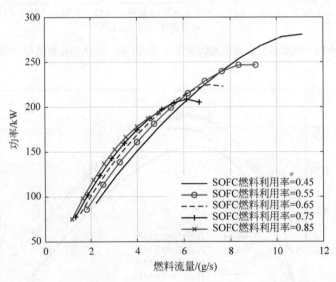

图 5-50　高温 SOFC 涡轮发电系统构型Ⅰ在不同燃料利用率下的燃料流量-功率特性曲线

由图 5-50 可知,系统功率的变化规律与高温 SOFC 功率的变化规律相似。在相同的燃料流量下,SOFC 燃料利用率越高,功率分配比越倾向于 SOFC,总输出功率越高。这应该与 SOFC 的高效率有关。但在电流密度的极限值附近,即每条曲线的右端,会出现功率下滑的情况,此时燃料电池的效率已经低于燃气轮机的输出效率。

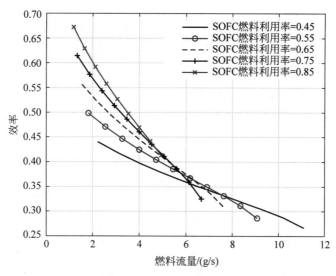

图 5-51　高温 SOFC 涡轮发电系统构型 I 在不同燃料利用率下的燃料流量-效率特性曲线

由图 5-51 可知,燃料利用率的增加导致系统的整体效率升高,原因是在大多数工况下 SOFC 的效率高于燃气轮机。与图 5-50 反映的规律一致,燃料利用率越高,系统效率受燃料电池的影响越明显,随燃料流量的增加下降得越快。在燃料消耗高、SOFC 的电流密度大时,低燃料利用率对系统效率更有利。

中温 SOFC 涡轮发电系统输出功率和效率随燃料流量变化曲线分别如图 5-52 和图 5-53 所示。它们的变化规律与高温 SOFC 涡轮发电系统大致类似,原因也相同。不同的是,中温 SOFC 涡轮发电系统的曲线没有交点,这是因为中温 SOFC 的效率在电流较大时的相对降低幅度小于高温 SOFC。

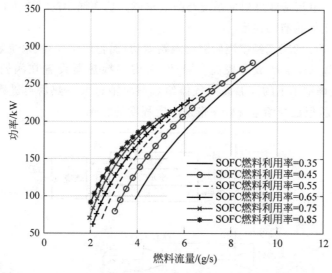

图 5-52　中温 SOFC 涡轮发电系统构型 I 在不同燃料利用率下的燃料流量-功率特性曲线

在构型 I 中,高温 SOFC 和中温 SOFC 的特性对系统输出功率和效率的大小和变化规律起到决定性的作用。从效率和功率密度的角度来说,高温 SOFC 均占据优势。但是金属

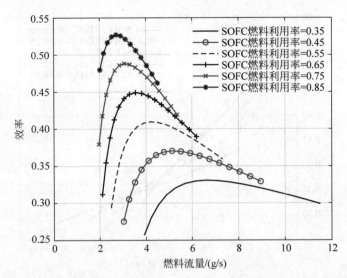

图 5-53 中温 SOFC 涡轮发电系统构型 Ⅰ 在不同燃料利用率下的燃料流量-效率特性曲线

支撑板式中温 SOFC 启动时间在 10 min 内，使得其在移动领域应用中占据着高温 SOFC 无法达到的优势。

综上所述，中温 SOFC 涡轮发电系统保持高效率的设计工况参数建议为：燃料电池工作压力在 $0.3\sim0.4$ MPa，燃料利用率在 $0.8\sim0.85$，电流密度在 3250 A/m^2 附近，系统效率可高达 53%。

高温 SOFC 的效率在电流密度允许范围的最小值时能够达到最高，但电流密度小导致 SOFC 的功率密度低，所以高温 SOFC 涡轮发电系统需要考虑功率与效率的平衡。高温 SOFC 涡轮发电系统的设计工况参数建议为：燃料电池工作压力在 $0.4\sim0.6$ MPa，燃料利用率在 $0.8\sim0.85$，电流密度可根据系统对高效率或高功率输出的需求进行选择。

2) 换热器位于涡轮前的构型

构型 Ⅰ 中，SOFC 的尾气经燃烧后驱动涡轮做功，涡轮前温度高、系统效率高，但对涡轮的材料性能要求苛刻，生产成本较高。因此，考虑将换热器设置在涡轮前，提出构型 Ⅱ（图 5-54），利用燃烧室排出的高温高压气体给燃料电池进气预热后再进入涡轮，可降低涡轮的入口气体温度，但也会给系统效率带来一定程度的影响。

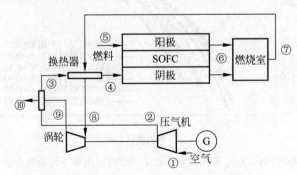

图 5-54 预热器位于涡轮前的构型示意图（构型 Ⅱ）

本小节将主要探究两种构型的性能差异。构型Ⅱ的模型仿真思路和构型Ⅰ类似，通过验算换热器的效率是否合理，以确定该工况点的稳态解。

(1) 工作压力和电流密度对SOFC涡轮发电系统性能的影响。

下面研究不同工作压力和电流密度对SOFC涡轮发电系统构型Ⅱ性能的影响。

高温SOFC涡轮发电系统功率随电流密度变化规律如图5-55所示。SOFC的燃料利用率依然假定为0.85，SOFC涡轮发电系统功率变化规律与构型Ⅰ的规律相似。燃料电池工作压力大于等于0.5 MPa时，其系统输出功率相近。

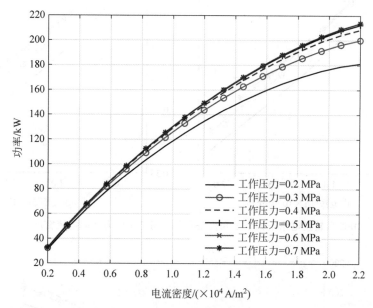

图 5-55　高温SOFC涡轮发电系统构型Ⅱ在不同工作压力下的电流密度-功率特性曲线

两个构型的效率曲线对比如图5-56所示，在相同的输出电流密度条件下，构型Ⅱ的系统效率略低，即在相同的SOFC输出功率和燃料利用率下，构型Ⅰ燃气涡轮的功率更高，能量利用率更高。构型Ⅰ中涡轮入口温度在960℃附近，构型Ⅱ中涡轮入口温度均低于900℃。

对于中温SOFC来说，输出电流密度的范围设定为1000～6000 A/m^2，保持SOFC燃料利用率为0.8，系统功率如图5-57所示。功率的变化规律与换热器位于涡轮后的构型Ⅰ得出的规律类似。

由图5-58可知，在相同的电流密度和工作压力下，构型Ⅱ的系统效率均比构型Ⅰ低。当电流密度为3000～3500 A/m^{2}时，两种构型的系统效率可达到最大值。当工作压力为0.2～0.4 MPa时，构型Ⅱ的系统效率比构型Ⅰ低3%～4%；当工作压力进一步提升至0.5 MPa时，系统效率并没有发生显著的变化。其他规律与构型Ⅰ相似，理想的工作压力为0.3～0.4 MPa。

(2) SOFC燃料利用率和电流密度对SOFC涡轮发电系统性能的影响。

下面研究不同SOFC燃料利用率和电流密度引起的SOFC涡轮发电系统构型Ⅱ性能变化。这一部分的性能分析图像以燃料流量作为横坐标，选取0.3 MPa作为压气机的出口气压。

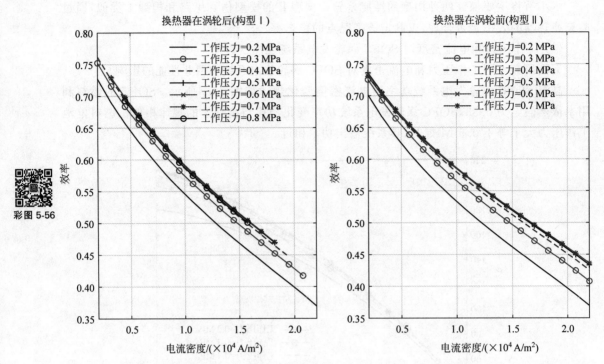

图 5-56 高温 SOFC 涡轮发电系统构型 Ⅰ 和构型 Ⅱ 在不同工作压力下的电流密度-效率特性曲线对比

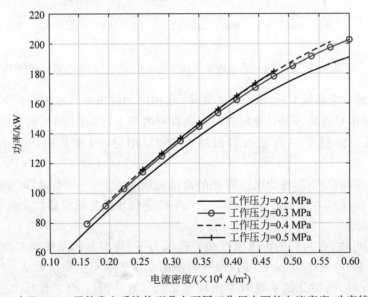

图 5-57 中温 SOFC 涡轮发电系统构型 Ⅱ 在不同工作压力下的电流密度-功率特性曲线

高温 SOFC 涡轮发电系统构型 Ⅰ 和构型 Ⅱ 在不同燃料利用率下的燃料流量-功率特性曲线对比如图 5-59 所示。构型 Ⅱ 的功率变化规律与构型 Ⅰ 类似，但在相同燃料流量和燃料利用率工况下，构型 Ⅰ 的输出功率均高于构型 Ⅱ。随着燃料流量的增加，两构型间的功率差值逐步增大。以燃料利用率为 0.45 的特性曲线为例，当燃料流量为

3g/s 时,两构型输出功率差约为 10 kW;当燃料流量为 10 g/s 时,两构型输出功率差约为 25 kW。

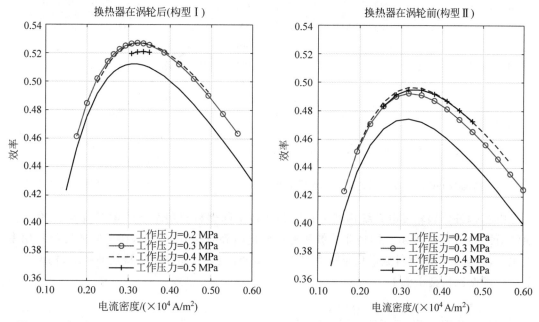

图 5-58 中温 SOFC 涡轮发电系统构型 Ⅰ 和构型 Ⅱ 在不同工作压力下的电流密度-效率特性曲线对比

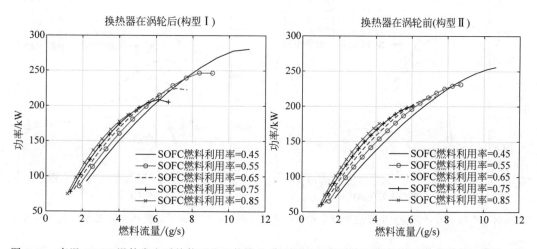

图 5-59 高温 SOFC 涡轮发电系统构型 Ⅰ 和构型 Ⅱ 在不同燃料利用率下的燃料流量-功率特性曲线对比

高温 SOFC 涡轮发电系统构型 Ⅰ 和构型 Ⅱ 在不同燃料利用率下的燃料流量-效率特性曲线对比如图 5-60 所示。构型 Ⅱ 的效率特性变化趋势与构型 Ⅰ 类似,但构型 Ⅱ 系统效率随燃料流量下降的趋势相对较平缓。在相同的燃料利用率和燃料流量工况下,构型 Ⅱ 的系统效率均比构型 Ⅰ 低,且随着燃料流量和燃料利用率的增加,两种构型间的效率差逐步缩小。以燃料利用率为 0.45 的特性曲线为例,当燃料流量为 2 g/s 时,两种构型的系统效率相差约 5%;当燃料流量为 10 g/s 时,相差约 3%。而当燃料利用率为 0.85 时,在不同燃料流量下两种构型的系统效率相差不足 2%。

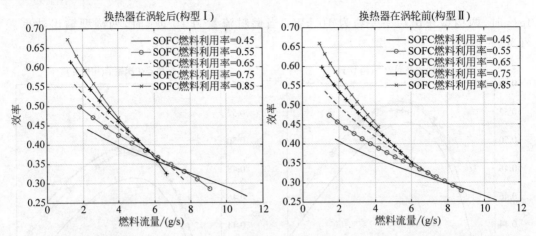

图 5-60　高温 SOFC 涡轮发电系统构型Ⅰ和构型Ⅱ在不同燃料利用率下的燃料流量-效率特性曲线对比

中温 SOFC 涡轮发电系统构型Ⅰ和构型Ⅱ在不同燃料利用率下的燃料流量-效率特性曲线对比如图 5-61 所示。构型Ⅱ的效率特性变化趋势与构型Ⅰ类似，在不同的燃料利用率工况下，系统效率随燃料流量均呈现先增大、后减小的趋势，而在每条特性曲线上，构型Ⅱ的最高效率点比构型Ⅰ低 1%～2%。

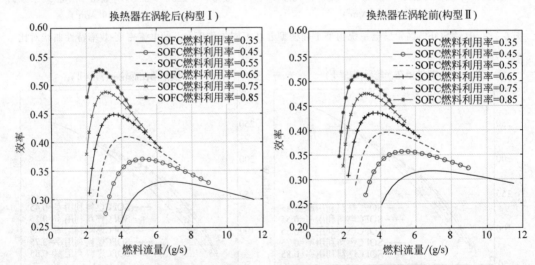

图 5-61　中温 SOFC 涡轮发电系统构型Ⅰ和构型Ⅱ在不同燃料利用率下的燃料流量-效率特性曲线对比

高温 SOFC 涡轮发电系统构型Ⅰ的涡轮入口温度（turbine inlet temperature，TIT）与燃烧室的出口温度近似相等，经仿真计算得 TIT 为 961℃。高温 SOFC 涡轮发电系统构型Ⅱ的 TIT 变化规律如图 5-62 所示。

在不同工作压力下，TIT 均随燃料流量提升而升高。当燃料流量从 1 g/s 提升至 5 g/s 时，TIT 提升约 120℃，系统效率降低。在低效率工况下，燃料电池产热量大，对空气入口温度要求低，换热器热负荷需求降低，因此燃烧室出口尾气经换热器后温降减小，涡轮前温度上升。

在相同燃料流量工况下，TIT 随工作压力的提升而升高。工作压力提升意味着压气机增压比较高、压气机出口温度较高，同样使得换热器热负荷需求较低、传热功率小，故燃烧室出口温度经换热器后温降少，到达涡轮时温度更高。

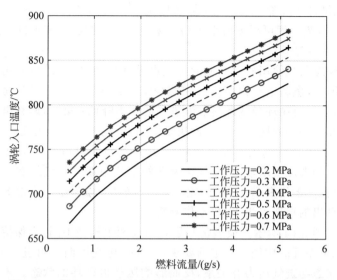

图 5-62　高温 SOFC 涡轮发电系统构型 Ⅱ 的涡轮入口温度曲线

中温 SOFC 涡轮发电系统构型 Ⅰ 的涡轮入口温度与运行工况、工作压力关联不大,经仿真计算,TIT 为 754.5℃。但构型 Ⅱ 的涡轮入口温度则随工作压力和燃料流量变化(图 5-63)。TIT 随工作压力提升而升高,其原因与高温 SOFC 系统相同。与高温 SOFC 系统相比,中温 SOFC 系统中 TIT 随燃料流量和工作压力的变化相对较小。当工作压力为 0.2 MPa 时,TIT 最多降低了约 50℃;而当工作压力为 0.5 MPa 时,不同燃料流量下 TIT 的最高值与最低值仅相差约 10℃。

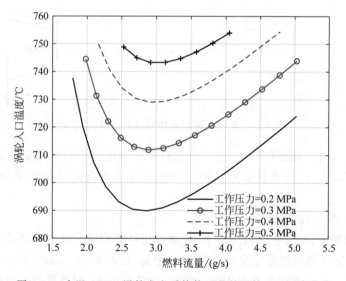

图 5-63　中温 SOFC 涡轮发电系统构型 Ⅱ 的涡轮入口温度曲线

综上所述,构型 Ⅱ 的系统特性与燃料电池性能紧密关联。中温 SOFC 涡轮发电系统维持高效率的设计工况参数建议为:燃料电池工作压力在 0.3~0.4 MPa,燃料利用率在 0.8~0.85,电流密度在 3000 A/m² 附近,此时效率约为 49%。

对于高温 SOFC 涡轮发电系统,由于燃料电池工作压力在 0.5 MPa 以上时系统效率几乎没有变化,因此设计工况参数建议为:燃料电池工作压力选择 0.4~0.5 MPa,燃料利用率在 0.8~0.85。电流密度可根据对系统高效率或高功率输出的需求进行选择。

3) 空气再循环的构型

该构型的主要思路是使用燃料电池的排气再循环预热进气,避免使用换热器。但也带来了新的问题:第一,燃料电池内部压降和燃烧室混合气体的压损导致尾气的压力低于压气机的出口气压,空气再循环导致燃料电池进气的压力降低;第二,燃料电池的工作压力由压气机的增压比和再循环的尾气压力共同决定,燃料电池的工作压力无法直接控制,为了与其他构型进行对比,保持压气机的参数相同,选用压气机的出口气压作为自变量;第三,如果燃料电池对进气的温度要求较高,空气再循环的尾气与新鲜空气的混合气体很难达到要求,比较适用于对预热温度要求不高的中温 SOFC 涡轮发电系统。高温 SOFC 涡轮发电系统的模型成功计算出的稳态点很少,故不作分析。

构型Ⅲ组成如图 5-64 所示。模型仿真思路与前两个构型不同,为保持燃料电池的工作温度稳定,对尾气再循环的比例有一定的要求。同时,尾气再循环对进气的压力也有影响,燃料电池的出口状态与进气压力有关系,反而影响尾气再循环的状态。求解的方法是先假设尾气再循环的比例,数值迭代直至解出的燃料电池工况与尾气再循环的比例相匹配为止。

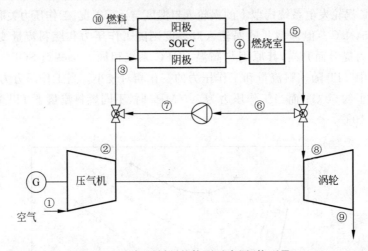

图 5-64 空气再循环的构型示意图(构型Ⅲ)

下面对中温 SOFC 的工作压力、输出电流密度的变化引起的性能变化进行分析。保持 SOFC 燃料利用率为 0.85,系统效率和输出功率随电流密度的变化规律分别如图 5-65 和图 5-66 所示。

由图 5-65 和图 5-66 可知:

构型Ⅲ与构型Ⅰ、构型Ⅱ的输出功率、效率变化趋势相同。输出功率随电流密度升高而升高;系统效率整体随电流密度变化趋势为先增加、后减小,在 3000 A/m^2 附近处存在系统效率的最高值。但与前两种构型不同,在相同电流密度下,构型Ⅲ的输出功率和系统效率随工作压力的升高而降低。此外,构型Ⅲ在各工作压力、电流密度下的系统效率均比构型Ⅰ、构型Ⅱ低。以 3000 A/m^2 的工况为例,在 0.2 MPa 的工作压力下,构型Ⅲ的系统效率比构型Ⅰ低 3%,比构型Ⅱ低 0.5%;在 0.5 MPa 的工作压力下,构型Ⅲ的系统效率比构型Ⅰ低 8%,比构型Ⅱ低 4%。

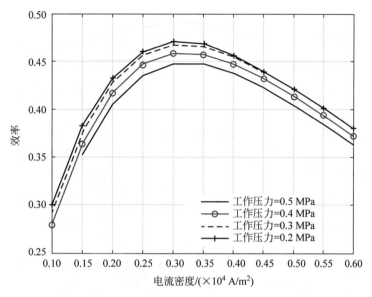

图 5-65　中温 SOFC 涡轮发电系统构型Ⅲ在不同工作压力下的电流密度-效率特性曲线

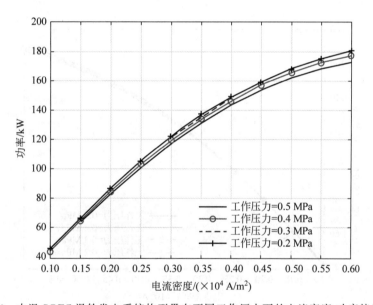

图 5-66　中温 SOFC 涡轮发电系统构型Ⅲ在不同工作压力下的电流密度-功率特性曲线

图 5-67 所示为构型Ⅲ在不同压气机出口压力条件下 SOFC 进气压力随电流密度变化的曲线。从图中可以看出，在各压气机出口压力工况下，SOFC 进气压力均随电流密度呈现先升高、后降低的趋势。此外，随着压气机出口压力的提高，压气机出口到 SOFC 入口的压力损失也显著增大。以电流密度 3000 A/m² 的工况为例，在压气机出口压力为 0.2 MPa 时，压力损失不足 0.01 MPa；而当压气机出口压力为 0.5 MPa 时，压力损失则超过 0.19 MPa。压力损失过大是导致构型Ⅲ系统效率较低的重要原因之一。

中温 SOFC 对工作压力的变化不敏感，0.2~0.5 MPa 的工作压力范围内气压的变化对 SOFC 的影响很小，如图 5-68 所示，工作压力的变化对 SOFC 输出功率的影响微乎其微。

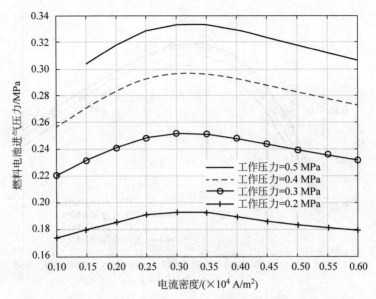

图 5-67　中温 SOFC 涡轮发电系统构型Ⅲ的电池进气压力变化曲线

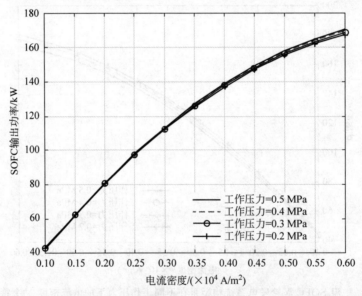

图 5-68　中温 SOFC 涡轮发电系统构型Ⅲ电池在不同工作压力下的电流密度-功率特性曲线

从上述分析可知,工作压力与 SOFC 的输出功率和效率的关联不大。但工作压力的提高需要更高的压气机增压比,增加压气机功耗,从而导致系统总效率降低。同时,提高工作压力没有显著提升 SOFC 的效率也是空气再循环构型系统的效率低于采用换热器构型系统的主要原因。SOFC 的燃料利用率、电流密度的变化引起的性能变化与其他构型的影响规律一致,原因类似。

综上所述,空气再循环的构型避免了换热器的使用,但也带来了效率上的损失,同时增压会对系统效率产生负面影响。空气再循环系统的设计工况参数建议为:燃料电池工作压力在

0.2~0.3 MPa,燃料利用率在 0.8~0.85,电流密度在 3000 A/m² 附近,效率最高在 46% 附近。

3. 常压型 SOFC 涡轮发电系统构型性能分析与优化

该构型组成如图 5-69 所示。构型Ⅳ是一种 SOFC 与燃气轮机简单耦合的构型:利用燃气轮机的高温尾气(含有大量氧气)充当 SOFC 的阴极进气;同时利用 SOFC 的高温排气给压气机的出口气体预热,以提高燃气轮机的功率。设定涡轮将尾气膨胀到标准大气压,燃料电池的工作压力视为标准大气压状态。为了求解稳态工况,需要每次改动 SOFC 与燃气轮机的燃料分配比。因此该构型的燃料电池与燃气轮机的功率分配比不通过燃料电池的燃料利用率来调节。本节仅对压气机的增压比(出口气压)、电流密度的变化引起的性能变化进行分析。

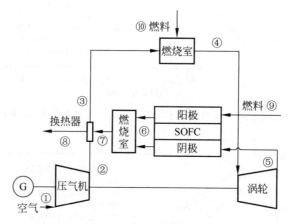

图 5-69 常压型 SOFC 构型示意图(构型Ⅳ)

与构型Ⅲ的模型仿真思路大体相同,因为燃气轮机的功率对燃料电池的进气状态有影响,而燃料电池的出口状态会影响燃气轮机的功率输出。通过在模型中设定⑩和⑨节点的输入燃料比来控制 SOFC 与燃气轮机的分配。先假设一个燃料比的初始值,求解进入燃料电池的进气焓,与运行工况所需要的焓值对比,经过数值迭代,求出与工况相匹配的燃料比。

对于高温 SOFC,电流密度的范围为 2000~22 000 A/m²,保持 SOFC 燃料利用率为 0.8,改变 SOFC 的工作压力和电流密度,以燃气轮机与 SOFC 的燃料流量和作为横坐标,系统输出功率和效率随燃料流量的变化规律分别如图 5-70 和图 5-71 所示。

从图 5-70 可以看出,当工作压力为 0.2 MPa 时,输出功率随燃料流量的升高而升高。当工作压力大于 0.2 MPa 时,在燃料流量小于 5 g/s 的情况下,输出功率随燃料流量的升高而升高;在燃料流量为 5~6 g/s 的情况下,输出功率达到最大值后呈现下降趋势。此时,系统输出功率的变化特征更接近燃气轮机。

从图 5-71 可以看出,系统效率整体随燃料流量的升高而下降,且燃料流量越大,下降的速度越快。构型Ⅳ的系统效率最高仅为 47% 左右,显著小于增压型 SOFC 涡轮发电系统构型的效率。而高温 SOFC 即使在常压的情况下依然能保持较高的效率,因此,构型Ⅳ效率低的原因主要是燃气轮机功率占比较高。

高温 SOFC 涡轮发电系统构型Ⅳ的设计工况参数建议为:工作压力为 0.5 MPa,燃料利用率在 0.8~0.85 附近,此时系统效率最高在 47% 附近。

中温 SOFC 涡轮发电系统构型Ⅳ的输出功率和效率曲线以燃气轮机与 SOFC 燃料流

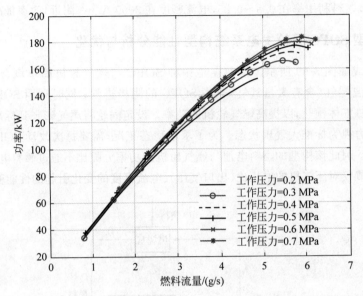

图 5-70 高温 SOFC 构型Ⅳ在不同工作压力下的燃料流量-功率特性曲线

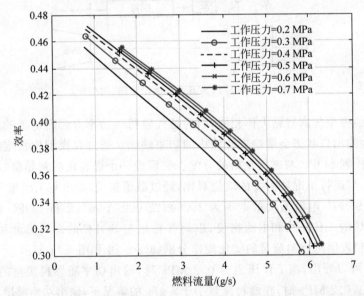

图 5-71 高温 SOFC 构型Ⅳ在不同工作压力下的燃料流量-效率特性曲线

量和作为横坐标,其变化曲线分别如图 5-72 和图 5-73 所示。

压气机的增压比对中温 SOFC 有非直接的影响。由第 3 章可知,工作压力对中温 SOFC 的影响不大,在这种构型中,影响则更加微弱。由图 5-72、图 5-73 可知,在相同的燃料流量条件下,工作压力的改变对于系统功率的影响不大,对效率的影响幅度也一般不超过 1%,最高效率约为 42%。当燃料流量大于 4.5 g/s 时,在工作压力较高的工况下,系统输出功率和效率相比低压工况略有优势。同时,在相同的 SOFC 燃料流量下,中温 SOFC 涡轮发电系统中的燃气轮机的燃料需求是高温 SOFC 涡轮发电系统中的 1/3,这也导致增压比对系统输出功率和效率的影响较小。

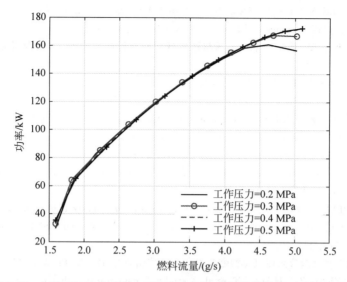

图 5-72 中温 SOFC 构型Ⅳ在不同工作压力下的燃料流量-功率特性曲线

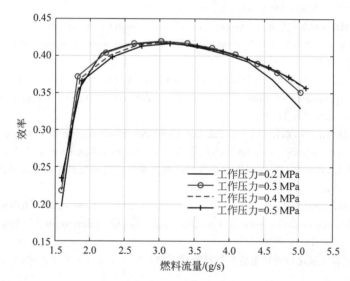

图 5-73 中温 SOFC 构型Ⅳ在不同工作压力下的燃料流量-效率特性曲线

中温 SOFC 涡轮发电系统构型Ⅳ的设计工况参数建议为：燃料利用率在 0.8～0.85，此时系统效率最高在 42% 附近。

本章参考文献

[1] MCLARTY D, BROUWER J, SAMUELSEN S. Hybrid fuel cell gas turbine system design and optimization[J]. Journal of Fuel Cell Science and Technology, 2013, 10(4): 041005.

[2] BRADLEY T, FADOK J. Advanced hydrogen turbine development update[C]//ASME Turbo Expo 2009: Power for Land, Sea, and Air, Orlando, Florida, USA. New York: ASME, 2010: 349-356.

[3] CHIESA P,LOZZA G,MAZZOCCHI L. Using hydrogen as gas turbine fuel[J]. Journal of Engineering for Gas Turbines and Power,2005,127(1):73-80.

[4] 田书耘,朱志劼,蒋俊,等.氢燃料燃气轮机研发现状和最新技术进展[J].能源研究与管理,2021(4):10-17.

[5] 秦锋,秦亚迪,单彤文.碳中和背景下氢燃料燃气轮机技术现状及发展前景[J].广东电力,2021,34(10):10-17.

[6] KIM D K,SEO J H,KIM S,et al. Efficiency improvement of a PEMFC system by applying a turbocharger[J]. International Journal of Hydrogen Energy,2014,39(35):20139-20150.

[7] CAMPANARI S,MANZOLINI G,BERETTI A,et al. Performance assessment of turbocharged pem fuel cell systems for civil aircraft onboard power production[J]. Journal of Engineering for Gas Turbines and Power,2008,130(2):1.

[8] ZENG Z Z,QIAN Y P,ZHANG Y J,et al. A review of heat transfer and thermal management methods for temperature gradient reduction in solid oxide fuel cell(SOFC)stacks[J]. Applied Energy,2020,280:115899.

[9] 赵秉国.高功率密度微管固体氧化物燃料电池流动控制研究[D].北京:清华大学,2024.

[10] ZHAO B G,ZENG Z Z,HAO C K,et al. A study of mass transfer characteristics of secondary flows in a tubular solid oxide fuel cell for power density improvement[J]. International Journal of Energy Research,2022,46(13):18426-18444.

[11] ZENG Z Z,HAO C K,ZHAO B G,et al. Local heat transfer enhancement by recirculation flows for temperature gradient reduction in a tubular SOFC[J]. International Journal of Green Energy,2022,19(10):1132-1147.

[12] HAO C K,ZHAO B G,ESSAGHOURI A,et al. A reduced-order electrochemical model for analyzing temperature distributions in a tubular solid oxide fuel cell stack[J]. Applied Thermal Engineering,2023,233:121204.

[13] HAO C K,ZENG Z Z,ZHAO B G,et al. Local heat generation management for temperature gradient reduction in tubular solid oxide fuel cells[J]. Applied Thermal Engineering,2022,211:118453.

[14] 姬志行,王占学,程莉雯,等.燃料电池燃气涡轮航空混合推进系统总体性能及匹配分析[J].航空学报,2024,45(10):165-178.

[15] ALI AZIZI M,BROUWER J. Progress in solid oxide fuel cell-gas turbine hybrid power systems:System design and analysis,transient operation,controls and optimization[J]. Applied Energy,2018,215:237-289.

[16] 郝长坤.管式固体氧化物燃料电池热管理流动控制研究[D].北京:清华大学,2023.